Grundwissen

|Mathematik|

für die Sekundarstufe I

mit Aufgaben und Lösungen

Cornelsen

Inhaltsverzeichnis

Grundwissen

Größen und Rechnen

Geometrie

Daten und Zufall

Gleichungen, Zuordnungen und Funktionen

Grundwissen

Auf den Seiten mit roten Überschriften findest du das **Grundwissen** zu jedem Thema kurz und knapp zusammengefasst.

Dort stehen
- links die Stichwörter,
- in der Mitte die Erklärungen und
- rechts die Beispiele.

Die Verweise am Seitenende führen dich zu passenden **Aufgaben**.

Natürliche Zahlen und Größen

Daten erfassen und darstellen

Mit einem **Fragebogen** lassen sich **Daten erheben.** Abzählbare Daten lassen sich gut mit einer **Strichliste** zusammenfassen.

Werden statt der Striche Zahlenwerte angegeben, so spricht man von einer **Häufigkeitstabelle**.

In einem **Säulendiagramm** kann man Daten anschaulich darstellen, auf einen Blick erfassen und gut miteinander vergleichen.

Alter	Strichliste	Häufigkeit
neun Jahre	‖	2
zehn Jahre	𝍸 |	6

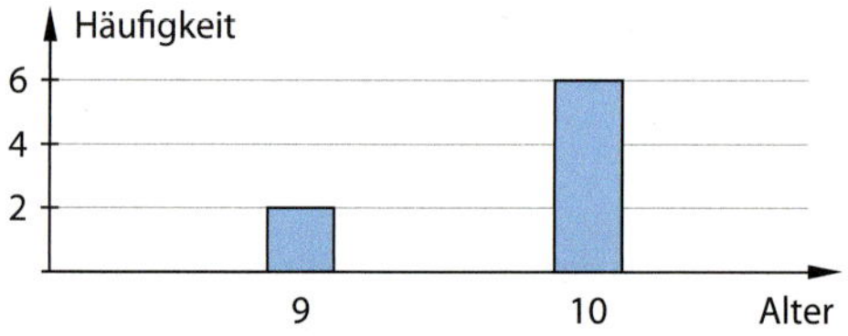

Natürliche Zahlen in der Stellenwerttafel

Die Zahlen 0, 1, 2, 3 … heißen **natürliche Zahlen** (kurz $\mathbb{N}$).

Um Zahlen darzustellen, verwenden wir das Zehnersystem. Die Bedeutung einer Ziffer in einer Zahl hängt davon ab, an welcher Stelle sie steht.

In einer **Stellenwerttafel** kann man große Zahlen übersichtlich darstellen.

Man bündelt 10 Einer zu einem Zehner, 10 Zehner zu einem Hunderter usw.

In der Zahl 4 379 236 987 hat die linke 3 den Wert 300 Millionen und die rechte 3 den Wert 30 000.

Milliarden			Millionen			Tausender			Einer		
H	Z	E	H	Z	E	H	Z	E	H	Z	E
		4	3	7	9	2	3	6	9	8	7

Natürliche Zahlen vergleichen

Von zwei natürlichen Zahlen ist diejenige die größere, die mehr Stellen hat.

1 2345 678 > 451 450

Bei gleich vielen Stellen ist die Zahl mit der höchsten größeren Stelle die größere.

25 623 456 > 25 445 999, denn
600 000 > 400 000

Natürliche Zahlen runden

Wenn rechts von der Rundungsstelle eine 0, 1, 2, 3 oder 4 steht, wird abgerundet. Ansonsten wird aufgerundet.

Zahl	zu runden auf	Rundung	Zahl gerundet
6553	Hunderter	aufrunden	6600
972	Zehner	abrunden	970

Zahlenstrahl

Der **Zahlenstrahl** beginnt mit der Zahl 0. Er hat keinen Endpunkt, da die Folge der natürlichen Zahlen nicht abbricht. Der Abstand zwischen zwei benachbarten Punkten (Zahlen) ist immer gleich groß.

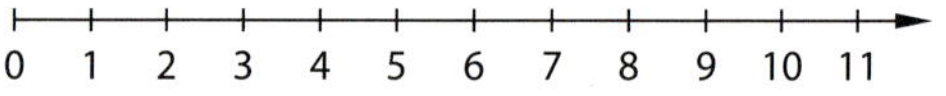

Beachte:
Von zwei Zahlen ist diejenige die kleinere, die auf einem Zahlenstrahl weiter links liegt.

Einheiten von Größen (Länge, Gewicht, Zeit)

Einheiten der Länge: Kilometer (km), Meter (m), Dezimeter (dm), Zentimeter (cm), Millimeter (mm)

1 km = 1000 m
1 m = 10 dm, 1 dm = 10 cm, 1 cm = 10 mm

Einheiten des Gewichts: Tonne (t), Kilogramm (kg), Gramm (g), Milligramm (mg)

1 t = 1000 kg, 1 kg = 1000 g, 1 g = 1000 mg

Einheiten der Zeit: Tage (d), Stunden (h), Minuten (min), Sekunden (s), aber auch Wochen, Monate, Jahre

1 d = 24 h, 1 h = 60 min, 1 min = 60 s,
1 Jahr = 12 Monate, 1 Woche = 7 Tage

Maßstab

Der **Maßstab** gibt bei Verkleinerungen und Vergrößerungen das **Verhältnis** einer **Länge im Bild** zur entsprechenden **Länge in Wirklichkeit** an.

1 : 100 000 (sprich: 1 zu 100 000)
Länge in cm im Bild — Länge in cm in der Wirklichkeit

Aufgaben ↗ S. 44

Rechnen mit natürlichen Zahlen

Addition natürlicher Zahlen

a	+	b	=	c
1. Summand	plus	2. Summand		

1. Summand plus 2. Summand: **Summe**

$$\begin{array}{r} 1367 \\ +\ \ 681 \\ \scriptstyle 1\,1 \\ \hline 2048 \end{array}$$

Überschlag:
$1400 + 700 = 2100$

Subtraktion natürlicher Zahlen

a	−	b	=	c
Minuend	minus	Subtrahend		

Minuend minus Subtrahend: **Differenz**

Die Subtraktion ist die Umkehroperation zur Addition.

$$\begin{array}{r} 2345 \\ -\ \ 536 \\ \scriptstyle 1\ \ 1\ \\ \hline 1809 \end{array}$$

Überschlag:
$2000 - 500 = 1500$

Kontrolle: $\begin{array}{r} 1809 \\ +\ 536 \\ \hline 2345 \end{array}$

Multiplikation natürlicher Zahlen

a	·	b	=	c
1. Faktor	mal	2. Faktor		

1. Faktor mal 2. Faktor: **Produkt**

$$\begin{array}{r} \underline{867 \cdot 43} \\ 3468 \\ +\ \ 2601 \\ \scriptstyle 1\ \ \ \\ \hline 37281 \end{array}$$

Überschlag:
$900 \cdot 40 = 36\,000$

Es gilt stets $\mathbf{a \cdot 1 = 1 \cdot a = a}$ und $\mathbf{a \cdot 0 = 0 \cdot a = 0}$.

$3 \cdot 1 = 1 \cdot 3 = 3$; $7 \cdot 0 = 0 \cdot 7 = 0$

Division natürlicher Zahlen

a	:	b	=	c
Dividend	durch	Divisor		

Dividend durch Divisor: **Quotient**

Die Division ist die Umkehroperation zur Multiplikation.

$$\begin{array}{l} 13632 : 4 = 3408 \\ \underline{-12} \\ \ \ \ 16 \\ \ \ \underline{-16} \\ \ \ \ \ \ 032 \\ \ \ \ \ \ \underline{-32} \\ \ \ \ \ \ \ \ \ \ 0 \end{array}$$

Überschlag:
$12\,000 : 4 = 3000$

Kontrolle:
$3408 \cdot 4 = 13\,632$

Beachte: Die Division durch 0 ist nicht ausführbar.

Es gilt stets $\mathbf{0 : a = 0}$ ($\mathbf{a \neq 0}$) und $\mathbf{a : a = 1}$ ($\mathbf{a \neq 0}$).

$0 : 7 = 0$; $9 : 9 = 1$

Potenzieren

Ein Produkt mit gleichen Faktoren kann man kürzer als **Potenz** schreiben.

$3 \cdot 3 \cdot 3 \cdot 3 \cdot 3 = 3^5$ — **Basis:** 3, **Exponent:** 5

$a \cdot a \cdot a \cdot a = a^4$ (sprich: a hoch 4) — a: Basis, 4: Exponent

$2^4 = 2 \cdot 2 \cdot 2 \cdot 2 = 16$

Es gilt stets $\mathbf{a^0 = 1}$ **für** $\mathbf{a \neq 0}$ **und** $\mathbf{a^1 = a}$.

$3^0 = 1$ $4^1 = 4$

Rechengesetze

Kommutativgesetz

der Addition:	$a + b = b + a$	$3 + 4 = 4 + 3 = 7$
der Multiplikation:	$a \cdot b = b \cdot a$	$2 \cdot 4 = 4 \cdot 2 = 8$

Assoziativgesetz

der Addition:	$(a + b) + c = a + (b + c)$	$(4 + 7) + 3 = 4 + (7 + 3) = 14$
der Multiplikation:	$(a \cdot b) \cdot c = a \cdot (b \cdot c)$	$(3 \cdot 5) \cdot 2 = 3 \cdot (5 \cdot 2) = 30$

Distributivgesetz:

$a \cdot (b + c) = a \cdot b + a \cdot c$	$4 \cdot (3 + 2) = 4 \cdot 3 + 4 \cdot 2 = 20$
$a \cdot (b - c) = a \cdot b - a \cdot c$	$6 \cdot (8 - 5) = 6 \cdot 8 - 6 \cdot 5 = 18$

Beachte beim Rechnen:

Potenzrechnung geht vor **Punkt**rechnung (·; :) und **Punkt**rechnung geht **vor Strich**rechnung (+; −).

$13 + 3^2 + 2 \cdot 7 = 13 + 9 + 2 \cdot 7$
$= 13 + 9 + 14 = 36$

Treten Klammern auf, ist der Rechenausdruck in der Klammer zuerst zu berechnen.

$28 : (14 - 10) = 28 : 4 = 7$

In allen anderen Fällen rechnet man von links nach rechts.

$29 - 3 - 6 = 26 - 6 = 20$
$24 : 4 : 2 = 6 : 2 = 3$

Aufgaben ↗ S. 46

Teilbarkeit

Teiler und Vielfache, Primzahlen

Ist das Ergebnis von a : b (b ≠ 0) eine natürliche Zahl (ohne Rest), dann ist **a durch b** teilbar.

21 ist durch 7 teilbar, denn 21 : 7 = 3.
Man schreibt: 7 | 21
7 ist kein Teiler von 18 ($7 \nmid 18$), denn 18 : 7 = 2 Rest 4.

Ist die Zahl a durch b teilbar, dann nennt man die Zahl b einen **Teiler** von a (kurz: b | a).

Multipliziert man eine Zahl a mit 1, 2, 3, 4, …, dann nennt man das Ergebnis ein **Vielfaches** der Zahl a.

24 ist ein Vielfaches von 4, denn 4 · 6 = 24.

Es gibt folgenden **Zusammenhang**:
Ist eine Zahl a ein Teiler einer Zahl b, dann ist b ein Vielfaches von a.

5 ist ein Teiler von 20, denn 20 : 5 = 4.
20 ist Vielfaches der Zahl 5, denn 5 · 4 = 20.

Natürliche Zahlen, die genau zwei Teiler haben, heißen **Primzahlen**.

7 ist eine Primzahl, denn sie hat genau zwei Teiler: die Zahl 1 und die Zahl 7.

Teilbarkeitsregeln

Endziffernregeln
Eine Zahl ist genau dann
- **durch 2 teilbar**, wenn sie auf 2; 4; 6; 8; 0 endet;
- **durch 5 teilbar**, wenn sie auf 5 oder 0 endet;
- **durch 10 teilbar**, wenn sie auf 0 endet.

12, 310, 18, 36 sind durch 2 teilbar.

870 und 985 sind durch 5 teilbar.

70 und 920 sind durch 10 teilbar.

Quersummenregel
Eine Zahl ist genau dann **durch 3 teilbar**, wenn ihre Quersumme durch 3 teilbar ist.

162 ist durch 3 teilbar, denn die Quersumme (1 + 6 + 2 = 9) ist durch 3 teilbar.

Primfaktorzerlegung

Natürliche Zahlen, die keine Primzahlen sind, lassen sich eindeutig als Produkt schreiben, dessen Faktoren Primzahlen sind.
Solch ein Produkt heißt **Primfaktorzerlegung** der Zahl.

Primfaktorzerlegung der Zahlen 18 und 60:

$18 = 2 \cdot 9$
$\;\;\;= 2 \cdot 3 \cdot 3$

$60 = 6 \cdot 10$
$\;\;\;= 2 \cdot 3 \cdot 2 \cdot 5$
$\;\;\;= 2 \cdot 2 \cdot 3 \cdot 5$

Zahlenfolgen

Eine **Zahlenfolge** ist eine Reihe von Zahlen, die nach einem bestimmten **Muster** aufgebaut ist. Das Muster einer Zahlenfolge kann man als Vorschrift angeben.

Eine Zahlenfolge kann man darstellen, indem man
- die ersten Zahlen der Zahlenfolge angibt
- eine Bildfolge zeichnet
- Rechnungen angibt, mit denen man Zahlen der Zahlenfolge berechnen kann.

Vorschrift:
- Starte mit der Zahl 5. Addiere der Reihe nach die Zahlen 2, 4, 6, 8, …
- Startzahl: 5 $\xrightarrow{+2}$

Zahlenfolge:

Startzahl	1. Schritt	2. Schritt	3. Schritt
5	7	9	11
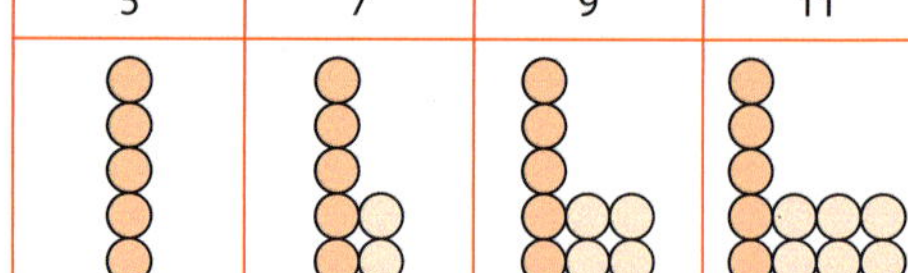			
5	5 + 1 · 2	5 + 2 · 2	5 + 3 · 2

Aufgaben ↗ S. 48

Brüche und Dezimalzahlen

Brüche

Anteile von einem Ganzen können mit **Brüchen** beschrieben werden.
Der **Nenner** eines Bruches gibt an, in wie viele gleiche Teile das Ganze geteilt ist. Der **Zähler** gibt die Anzahl der Teile an.
Bei **echten Brüchen** ist der Zähler stets kleiner als der Nenner.
Bei **unechten Brüchen** ist der Zähler stets größer als der Nenner.
Unechte Brüche kann man auch als **gemischte Zahlen** schreiben.

Brüche können **Anteile von Größen** angeben.

Zähler — 4
Bruchstrich — $\frac{4}{5}$
Nenner — 5

Beachte: Der Nenner darf nie 0 sein.

Echte Brüche: $\frac{1}{2}, \frac{3}{4}, \frac{5}{7}$

Unechte Brüche: $\frac{3}{2}, \frac{7}{4}, \frac{15}{7}$

Gemischte Zahlen: $\frac{3}{2} = 1\frac{1}{2}, \frac{7}{4} = 1\frac{3}{4}, \frac{15}{7} = 2\frac{1}{7}$

$\frac{3}{4}\,\text{h} = 45\,\text{min},\ 2\frac{1}{2}\,\text{kg} = 2500\,\text{g},\ \frac{3}{8}\,\ell = 0{,}375\,\ell$

Kürzen und Erweitern von Brüchen

Beim **Erweitern** werden Zähler und Nenner mit der gleichen Zahl multipliziert.

Beim **Kürzen** werden Zähler und Nenner durch die gleiche Zahl dividiert.

$\frac{2}{3} = \frac{2 \cdot 4}{3 \cdot 4} = \frac{8}{12}$

$\frac{8}{12} = \frac{8 : 4}{12 : 4} = \frac{2}{3}$

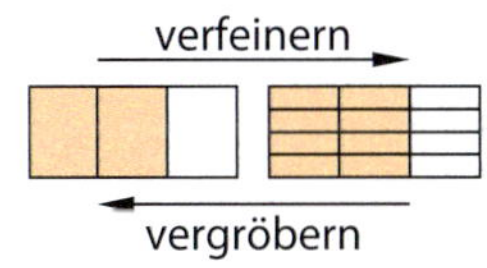

Dezimalzahlen

Zahlen mit Komma heißen **Dezimalzahlen**. Dezimalzahlen lassen sich als Bruch mit dem Nenner 10, 100, 1000, ... (**Zehnerbrüche**) darstellen und in Brüche überführen.

E	z	h	
1,	2	5	1 Ganzes, 2 Zehntel, 5 Hundertstel

$0{,}5 = \frac{5}{10} = \frac{1}{2};\ 0{,}77 = \frac{77}{100};\ 1{,}25 = \frac{125}{100} = \frac{5}{4} = 1\frac{1}{4}$

Brüche und Dezimalzahlen am Zahlenstrahl

Brüche und Dezimalzahlen, die zum selben Punkt des Zahlenstrahls gehören, bezeichnen dieselbe **Bruchzahl**.

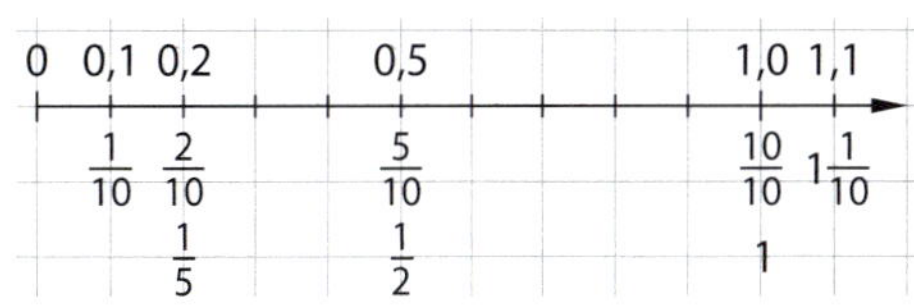

Brüche und Dezimalzahlen vergleichen

Von zwei **gleichnamigen Brüchen** ist der Bruch mit dem größeren Zähler der größere.

Ungleichnamige Brüche werden zuerst gleichnamig gemacht und dann verglichen.

Dezimalzahlen kann man stellenweise von links nach rechts vergleichen.

$\frac{3}{7} < \frac{4}{7}$, denn $3 < 4$.

$\frac{2}{3} < \frac{3}{4}$, denn $\frac{2}{3} = \frac{2 \cdot 4}{3 \cdot 4} = \frac{8}{12}, \frac{3}{4} = \frac{3 \cdot 3}{4 \cdot 3} = \frac{9}{12}$ und $\frac{8}{12} < \frac{9}{12}$.

2,6735 < 2,681, denn
7 Hundertstel < 8 Hundertstel.

Umwandeln eines Bruchs in eine Dezimalzahl

Man kann einen Bruch in eine Dezimalzahl umwandeln, indem man
- ihn auf einen Zehnerbruch **erweitert oder kürzt** und in eine Dezimalzahl überführt,
- **Zähler durch Nenner dividiert.**

$\frac{1}{4} = \frac{1 \cdot 25}{4 \cdot 25} = \frac{25}{100} = 0{,}25$

$\frac{1}{4} = 1 : 4 = 0{,}25$ abbrechende Dezimalzahl

$\frac{2}{3} = 2 : 3 = 0{,}666\ldots = 0{,}\overline{6}$ periodische Dezimalzahl

Prozente

Brüche mit dem Nenner 100 kann man auch als **Prozente** schreiben.

Bruch	$\frac{1}{100}$	$\frac{25}{100} = \frac{1}{4}$	$\frac{50}{100} = \frac{1}{2}$
Prozent	1 %	25 %	50 %

Aufgaben ↗ S. 50

Brüche/Dezimalzahlen addieren und subtrahieren

Addieren und Subtrahieren von Brüchen

Gleichnamige Brüche kannst du **addieren** (**subtrahieren**), indem du
1. die Zähler addierst (subtrahierst) und
2. den gemeinsamen Nenner der Brüche beibehältst.

Ungleichnamige Brüche kannst du addieren (**subtrahieren**), indem du
1. die Brüche gleichnamig machst und
2. die gleichnamigen Brüche addierst (subtrahierst).

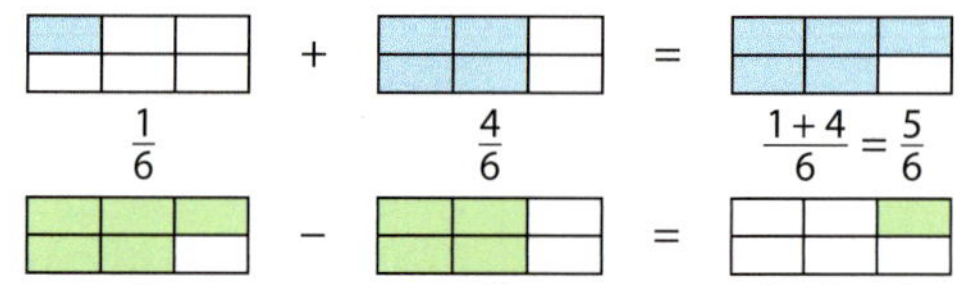

$\frac{1}{6} + \frac{4}{6} = \frac{1+4}{6} = \frac{5}{6}$

$\frac{5}{6} - \frac{4}{6} = \frac{5-4}{6} = \frac{1}{6}$

$\frac{2}{5} + \frac{1}{3} = \frac{2 \cdot 3}{5 \cdot 3} + \frac{1 \cdot 5}{3 \cdot 5} = \frac{6+5}{15} = \frac{11}{15}$

$\frac{3}{4} - \frac{2}{3} = \frac{3 \cdot 3}{4 \cdot 3} - \frac{2 \cdot 4}{3 \cdot 4} = \frac{9-8}{12} = \frac{1}{12}$

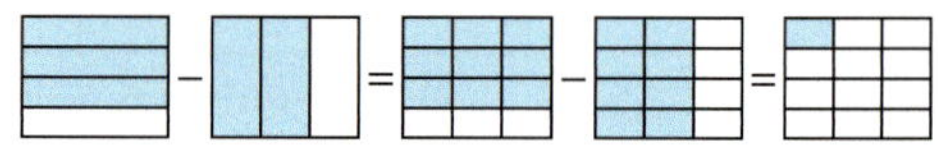

$\frac{3}{4} - \frac{2}{3} = \frac{3 \cdot 3}{4 \cdot 3} - \frac{2 \cdot 4}{3 \cdot 4} = \frac{9-8}{12} = \frac{1}{12}$

Addieren und Subtrahieren von Dezimalzahlen

Dezimalzahlen kannst du **addieren** (**subtrahieren**), indem du
1. die Dezimalzahlen stellengerecht untereinanderschreibst (Komma unter Komma) und Endnullen (wenn nötig) ergänzt,
2. sie stellengerecht wie natürliche Zahlen addierst (subtrahierst) und
3. im Ergebnis das Komma setzt (Komma unter Komma).

Kontrolliere durch Überschlag.

1,34 + 23,71	11,7 − 9,67
1,34	11,70
+ 23,71	− 9,67
1	1 1
25,05	2,03
Ü: 1 + 24 = 25	Ü: 12 − 10 = 2

Runden von Dezimalzahlen

Das **Runden von Dezimalzahlen** erfolgt wie das Runden natürlicher Zahlen.
Ob eine Stelle auf– oder abgerundet wird, entscheidet die nachfolgende Stelle.

Runde auf, wenn die nachfolgende Stelle 5 oder größer ist.

7,875	gerundet auf Zehntel:	7,9
7,875	gerundet auf Hundertstel:	7,88

Runde ab, wenn die nachfolgende Stelle kleiner als 5 ist.

19,643	gerundet auf Zehntel:	19,6
19,643	gerundet auf Hundertstel :	19,64

Aufgaben ↗ S. 52

Brüche/Dezimalzahlen multiplizieren und dividieren

Brüche vervielfachen und teilen

Multipliziere den **Zähler mit der natürlichen Zahl**. Lasse den Nenner unverändert.

$\frac{3}{7} \cdot 2 = \frac{3 \cdot 2}{7} = \frac{6}{7}$

Multipliziere den **Nenner mit der natürlichen Zahl**. Lasse den Zähler unverändert.

$\frac{4}{5} : 3 = \frac{4}{5 \cdot 3} = \frac{4}{15}$

Brüche multiplizieren

Zwei Brüche werden dividiert, indem man **Zähler mit Zähler** und **Nenner mit Nenner** multipliziert.

$\frac{3}{4} \cdot \frac{5}{7} = \frac{3 \cdot 5}{4 \cdot 7} = \frac{15}{28}$

Brüche dividieren

Zwei Brüche werden dividiert, indem man den **ersten Bruch mit dem Kehrwert des zweiten Bruchs** multipliziert.

$\frac{3}{5} : \frac{2}{3} = \frac{3}{5} \cdot \frac{3}{2} = \frac{3 \cdot 3}{5 \cdot 2} = \frac{9}{10}$

Dezimalzahlen mit Zehnerpotenzen multiplizieren und dividieren

Beim Multiplizieren einer Dezimalzahl mit 10, 100, 1000, … wird das **Komma** um eine, um zwei, um drei, … Stellen **nach rechts** verschoben.

Fehlende Nachkommastellen werden durch Nullen ergänzt.

$2{,}53 \cdot 10 = 25{,}3$

$2{,}53 \cdot 100 = 253$

$2{,}53 \cdot 1000 = 2530$

Beim Dividieren einer Dezimalzahl durch 10, 100, 1000, … wird das **Komma** um eine, um zwei, um drei, … Stellen **nach links** verschoben.

Stehen vor dem Komma nicht genügend Ziffern, werden Nullen ergänzt.

$17{,}53 : 10 = 1{,}753$

$17{,}53 : 100 = 0{,}1753$

$17{,}53 : 1000 = 0{,}01753$

Dezimalzahlen multiplizieren

Multipliziere zuerst die Zahlen, ohne das Komma zu beachten.
Setze dann das Komma so, dass das Ergebnis genauso viele Nachkommastellen hat wie die Faktoren zusammen.

```
2,34 · 7,3
  1638
    702
 17,082
```

2,34 hat 2 Nachkommastellen.
7,3 hat 1 Nachkommastelle.

Das Ergebnis hat 2 + 1 = 3 Nachkommastellen.

Dezimalzahlen durch eine natürliche Zahl dividieren

Man rechnet nach dem Verfahren der schriftlichen Division.
Überschreitet man bei der Dezimalzahl das Komma, muss man auch im Ergebnis ein Komma setzen.

```
69,2 : 4 = 17,3
4
29
28
 12
 12
  0
```

Dezimalzahlen dividieren

1. Verschiebe das Komma bei Dividend und Divisor um gleich viele Stellen nach rechts, sodass der Divisor eine natürliche Zahl wird.
2. Dividiere dann durch die natürliche Zahl.

15,72 : 1,2

```
157,2 : 12 = 13,1
12
 37
 36
  12
  12
   0
```

Aufgaben ↗ S. 54

Rationale Zahlen

Rationale Zahlen

Die gebrochenen Zahlen und die zu ihnen entgegengesetzten Zahlen bilden zusammen die **rationalen Zahlen** ($\mathbb{Q}$).

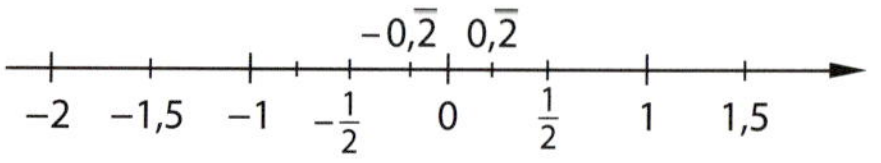

Positive Zahlen sind größer als Null und **negative Zahlen** sind kleiner als Null.
Die kleinere von zwei Zahlen liegt auf einer waagerechten Zahlengeraden weiter links.

$-3 < 1{,}5$

$-2 < -\frac{3}{4}$

Gegenzahlen unterscheiden sich nur im Vorzeichen.

$-1{,}5$ und $1{,}5$ sind Gegenzahlen.

Betrag einer rationalen Zahl a:

$$|a| = \begin{cases} a, \text{ wenn } a > 0. \\ 0, \text{ wenn } a = 0. \\ -a, \text{ wenn } a < 0. \end{cases}$$

$|1{,}5| = 1{,}5$
$|0| = 0$
$|-1{,}5| = 1{,}5$

Addition von rationalen Zahlen

Gleiche Vorzeichen der Summanden:
1. Nimm das gemeinsame Vorzeichen.
2. Addiere die Beträge der Summanden.

$1{,}5 + (+2) = +3{,}5$
$(-1{,}5) + (-2) = -3{,}5$

Unterschiedliche Vorzeichen der Summanden:
1. Nimm das Vorzeichen des Summanden mit dem größeren Betrag.
2. Subtrahiere den kleineren vom größeren Betrag.

$1{,}5 + (-2) = -0{,}5$
$-1{,}5 + 2 = +0{,}5$

Es gilt stets:
$a + 0 = a$
$0 + a = a$
$a + (-a) = 0$
$-a + a = 0$

Subtraktion von rationalen Zahlen

Subtraktion a − b

Addiere zu a die entgegengesetzte Zahl von b:
$a - b = a + (-b)$

$4 - (-3) = 4 + 3 = 7$
$-4 - 3 = -4 + (-3) = -7$

Die **Subtraktion** rationaler Zahlen ist immer ausführbar.

Es gilt stets:
$a - 0 = a$
$0 - a = -a$
$a - a = 0$

Multiplikation und Division von rationalen Zahlen

Gleiche Vorzeichen der Faktoren bzw. von Dividend und Divisor:
1. Produkt bzw. Quotient hat das Vorzeichen „+".
2. Multipliziere bzw. dividiere die Beträge.

$10 \cdot 2{,}5 = 25$
$(-10) \cdot (-2{,}5) = 25$
$10 : 2{,}5 = 4$
$(-10) : (-2{,}5) = 4$

Es gilt stets:
$a \cdot 0 = 0 \cdot a = 0$
$a \cdot 1 = 1 \cdot a = a$

Unterschiedliche Vorzeichen der Faktoren bzw. von Dividend und Divisor:
1. Produkt bzw. Quotient hat das Vorzeichen „−".
2. Multipliziere bzw. dividiere die Beträge.

$10 \cdot (-2{,}5) = -25$
$(-10) \cdot 2{,}5 = -25$
$10 : (-2{,}5) = -4$
$(-10) : 2{,}5 = -4$

$a : 1 = a$
$a : a = 1;\ (a \neq 0)$
$0 : a = 0;\ (a \neq 0)$

Rechengesetze für rationale Zahlen

Kommutativgesetze	$a + b = b + a$ und $a \cdot b = b \cdot a$
Assoziativgesetz der Addition	$a + (b + c) = (a + b) + c$
Assoziativgesetz der Multiplikation	$a \cdot (b \cdot c) = (a \cdot b) \cdot c$
Distributivgesetz	$a \cdot (b + c) = a \cdot b + a \cdot c$

Aufgaben ↗ S. 56

Grundbegriffe der Geometrie

Strecken und Geraden

– Zwei Geraden f und h verlaufen **senkrecht zueinander**, wenn sie einen rechten Winkel bilden. Man schreibt: $f \perp h$
– Zwei Geraden g und h verlaufen **parallel zueinander**, wenn sie an allen Stellen den gleichen Abstand haben, sich die Geraden also nicht schneiden. Man schreibt: $g \parallel h$

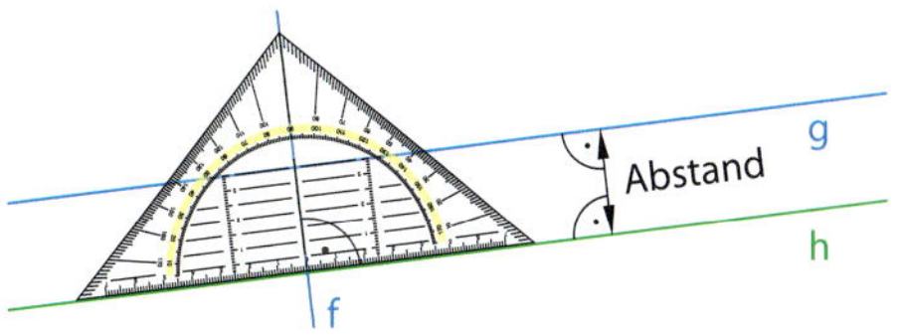

Vierecksarten

Vielecke sind Figuren, die von Strecken begrenzt werden. **Vierecke** kann man aufgrund ihrer Gemeinsamkeiten (gleich lange Seiten, parallele Seiten oder rechte Winkel) ordnen.

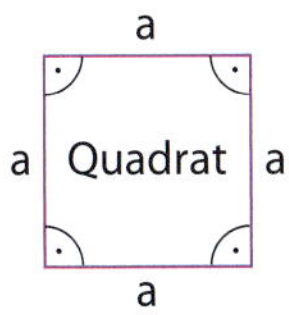

Vier gleich lange Seiten und vier rechte Winkel.

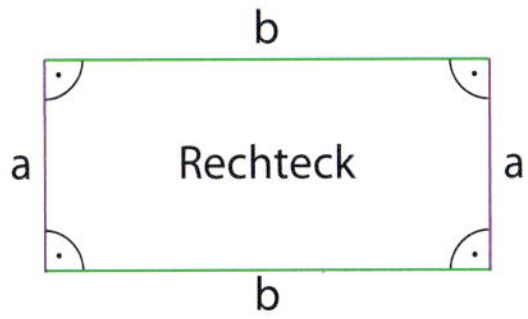

Vier rechte Winkel.

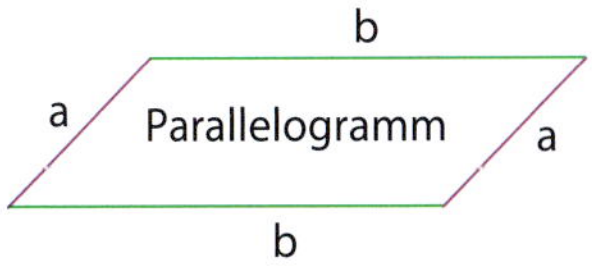

Gegenüberliegende Seiten sind zueinander parallel.

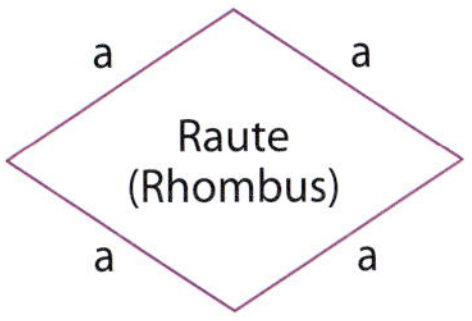

Vier gleich lange Seiten.

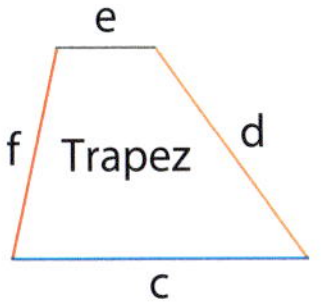

Zwei Seiten sind zueinander parallel.

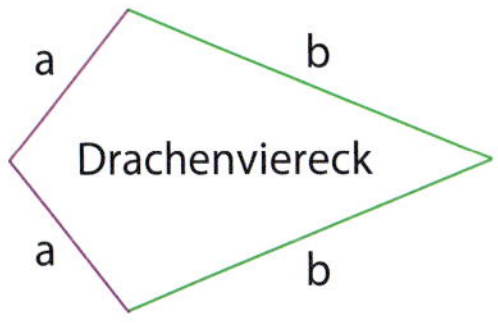

Zwei Paare benachbarter Seiten mit gleicher Länge.

Koordinatensystem

Die Lage eines Punktes P in einem Koordinatensystem kannst du mit zwei Zahlen (Koordinaten) genau beschreiben.

P(2 | 1)
x-Wert y-Wert
Koordinaten von P

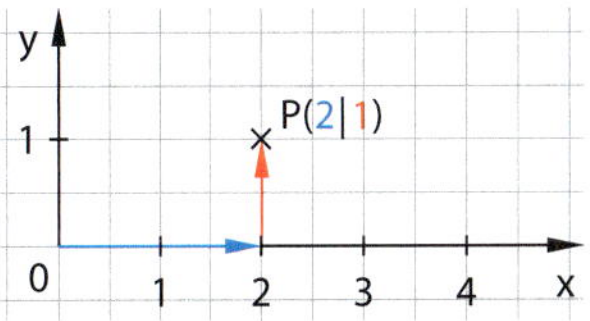

Körper

Geometrische Körper werden durch Flächen begrenzt. Wo sich zwei Flächen treffen, hat der Körper eine **Kante**. Wo Kanten aufeinandertreffen, hat der Körper eine **Ecke**.

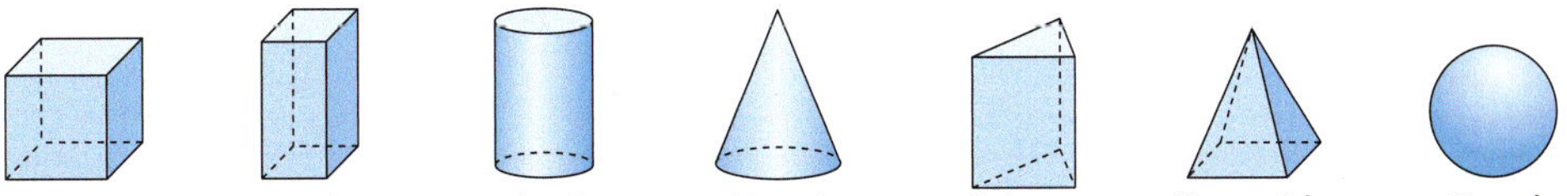

Würfel Quader Zylinder Kegel Prisma Pyramide Kugel

Netze von Körpern

Die meisten Körper kann man an den Kanten so aufschneiden und aufklappen, dass eine ebene Figur entsteht. Diese Figur nennt man das **Netz** des Körpers.

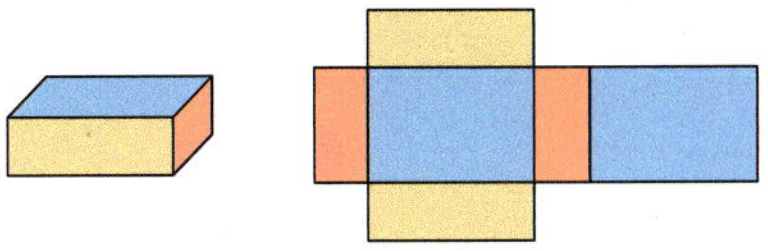

Flächeninhalt und Umfang

Flächeninhalt und Umfang von Figuren

Der **Flächeninhalt A** gibt an, wie groß eine Fläche ist. Den Flächeninhalt kannst du messen, indem du die Fläche mit gleich großen Teilflächen (zum Beispiel Quadraten mit der Seitenlänge 1 cm) vollständig auslegst.

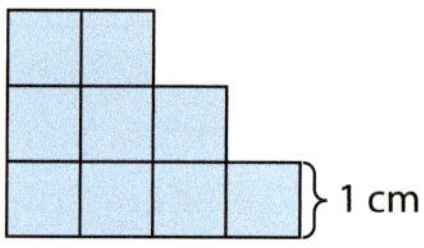

Die blaue Fläche hat den Flächeninhalt $A = 9\,cm^2$.

Der **Umfang u** einer ebenen Figur ist die Gesamtlänge seiner äußeren Umrandung. Der **Umfang u eines Vielecks** ergibt sich als Summe der Längen aller Seiten des Vielecks.

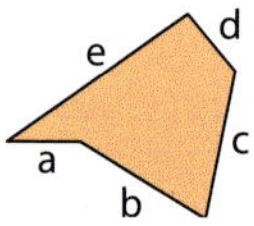

$a = d = 1\,cm$
$b = c = 2\,cm$
$e = 3\,cm$

$u = a + b + c + d + e$
$= 1\,cm + 2\,cm + 2\,cm + 1\,cm + 3\,cm = 9\,cm$

Flächeneinheiten

Einheiten der Fläche:
- Quadratkilometer (km^2)
- Hektar (ha)
- Ar (a)
- Quadratmeter (m^2)
- Quadratdezimeter (dm^2)
- Quadratzentimeter (cm^2)
- Quadratmillimeter (mm^2)

Umrechnungszahl: 100

$1\,km^2 = 100\,ha$ $\quad 1\,km^2 = 1\,000\,000\,m^2$
$1\,ha = 100\,a$
$1\,a = 100\,m^2$
$1\,m^2 = 100\,dm^2$
$1\,dm^2 = 100\,cm^2$
$1\,cm^2 = 100\,mm^2$

Flächeninhalt und Umfang von Rechtecken

Flächeninhalt A eines Rechtecks: $\mathbf{A = a \cdot b}$
Umfang u eines Rechtecks: $\mathbf{u = 2 \cdot a + 2 \cdot b}$

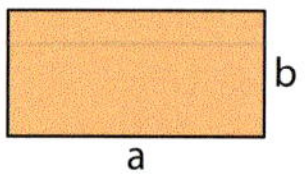

Rechteck mit $a = 5\,cm$, $b = 4\,cm$:

$A = a \cdot b$
$= 5\,cm \cdot 4\,cm$
$= 20\,cm^2$

$u = 2 \cdot a + 2 \cdot b$
$= 2 \cdot 5\,cm + 2 \cdot 4\,cm$
$= 10\,cm + 8\,cm$
$= 18\,cm$

Flächeninhalt A eines Quadrats: $\mathbf{A = a \cdot a = a^2}$
Umfang u eines Quadrats: $\mathbf{u = 4 \cdot a}$

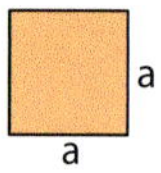

Quadrat mit $a = 6\,cm$:

$A = a \cdot a$
$= 6\,cm \cdot 6\,cm$
$= 36\,cm^2$

$u = 4 \cdot a$
$= 4 \cdot 6\,cm$
$= 24\,cm$

Flächenberechnung bei zusammengesetzten Flächen

Gegeben ist eine zusammengesetzte Figur:

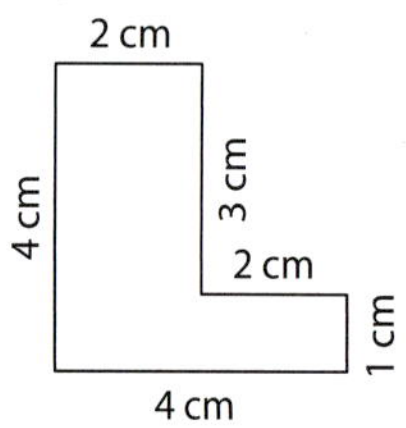

Gesucht ist der Flächeninhalt A.

Zerlegungsmethode:

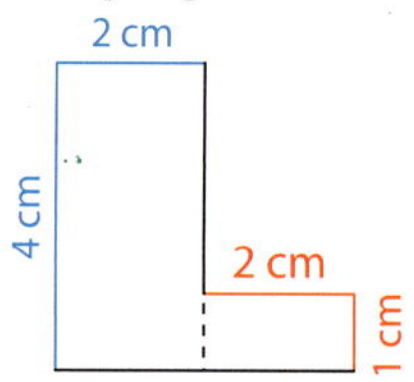

$A = 4\,cm \cdot 2\,cm + 1\,cm \cdot 2\,cm$
$= 8\,cm^2 + 2\,cm^2 = 10\,cm^2$

Ergänzungsmethode:

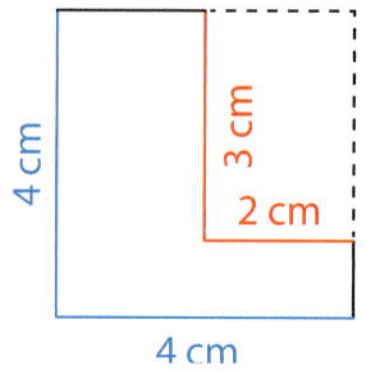

$A = 4\,cm \cdot 4\,cm - 3\,cm \cdot 2\,cm$
$= 16\,cm^2 - 6\,cm^2 = 10\,cm^2$

Aufgaben ↗ S. 60

Volumen und Oberflächeninhalt von Körpern

Das **Volumen** (der Rauminhalt) eines Körpers gibt an, welchen Raum ein Körper ausfüllt. Das Volumen kannst du messen, indem du den Körper mit gleich großen Teilkörpern (z. B. Würfel mit der Kantenlänge 1 cm) vollständig ausfüllst.

Den **Oberflächeninhalt** eines Körpers erhältst du, indem du die Flächeninhalte aller Seitenflächen addierst.

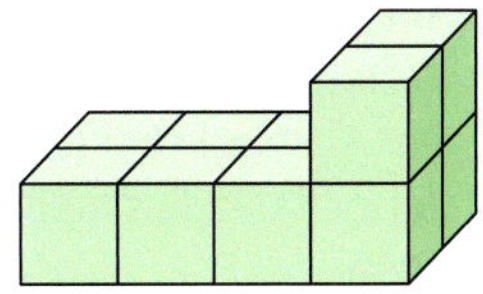

Ein grüner Würfel hat eine Kantenlänge von 1 cm, also ein Volumen von 1 cm^3.

Der Körper hat ein Volumen von 10 kleinen Würfeln (also von 10 cm^3) und einen Oberflächeninhalt von 34 cm^2.

Volumeneinheiten

Volumeneinheiten
- Kubikmeter (m^3)
- Kubikdezimeter (dm^3)
- Kubikzentimeter (cm^3)
- Kubikmillimeter (mm^3)

Aber auch: Liter (ℓ) und Milliliter (mℓ)

Umrechnungszahl: 1000

$1\,m^3 = 1000\,dm^3$
$1\,dm^3 = 1000\,cm^3$
$1\,cm^3 = 1000\,mm^3$
$1\,\ell = 1000\,m\ell = 1\,dm^3$

Volumen und Oberflächeninhalt von Quadern

Volumen V eines Quaders: $\mathbf{V = a \cdot b \cdot c}$
Oberflächeninhalt O eines Quaders:
$\mathbf{O = 2 \cdot a \cdot b + 2 \cdot a \cdot c + 2 \cdot b \cdot c}$

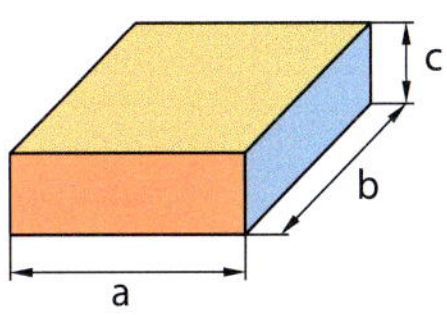

Quader mit a = 3 m, b = 2 m und c = 4 m:

$V = 3\,m \cdot 2\,m \cdot 4\,m = 24\,m^3$
$O = 2 \cdot a \cdot b + 2 \cdot a \cdot c + 2 \cdot b \cdot c$
$O = 2 \cdot 3\,m \cdot 2\,m + 2 \cdot 3\,m \cdot 4\,m + 2 \cdot 2\,m \cdot 4\,m$
$= 12\,m^2 + 24\,m^2 + 16\,m^2 = 52\,m^2$

Volumen V eines Würfels: $\mathbf{V = a \cdot a \cdot a = a^3}$
Oberflächeninhalt O eines Würfels:
$\mathbf{O = 6 \cdot a^2}$

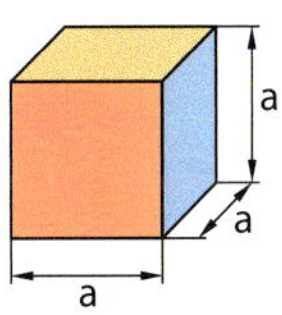

Würfel mit a = 2 cm:
$V = 2\,cm \cdot 2\,cm \cdot 2\,cm = 8\,cm^3$
$O = 6 \cdot 2\,cm \cdot 2\,cm = 24\,cm^2$

Volumenberechnung bei zusammengesetzten Körpern

Gegeben ist eine zusammengesetzter Körper (alle Maße in m):

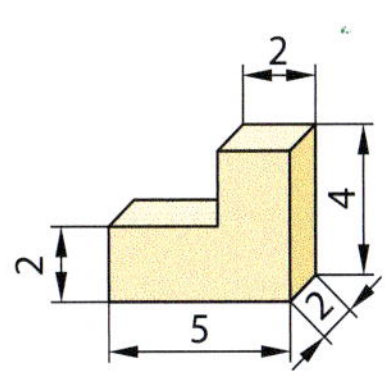

Gesucht ist das Volumen V.

Zerlegungsmethode:

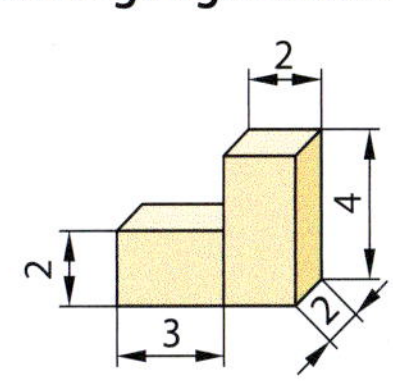

Zerlege den Körper in kleine Quader und addiere deren Volumina.

$V = 3\,m \cdot 2\,m \cdot 2\,m + 2\,m \cdot 2\,m \cdot 4\,m$
$= 12\,m^3 + 16\,m^3 = 28\,m^3$

Ergänzungsmethode:

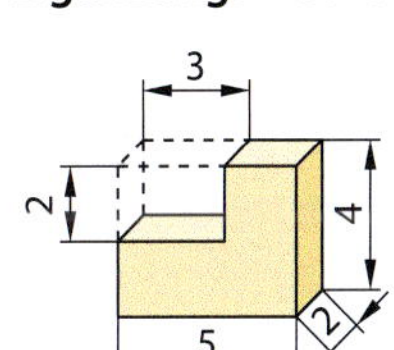

Ergänze den Körper zu einem großen Quader. Subtrahiere das Volumen des ergänzten Quaders vom großen Quader.

$V = 5\,m \cdot 2\,m \cdot 4\,m - 3\,m \cdot 2\,m \cdot 2\,m$
$= 40\,m^3 - 12\,m^3 = 28\,m^3$

Aufgaben ↗ S. 62

Kreis und Winkel

Kreis

Alle Punkte eines Kreises haben von seinem **Mittelpunkt M** den gleichen Abstand r. Der Abstand r heißt **Radius** des Kreises, der doppelte Radius heißt **Durchmesser d** des Kreises.

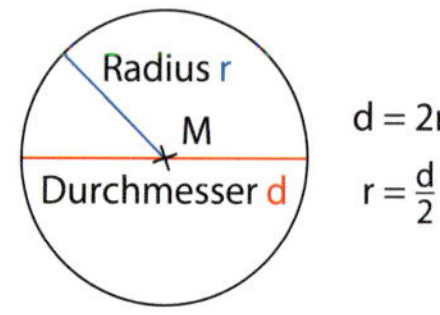

$d = 2r$

$r = \frac{d}{2}$

Winkel

Ein **Winkel** wird durch zwei Strahlen (die **Schenkel** des Winkels) begrenzt, die von demselben Punkt S (**Scheitelpunkt** des Winkels) ausgehen.
Die Größe eines Winkels wird in Grad (°) gemessen.

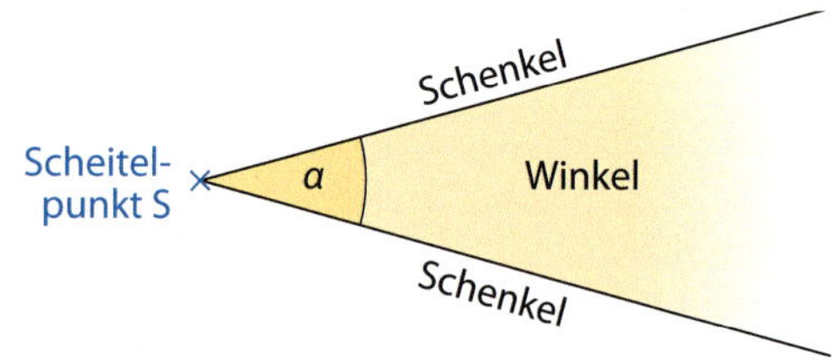

Winkelbezeichnung

Winkel kann man auf verschiedene Weise angeben:

mit griechischen Buchstaben (α, β, γ, δ, ε …)

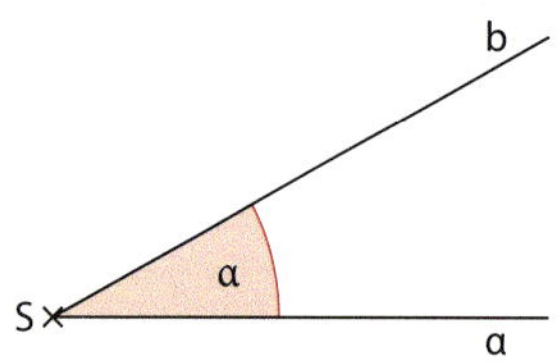

mithilfe der zwei Strahlen, die den Winkel bilden

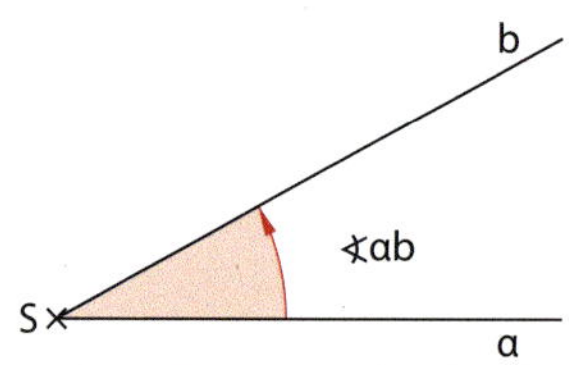

mithilfe von Punkten auf den Schenkeln und dem Scheitelpunkt S

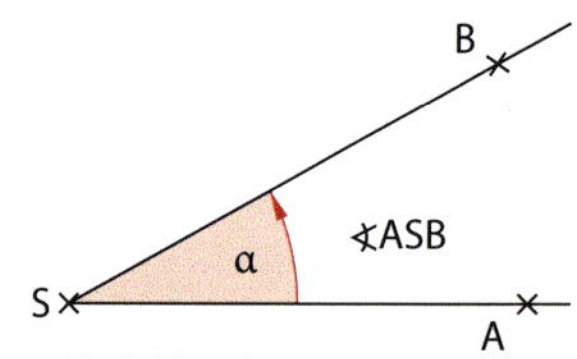

Winkelarten

spitzer Winkel größer als 0°, kleiner als 90°	**rechter Winkel** genau 90°	**stumpfer Winkel** größer als 90°, kleiner als 180°	**gestreckter Winkel** genau 180°	**überstumpfer Winkel** größer als 180°, kleiner als 360°	**Vollwinkel** genau 360°
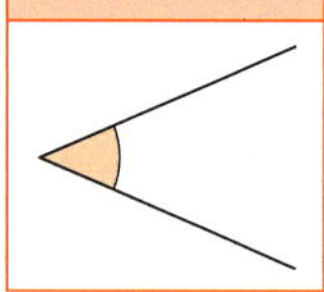	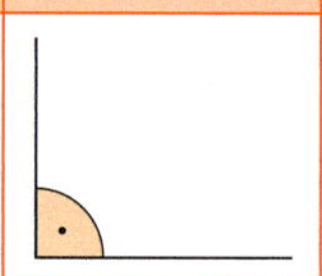	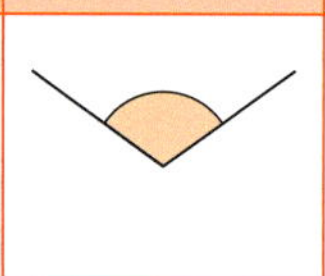	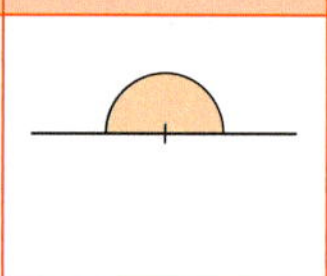	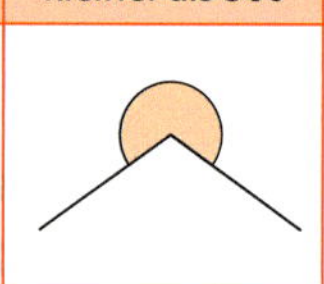	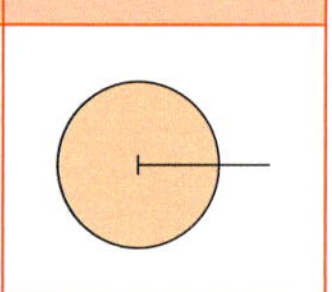

Messen und Zeichnen von Winkeln

Winkel messen

1. Die lange Seite des Geodreiecks genau auf einen Schenkel des Winkels legen.
2. Punkt 0 des Geodreiecks genau auf den Scheitelpunkt S des Winkels legen.
3. Ablesen am Geodreieck.

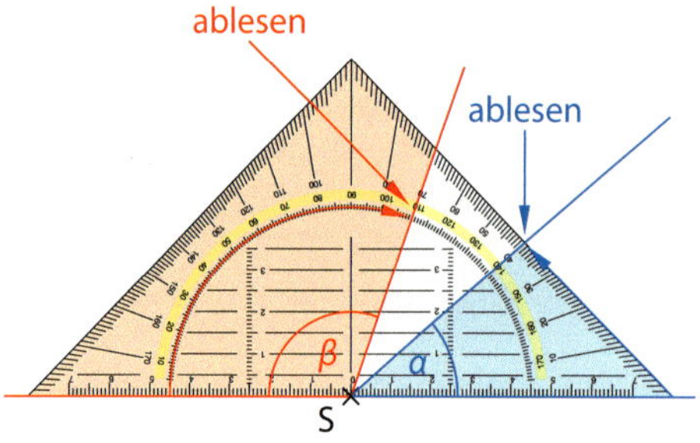

Winkel mit dem Geodreieck zeichnen

1. Zeichne einen Schenkel mit dem Scheitelpunkt S am Punkt 0 des Geodreiecks.
2. Winkelgröße (Gradzahl) an der Winkelskala markieren.
3. Punkt P mit Scheitelpunkt S verbinden.

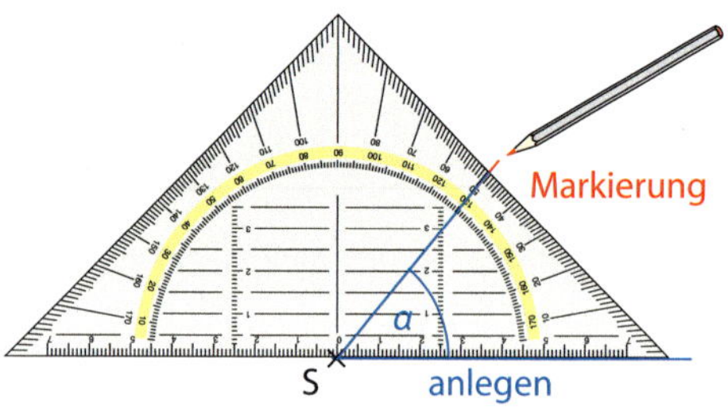

Aufgaben ↗ S. 64

Achsensymmetrie, Achsenspiegelung

Eine Figur, die man entlang einer Geraden so falten kann, dass die beiden Teile deckungsgleich sind, heißt **achsensymmetrisch**.
Die Gerade heißt **Symmetrieachse**.

Achsenspiegelung: Beim Spiegeln einer Figur an einer Geraden (**Spiegelachse**) ergibt sich zu jedem Punkt auf der einen Seite der Geraden ein Bildpunkt auf der anderen Seite. Punkt und Bildpunkt haben den gleichen Abstand zu der Geraden. Ihre Verbindungsstrecke verläuft senkrecht zur Geraden.

Bei einer Achsenspiegelung entsteht eine achsensymmetrische Figur.

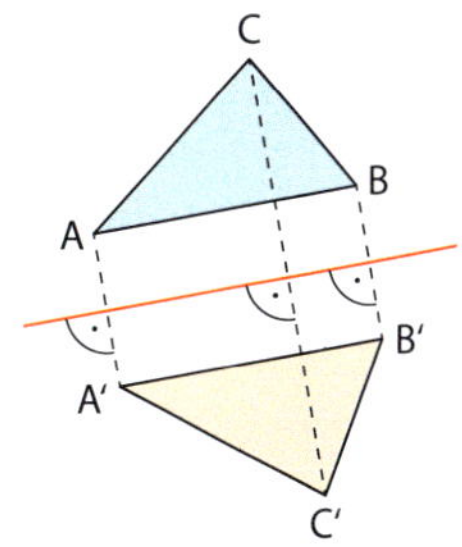

Punktsymmetrie, Punktspiegelung

Eine Figur, die nach einer halben Drehung (Drehung um 180°) um einen Punkt Z mit sich selbst zur Deckung kommt, heißt **punktsymmetrisch**.
Der Punkt Z heißt **Symmetriezentrum**.

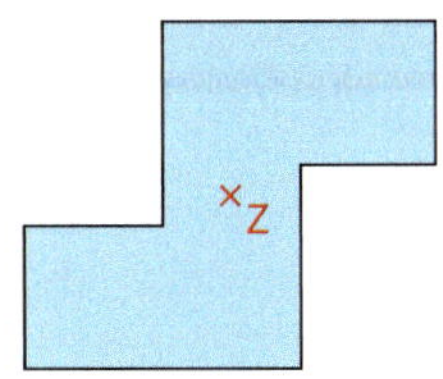

Punktspiegelung: Beim Spiegeln einer Figur an einem Punkt Z (**Spiegelpunkt**) ergibt sich zu jedem Punkt ein Bildpunkt gegenüber von Z. Punkt und Bildpunkt liegen auf einer Geraden durch Z und haben denselben Abstand von Z.

Bei einer Punktspiegelung entsteht eine punktsymmetrische Figur.

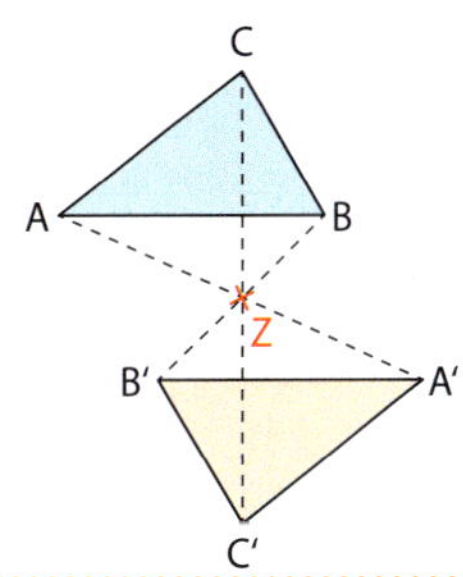

Drehsymmetrie, Drehung

Eine Figur, die nach einer Drehung zwischen 0° und 360° um einen Punkt Z mit sich selbst zur Deckung kommt, heißt **drehsymmetrisch**.

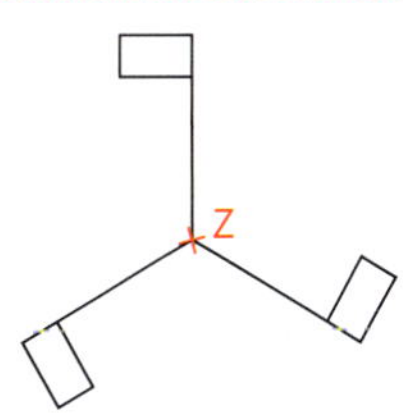

Drehung: Beim Drehen einer ebenen Figur um einen **Drehwinkel** bewegen sich alle Punkte dieser Figur um einen festen Punkt Z (**Drehpunkt**) auf Kreislinien. Zu jedem Punkt ergibt sich dabei ein Bildpunkt. Drehrichtung und Drehwinkel sind für alle Punkte der Figur gleich.

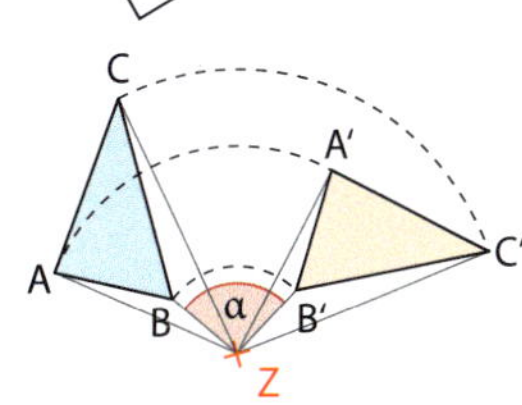

Ebenensymmetrie

Einen Körper, der durch Spiegelung an einer Ebene mit sich selbst in Deckung kommt, nennt man **ebenensymmetrisch**.
Die Ebene heißt **Symmetrieebene**.

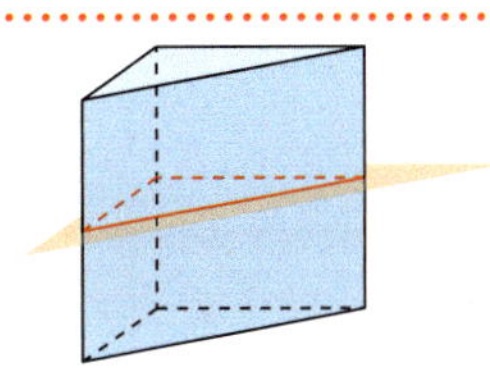

Aufgaben ↗ S. 66

Winkel- und Symmetriebetrachtungen

Winkelsätze an Geradenkreuzungen

Zwei Geraden, die sich schneiden, bilden eine **Geradenkreuzung** mit vier Winkeln.

An einer Geradenkreuzung gilt:
– **Nebenwinkel** ergänzen sich zu 180°.
– **Scheitelwinkel** sind gleich groß.

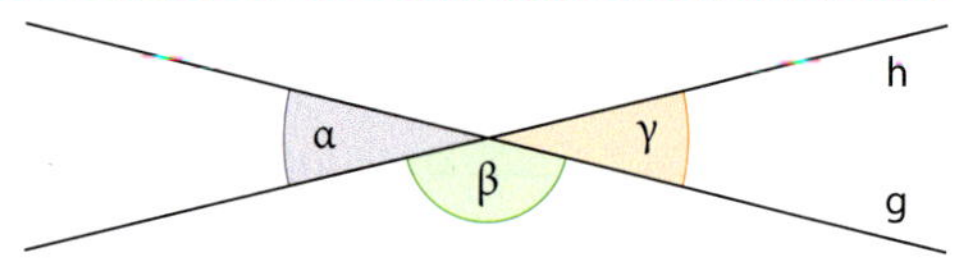

α und β sind Nebenwinkel. $\alpha + \beta = 180°$
α und γ sind Scheitelwinkel. $\alpha = \gamma$

Zwei parallele Geraden, die von einer dritten Geraden geschnitten werden, bilden zwei Geradenkreuzungen.

An einer doppelten Geradenkreuzung gilt:
– **Stufenwinkel** sind gleich groß.
– **Wechselwinkel** sind gleich groß.

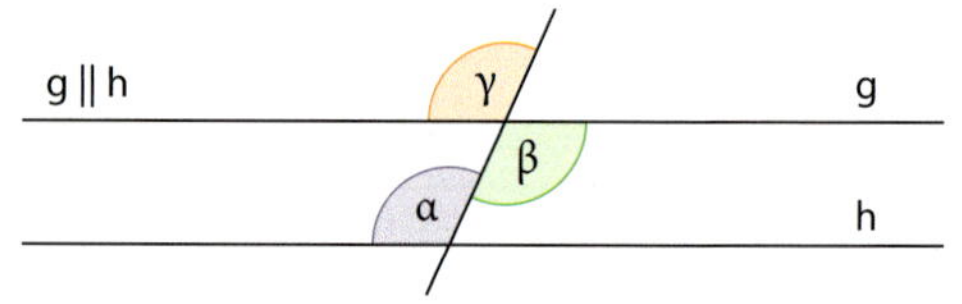

α und β sind Wechselwinkel. $\alpha = \beta$
α und γ sind Stufenwinkel. $\alpha = \gamma$

Innenwinkelsumme

In jedem Dreieck beträgt die Summe der drei Innenwinkel 180°.

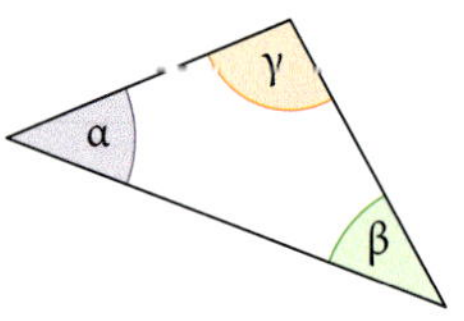

In jedem Viereck beträgt der Summe der Innenwinkel 360°

Gleichschenklige Dreiecke, gleichseitige Dreiecke

Ein **gleichschenkliges Dreieck** hat zwei gleich lange Seiten. Diese beiden Seiten heißen **Schenkel**. Die dritte Seite heißt **Basis**.

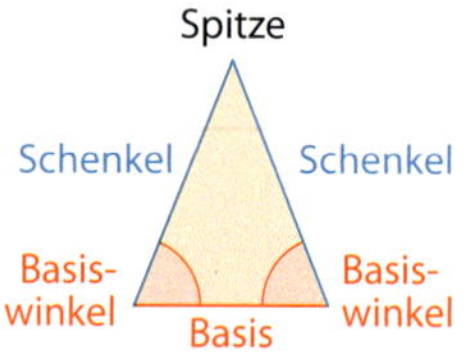

In jedem gleichschenkligem Dreieck sind die Basiswinkel gleich groß (**Basiswinkelsatz**).

Ein Dreieck mit drei gleich langen Seiten nennt man **gleichseitiges Dreieck**.

In einem gleichseitiges Dreieck sind alle Innenwinkel 60° groß.

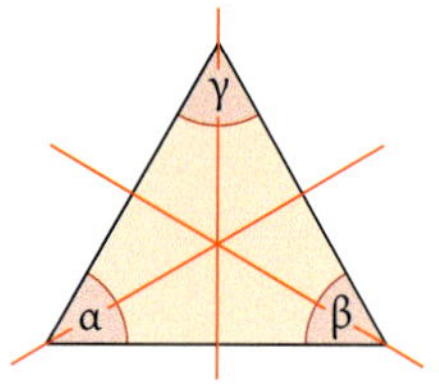

Symmetrische Vierecke

Achsensymmetrische Vierecke:

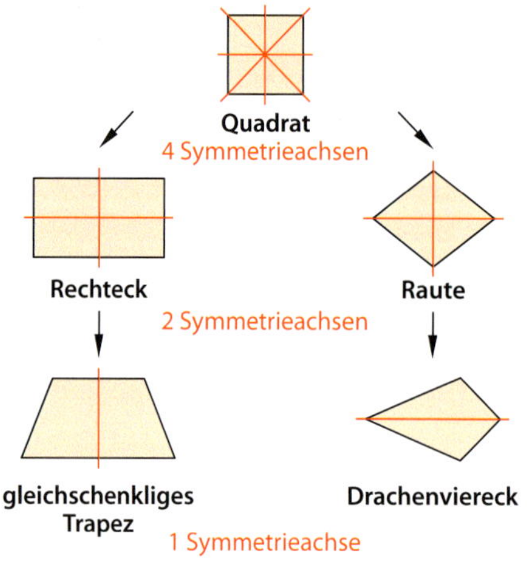

Punktsymmetrische Vierecke:

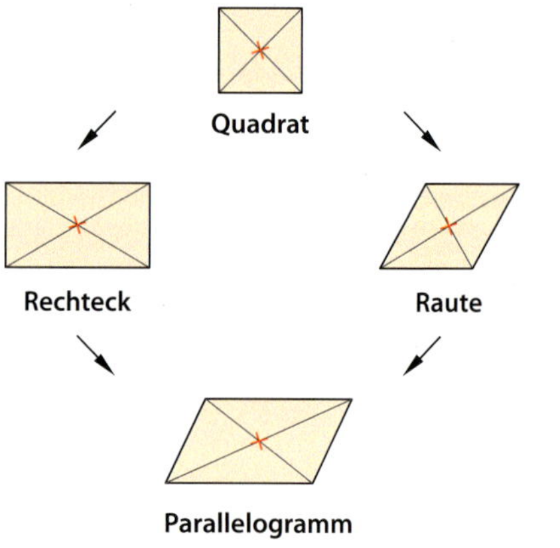

Aufgaben ↗ S. 68

Kongruente Figuren

Kongruenz von Figuren

Zwei geometrische Figuren F_1 und F_2 heißen genau dann **zueinander kongruent (deckungsgleich),** wenn sie sowohl in ihrer **Form** als auch in der **Größe ihres Flächeninhaltes** übereinstimmen.

Kurzschreibweise: $F_1 \cong F_2$

Sprechweise: F_1 und F_2 sind zueinander kongruent.

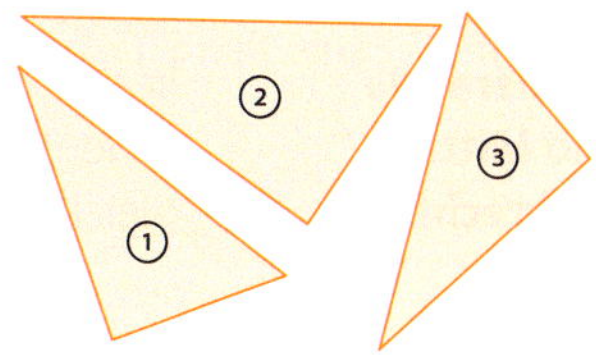

① ≅ ③

Kongruenzsätze für Dreiecke

Zwei Dreiecke sind zueinander kongruent, wenn sie:

- in allen drei Seitenlängen übereinstimmen
  Kongruenzsatz (sss)
- in der Länge einer Seite und den Größen der beiden anliegenden Winkel übereinstimmen
  Kongruenzsatz (wsw)
- in der Länge zweier Seiten und der Größe des von diesen Seiten eingeschlossenen Winkels übereinstimmen
  Kongruenzsatz (sws)
- in der Länge zweier Seiten und der Größe des Winkels, der der längeren der beiden Seiten gegenüberliegt, übereinstimmen
  Kongruenzsatz (SsW)

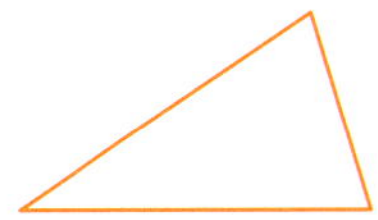

sss

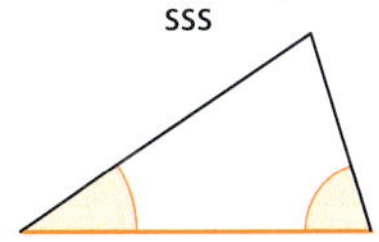

wsw

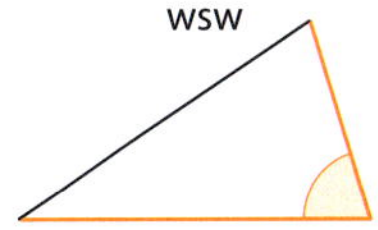

sws

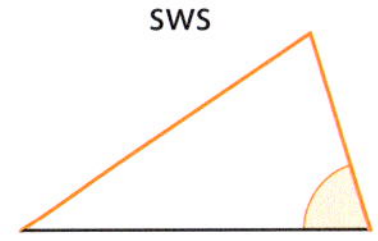

SsW

Anwendung der Kongruenzsätze

Mithilfe von Kongruenzsätzen lässt sich oft nachweisen, dass zwei Strecken gleich lang oder zwei Winkel gleich groß sind, denn bei zwei zueinander kongruenten Dreiecken sind einander entsprechende Seiten immer gleich lang und einander entsprechende Winkel immer gleich groß.

$\overline{AC}$ und $\overline{BD}$ sind Durchmesser des Kreises um M mit $r = \overline{AM}$.

Zeige, dass $\overline{AB}$ und $\overline{CD}$ gleich lang sind.

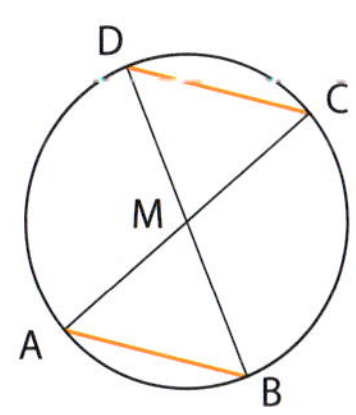

Lösung:

1. $\overline{AM} = \overline{BM} = \overline{CM} = \overline{DM} = r$
   (Radien im Kreis sind gleich lang.)
2. $\sphericalangle BMA = \sphericalangle DMC$
   (Scheitelwinkel sind gleich groß.)
3. $\triangle ABM \cong \triangle CDM$
   (Nach Kongruenzsatz sws)

Weil $\overline{AB}$ und $\overline{CD}$ einander entsprechende Seiten in zwei zueinander kongruenten Dreiecken sind, gilt: $\overline{AB} = \overline{CD}$

Konstruktion von Dreiecken

Wenn die **Voraussetzungen** von einem der vier **Kongruenzsätze erfüllt** sind, ist ein Dreieck durch Vorgabe dreier geeigneter Stücke immer **eindeutig konstruierbar.**

Aufgaben ↗ S. 70

Satzgruppe des Pythagoras

Satz des Pythagoras

In jedem rechtwinkligen Dreieck ist die Summe der Flächeninhalte der beiden Quadrate über den Katheten gleich dem Flächeninhalt des Quadrats über der Hypotenuse.

Für jedes **Dreieck ABC** gilt:
Wenn $\gamma = 90°$, so ist $a^2 + b^2 = c^2$.

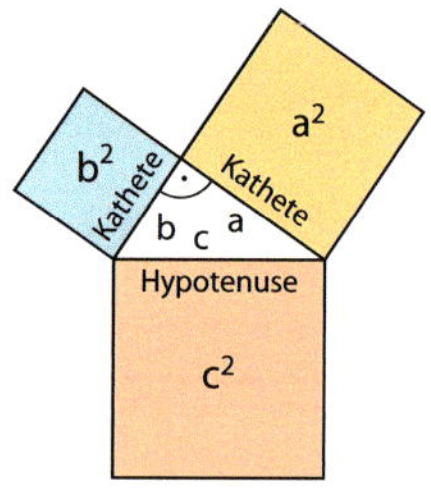

Geg.: ΔABC; $\gamma = 90°$; $c = 10\,cm$; $b = 8\,cm$
Ges.: a

$$a = \sqrt{c^2 - b^2} = \sqrt{(10\,cm)^2 - (8\,cm)^2} = \sqrt{36\,cm^2} = 6\,cm$$

Umkehrung des Satzes des Pythagoras

Wenn in einem Dreieck der Flächeninhalt des Quadrats über einer Seite genauso groß ist wie die Summe der Flächeninhalte der Quadrate über den anderen beiden Seiten, dann ist das Dreieck rechtwinklig.

Für jedes **Dreieck ABC** gilt:
Wenn $a^2 + b^2 = c^2$, so ist $\gamma = 90°$.

Mit der Umkehrung des Satzes des Pythagoras lässt sich prüfen, ob bei gegebenen drei Seitenlängen eines Dreiecks das Dreieck rechtwinklig ist.

Ist das Dreieck ABC rechtwinklig?
a) $a = 2{,}1\,cm$, $b = 2{,}0\,cm$ und $c = 2{,}9\,cm$
b) $a = 2\,cm$, $b = 3\,cm$ und $c = 4\,cm$

Lösung:
a) $2{,}1^2 = 4{,}41$; $2{,}0^2 = 4{,}0$; $2{,}9^2 = 8{,}41$
$4{,}41\,cm^2 + 4{,}0\,cm^2 = 8{,}41\,cm^2$
→ Das Dreieck ist rechtwinklig.

b) $2^2 = 4$; $3^2 = 9$; $4^2 = 16$
$4\,cm^2 + 9\,cm^2 \neq 16\,cm^2$
→ Das Dreieck ist nicht rechtwinklig.

Höhensatz

Wenn ein Dreieck rechtwinklig ist, dann ist das Quadrat über der Hypotenusenhöhe flächengleich mit dem Rechteck, das aus beiden Hypotenusenabschnitten bestimmt wird.

Für jedes **Dreieck ABC** gilt:
Wenn $\gamma = 90°$, so ist $h^2 = p \cdot q$.

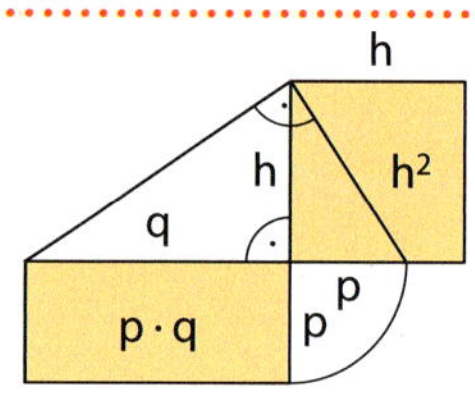

Geg.: ΔABC; $\gamma = 90°$; $p = 3{,}6\,cm$; $q = 6{,}4\,cm$
Ges.: h

$$h = \sqrt{p \cdot q} = \sqrt{3{,}6\,cm \cdot 6{,}4\,cm} = \sqrt{23{,}04\,cm^2} = 4{,}8\,cm$$

Kathetensatz

Wenn ein Dreieck rechtwinklig ist, dann ist das zu einer Kathete gehörende Quadrat flächengleich mit dem Rechteck, das aus der Hypotenuse und dem zur Kathete gehörenden Hypotenusenabschnitt bestimmt wird.

Für jedes **Dreieck ABC** gilt:
Wenn $\gamma = 90°$, so ist $a^2 = c \cdot p$ und $b^2 = c \cdot q$.

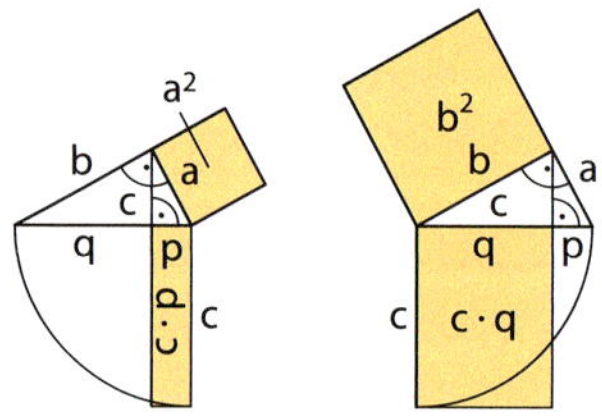

Geg.: ΔABC; $\gamma = 90°$; $c = 10\,cm$; $p = 3{,}6\,cm$
Ges.: a

$$a = \sqrt{c \cdot p} = \sqrt{10\,cm \cdot 3{,}6\,cm} = \sqrt{36\,cm^2} = 6\,cm$$

Aufgaben ↗ S. 76

Ähnliche Vielecke

Zwei Vielecke sind ähnlich zueinander,

- wenn einander benachbarte Ecken der einen Figur einander benachbarten Ecken der anderen Figur zugeordnet werden,
- wenn die Winkel an jeweils einander zugeordneten Ecken gleich groß sind und
- wenn die Längenverhältnisse aller einander entsprechenden Seiten gleich sind.

$k = \frac{a'}{a} = \frac{b'}{b} = \frac{c'}{c} = \ldots$; k heißt **Ähnlichkeitsfaktor**.

Beim maßstäblichen Vergrößern oder Verkleinern einer Figur mit dem Faktor k $\left(k = \frac{\text{neue Streckenlänge}}{\text{alte Streckenlänge}}\right)$ entsteht eine dazu ähnliche Figur.

$k > 1$ Vergrößerung; $k < 1$ Verkleinerung

$k = 1$ Alte und neue Figur sind zueinander ähnlich, aber auch zueinander kongruent.

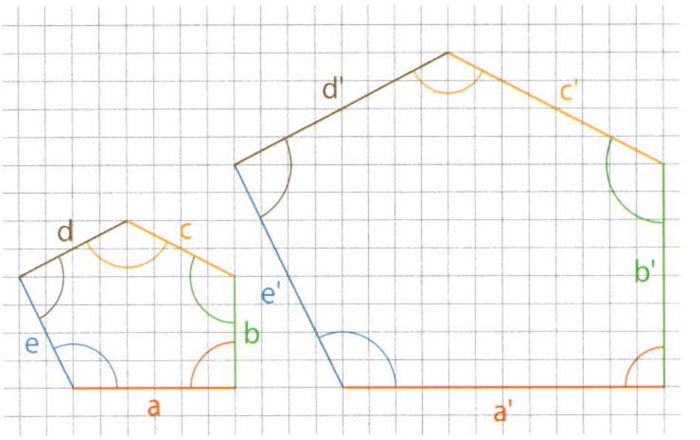

$k = \frac{a'}{a}$ $\frac{6\ \text{Längeneinheiten}}{3\ \text{Längeneinheiten}}$

$k = 2 \rightarrow k > 1$, also liegt eine Vergrößerung vor.

Ähnlichkeitssätze für Dreiecke

Ähnlichkeitssatz ww

Stimmen zwei Dreiecke in zwei Innenwinkeln überein, dann sind die Dreiecke zueinander ähnlich.

Ähnlichkeitssatz sss

Stimmen zwei Dreiecke in allen drei Längenverhältnissen entsprechender Seiten überein, so sind sie zueinander ähnlich.

Die Dreiecke ABC, ADC und DBC stimmen in zwei Innenwinkeln überein. Diese Dreiecke sind zueinander ähnlich.

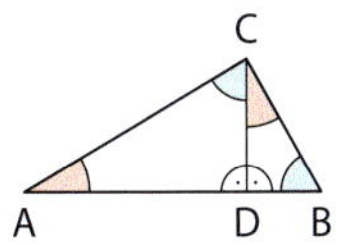

Das Dreieck EFG und das Dreieck XYZ sind zueinander ähnlich, da gilt:

$\frac{e}{x} = \frac{3\,\text{m}}{1{,}5\,\text{m}} = 2$ und $\frac{f}{y} = \frac{4\,\text{m}}{2\,\text{m}} = 2$

und $\frac{g}{z} = \frac{5\,\text{m}}{2{,}5\,\text{m}} = 2$.

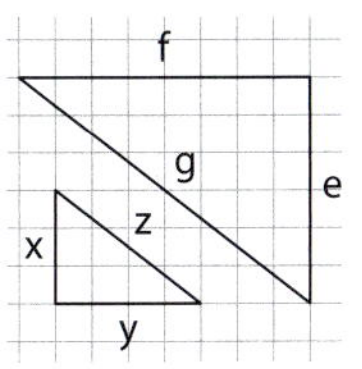

Strahlensätze

Strahlensätze

Schneiden zwei Strahlen mit dem gemeinsamen Anfangspunkt S zwei zueinander parallele Geraden, so gilt:

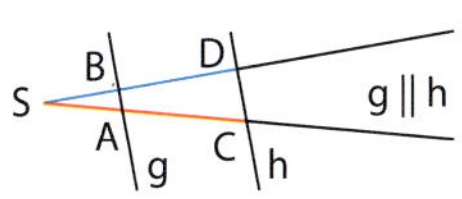

<u>1. Strahlensatz:</u> $\frac{\overline{SC}}{\overline{SA}} = \frac{\overline{SD}}{\overline{SB}}$

<u>2. Strahlensatz:</u> $\frac{\overline{AB}}{\overline{CD}} = \frac{\overline{SA}}{\overline{SC}}$ und $\frac{\overline{AB}}{\overline{CD}} = \frac{\overline{SB}}{\overline{SD}}$

Schneiden zwei Geraden mit dem Schnittpunkt S zwei zueinander parallele Geraden, so gilt:

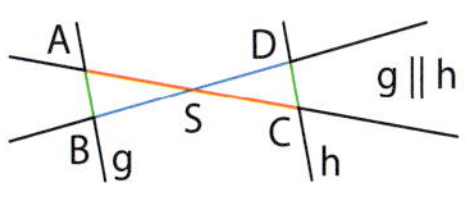

<u>1. Strahlensatz:</u> $\frac{\overline{SA}}{\overline{SC}} = \frac{\overline{SB}}{\overline{SD}}$

<u>2. Strahlensatz:</u> $\frac{\overline{AB}}{\overline{CD}} = \frac{\overline{SA}}{\overline{SC}}$ und $\frac{\overline{AB}}{\overline{CD}} = \frac{\overline{SB}}{\overline{SD}}$

Gegeben: $\overline{SA} = 2{,}8\,\text{m}$

$\overline{SD} = 4{,}0\,\text{m}$

$\overline{SB} = 2{,}5\,\text{m}$

Gesucht: $\overline{SC}$

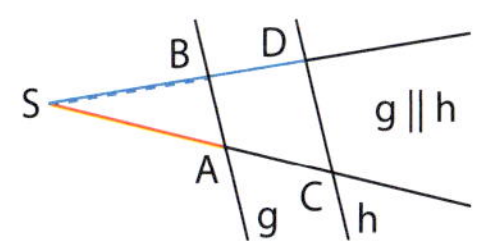

<u>Lösung:</u> $\frac{\overline{SC}}{\overline{SA}} = \frac{\overline{SD}}{\overline{SB}} \quad | \cdot \overline{SA}$

$\overline{SC} = \frac{\overline{SD} \cdot \overline{SA}}{\overline{SB}} \rightarrow \overline{SC} = \frac{4{,}0\,\text{m} \cdot 2{,}8\,\text{m}}{2{,}5\,\text{m}}$

$= 4{,}48\,\text{m}$

Gegeben: $\overline{AB} = 1{,}2\,\text{m}$

$\overline{CD} = 2{,}4\,\text{m}$

$\overline{SC} = 1{,}8\,\text{m}$

Gesucht: $\overline{SA}$

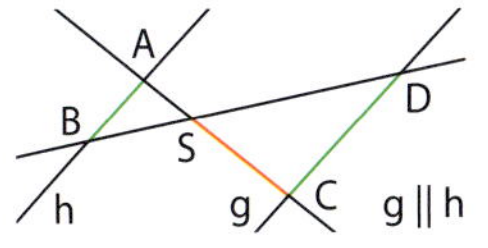

<u>Lösung:</u> $\frac{\overline{AB}}{\overline{CD}} = \frac{\overline{SA}}{\overline{SC}} \quad | \cdot \overline{SC}$

$\overline{SA} = \frac{\overline{AB} \cdot \overline{SC}}{\overline{CD}} \rightarrow \overline{SA} = \frac{1{,}2\,\text{m} \cdot 1{,}8\,\text{m}}{2{,}4\,\text{m}}$

$= 0{,}9\,\text{m}$

Aufgaben ↗ S. 78

Kreisberechnungen

Begriffe am Kreis

Kreis: Alle Punkte haben den gleichen Abstand vom Mittelpunkt M.
Radius: Die Verbindungsstrecken zwischen dem Mittelpunkt M und den Punkten auf der Kreislinie nennt man Radien. Als Radius eines Kreises bezeichnet man außerdem auch den Abstand der Punkte auf der Kreislinie vom Mittelpunkt M.
Durchmesser: Jeder Durchmesser eines Kreises ist doppelt so lang wie dessen Radius.

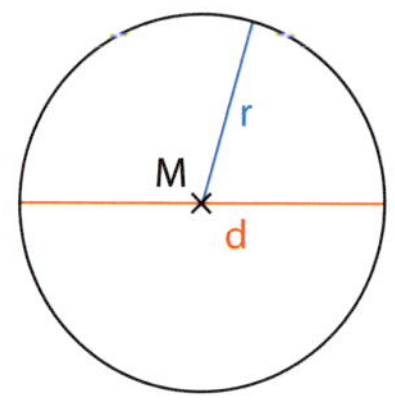

Es gilt: $d = 2r$ bzw. $r = \frac{d}{2}$

Umfang eines Kreises

Der **Umfang u eines Kreises** ist proportional zu seinem Durchmesser.

Es gilt: $u = \pi \cdot d = 2 \cdot \pi \cdot r$ $(\pi \approx 3{,}14)$

Ermittle den Umfang u eines Kreises, dessen Radius 12 cm beträgt.
$u = 2 \cdot \pi \cdot r$
$u = 2 \cdot \pi \cdot 12\,\text{cm}$
$u \approx 75{,}4\,\text{cm}$

Flächeninhalt eines Kreises

Für den **Flächeninhalt A eines Kreises** mit dem Radius r gilt:
$A = \pi \cdot r^2 = \frac{\pi}{4} \cdot d^2$ $(\pi \approx 3{,}14)$

Ermittle den Flächeninhalt A eines Kreises, dessen Radius 3 cm beträgt.
$A = \pi \cdot r^2$
$A = \pi \cdot (3\,\text{cm})^2$
$A \approx 28{,}3\,\text{cm}^2$

Kreisausschnitt

Der **Flächeninhalt eines Kreisausschnitts A_α** mit dem Radius r und dem Öffnungswinkel α beträgt:

$A_\alpha = \frac{\alpha}{360°} \cdot \pi \cdot r^2$

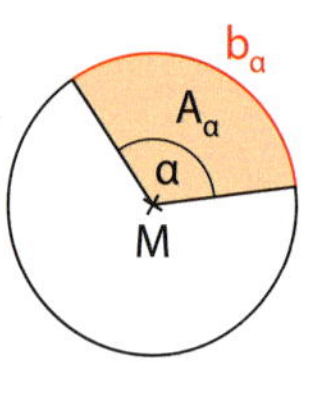

Berechne den Flächeninhalt A_α des Kreisausschnitts mit dem Radius 6 m und dem Öffnungswinkel 120°.

$A_\alpha = \frac{\alpha}{360°} \cdot \pi \cdot r^2$
$A_\alpha = \frac{120°}{360°} \cdot \pi \cdot (6\,\text{m})^2$
$A_\alpha \approx 37{,}7\,\text{m}^2$

Kreisbogen

Die **Länge eines Kreisbogens b_α** mit dem Radius r und dem Öffnungswinkel α beträgt:

$b_\alpha = \frac{\alpha}{180°} \cdot \pi \cdot r$

Berechne die Bogenlänge b_α des Kreisausschnitts mit dem Radius 6 m und dem Öffnungswinkel 120°.

$b_\alpha = \frac{\alpha}{180°} \cdot \pi \cdot r$
$b_\alpha = \frac{120°}{180°} \cdot \pi \cdot 6\,\text{m}$
$b_\alpha \approx 12{,}6\,\text{m}$

Kreiszahl π

Die Kreiszahl π hat unendlich viele Stellen nach dem Komma und keine Periode.
Für Überschläge kann $\pi \approx 3$ genutzt werden.

$\pi = 3{,}141\,592\,653\,589\,793\,238\,462\,643\,383\,279\,502\,884\,197\ldots$

Aufgaben ↗ S. 80

Zylinder und ihr Volumen

Zylinder sind Körper mit einem Kreis als Grund- und Deckfläche. Grund- und Deckfläche sind zueinander kongruent und parallel. Die Mantelfläche eines Zylinders ist gewölbt. Abgewickelt bildet sie bei einem geraden Zylinder ein Rechteck.
Das **Volumen V eines Zylinders** ist das Produkt aus Grundfläche G und Höhe h.
Es gilt: $V = G \cdot h$ bzw. $V = \pi \cdot r^2 \cdot h$

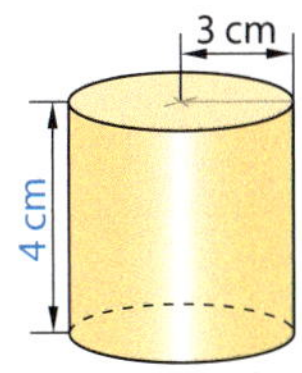

Berechne das Volumen des dargestellten Zylinders.

$V = G \cdot h$
$= \pi \cdot r^2 \cdot h$
$= \pi \cdot (3\,\text{cm})^2 \cdot 4\,\text{cm}$
$\approx 113\,\text{cm}^3$

Pyramiden, Kegel und ihr Volumen

Eine **Pyramide** ist ein Körper mit einem n-Eck als Grundfläche. Die n Seitenflächen sind Dreiecke, die sich in der Spitze treffen. Sie bilden zusammen die Mantelfläche M.
Ein **Kegel** ist ein Körper mit einem Kreis als Grundfläche. Die Mantelfläche ist gewölbt und bildet eine Spitze. Abgewickelt bildet sie einen Kreisausschnitt.

Das **Volumen V einer Pyramide und eines Kegels** ist gleich einem Drittel des Produktes aus Grundfläche G und Höhe h.
Es gilt allgemein: $V = \frac{1}{3} \cdot G \cdot h$.
Für Kegel gilt insbesondere: $V = \frac{1}{3} \cdot \pi \cdot r^2 \cdot h$.

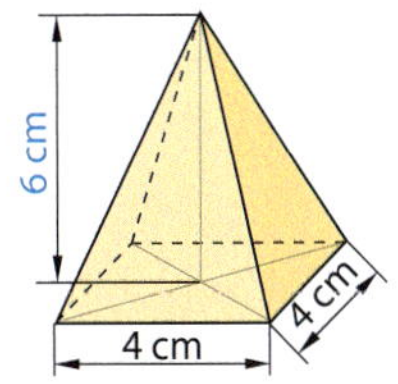

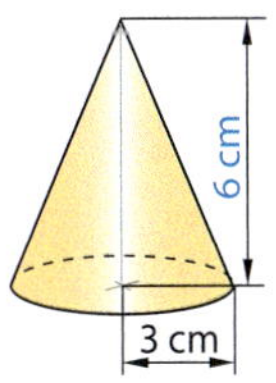

Berechne die Volumina der dargestellten Körper.

Die Grundfläche der Pyramide ist quadratisch.

$V_{Pyr} = \frac{1}{3} \cdot G \cdot h$
$V_{Pyr} = \frac{1}{3} \cdot (4\,\text{cm})^2 \cdot 6\,\text{cm}$
$= 32\,\text{cm}^3$
$V_{Keg} = \frac{1}{3} \cdot G \cdot h$
$V_{Keg} = \frac{1}{3} \cdot \pi \cdot r^2 \cdot h$
$V_{Keg} = \frac{1}{3} \cdot \pi \cdot (3\,\text{cm})^2 \cdot 6\,\text{cm}$
$V_{Keg} \approx 57\,\text{cm}^3$

Oberflächeninhalte von Zylindern, Pyramiden und Kegeln

Die **Oberfläche** dieser Körper setzt sich zusammen aus der **Mantelfläche** und den vorhandenen **Grund- bzw. Deckflächen**.
Für Zylinder gilt: $O = 2 \cdot G + M$ und
$O = 2 \cdot \pi \cdot r^2 + 2 \cdot \pi \cdot r \cdot h$.
Für Pyramiden und Kegel gilt: $O = G + M$.
Für Kegel gilt insbesondere:
$O = \pi \cdot r^2 + \pi \cdot r \cdot s$

Treten rechtwinklige Dreiecke auf, kann der Satz des Pythagoras genutzt werden.
Beispiel: Für die Höhe einer quadratischen Pyramide h, die Höhe einer Pyramidenseitenfläche h_a und die Grundkante a gilt:
$h_a^2 = \left(\frac{a}{2}\right)^2 + h^2$ bzw. $h_a = \sqrt{\left(\frac{a}{2}\right)^2 + h^2}$

Berechne die Oberflächeninhalte der oben dargestellten Körper.

Zylinder
$O = 2 \cdot \pi \cdot r^2 + 2 \cdot \pi \cdot r \cdot h.$
$= 2 \cdot \pi \cdot (3\,\text{cm})^2 + 2 \cdot \pi \cdot 3\,\text{cm} \cdot 4\,\text{cm} \approx 132\,\text{cm}^2$

quadratische Pyramide:
$h_a = \sqrt{(6\,\text{cm})^2 + (2\,\text{cm})^2} \approx 6{,}3\,\text{cm}$
$O \approx (4\,\text{cm})^2 + 4 \cdot \frac{4\,\text{cm} \cdot 6{,}3\,\text{cm}}{2} = 66{,}4\,\text{cm}^2$

Kegel:
$s = \sqrt{(6\,\text{cm})^2 + (3\,\text{cm})^2} \approx 6{,}7\,\text{cm}$
$O = \pi \cdot r^2 + \pi \cdot r \cdot s$
$O \approx \pi \cdot (3\,\text{cm})^2 + \pi \cdot 3\,\text{cm} \cdot 6{,}7\,\text{cm} \approx 91{,}4\,\text{cm}^2$

Kugeln, ihre Oberflächeninhalte und Volumina

Alle Punkte eines Raums, die von einem festen Punkt M den gleichen Abstand r haben, bilden eine Kugel.
Für den **Oberflächeninhalt** und für das **Volumen** einer **Kugel** mit dem Radius r gilt:

$$O = 4 \cdot \pi \cdot r^2 \quad \text{und} \quad V = \frac{4}{3} \cdot \pi \cdot r^3$$

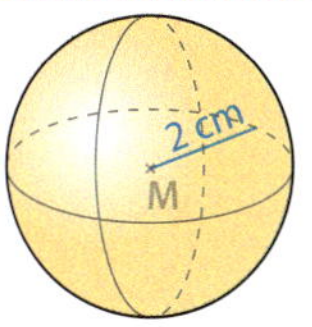

Berechne den Oberflächeninhalt und das Volumen der dargestellten Kugel.

$O = 4 \cdot \pi \cdot r^2$
$O = 4 \cdot \pi \cdot (2\,\text{cm})^2 \approx 50\,\text{cm}^2$
$V = \frac{4}{3} \cdot \pi \cdot r^3$
$V = \frac{4}{3} \cdot \pi \cdot (2\,\text{cm})^3 \approx 34\,\text{cm}^3$

Aufgaben ↗ S. 82

Daten

Absolute und relative Häufigkeit

Die **relative Häufigkeit** gibt an, wie groß der Anteil an der Gesamtzahl ist.

$$\text{relative Häufigkeit} = \frac{\text{absolute Häufigkeit}}{\text{Gesamtzahl}}$$

Die Summe der **absoluten Häufigkeiten** ergibt die Gesamtzahl, die Summe der relativen Häufigkeiten 1 oder 100 %. Relative Häufigkeiten werden als **Bruch**, **Dezimalzahl** oder **in Prozent** angegeben.

Bei der Klassensprecherwahl kandidierten Inka, Katja und Paul. 25 gültige Stimmen wurden abgegeben.

	absolute Häufigkeit	relative Häufigkeit
Inka	4	$\frac{4}{25} = 0{,}16 = 16\,\%$
Katja	11	$\frac{11}{25} = 0{,}44 = 44\,\%$
Paul	10	$\frac{10}{25} = 0{,}4 = 40\,\%$

Kreisdiagramm

Um **relative Häufigkeiten** grafisch darzustellen, eignen sich **Kreisdiagramme**. Die Anteile eines Ganzen werden als Teile eines Kreises dargestellt.

Der Vollkreis (360°) entspricht dem Ganzen (100 %). Die Kreisteile entsprechen den einzelnen Anteilen, 1 % entspricht dem Winkel 3,6°.

Umfrage bei 20 Schülern: „Welches Musikinstrument würdest du gerne spielen können?"

Instrument	Geige	Posaune	Klavier
Anzahl	6	4	10

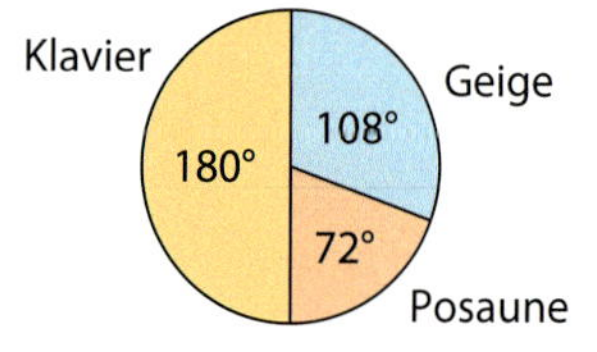

Die Anteile in Prozent lassen sich über die Winkelgrößen der Kreisteile berechnen.

Geige: $\frac{108°}{360°} = \frac{3}{10} = 30\,\%$

Posaune: $\frac{72°}{360°} = \frac{1}{5} = 20\,\%$

Klavier: $\frac{180°}{360°} = \frac{1}{2} = 50\,\%$

Klasseneinteilung

Wenn eine große Menge an Daten vorliegt, dann kann man benachbarte Werte zu einer **Klasse** zusammenfassen. Wie viele Klassen gewählt werden, hängt von der Situation ab.

Größen der 24 Mitglieder einer Mannschaft:

unter 1,61 m	1,61 m bis 1,70 m	1,71 m bis 1,80 m	über 1,80 m
4	8	9	3

Kennwerte

Kennwerte werden genutzt, um Daten auszuwerten.

Tageshöchsttemperaturen in °C:

Mo.	Di.	Mi.	Do.	Fr.	Sa.	So.
15	19	18	21	22	24	21

Das **Maximum** ist der größte Wert einer Datenliste, das **Minimum** ihr kleinster Wert. Die **Spannweite** ist der Unterschied zwischen dem Maximum und dem Minimum.

Maximum: 24
Minimum: 15
Spannweite = 24 – 15 = 9

Der **Modalwert** ist der häufigste Wert einer Datenliste.

Modalwert: 21 (kommt zweimal vor)

Das **arithmetische Mittel** wird berechnet, indem man die Summe aller Werte durch die Anzahl der Werte dividiert.

$$\text{arithmetisches Mittel} = \frac{\text{Summe aller Werte}}{\text{Anzahl der Werte}}$$

Arithmetisches Mittel:

$$\frac{15 + 19 + 18 + 21 + 22 + 24 + 21}{7} = \frac{140}{7} = 20$$

Aufgaben ↗ S. 84

Zufall und Wahrscheinlichkeit

Zufallsexperiment

Ein **Zufallsexperiment** hat folgende Merkmale:
- Es sind mehrere voneinander verschiedene **Ergebnisse** möglich.
- Alle möglichen Ergebnisse können vor dem Experiment angegeben werden.
- Es lässt sich nicht mit Sicherheit voraussagen, welches Ergebnis eintreten wird.
- Das Experiment kann unter gleichen Bedingungen beliebig oft wiederholt werden.

Das Werfen eines Spielwürfels ist ein Zufallsexperiment.

Ergebnismenge $S = \{1; 2; 3; 4; 5; 6\}$

Ob man eine 1, 2, 3, 4, 5 oder 6 würfelt, kann nicht vorausgesagt werden.

Relative Häufigkeit und Wahrscheinlichkeit

Wird ein Zufallsexperiment sehr oft durchgeführt, so stabilisieren sich mit einer ausreichend hohen Anzahl von Versuchsdurchführungen die relativen Häufigkeiten eines Ergebnisses um einen festen Wert. Dieser Wert wird als **Wahrscheinlichkeit** des Ergebnisses bezeichnet.

Es wird ein 2x2-Lego-Baustein 360-mal geworfen und untersucht, wie oft eine der vier Seitenflächen oben liegt.

Anzahl der Würfe	30	150	270	360
relative Häufigkeit	0,17	0,25	0,31	0,30

Eine stabilisierte **relative Häufigkeit** eines Ergebnisses kann als **Schätzwert** für die **Wahrscheinlichkeit** verwendet werden.

Die relative Häufigkeit stabilisiert sich bei 0,3. Dies kann als Schätzwert für die Wahrscheinlichkeit verwendet werden.

Umgekehrt gibt die **Wahrscheinlichkeit** an, welche **relative Häufigkeit** für ein Ergebnis bei vielen Versuchswiederholungen in etwa zu erwarten ist **(Prognose).**

Bei 10 000 Würfen wird man erwarten, dass eine der vier Seitenflächen etwa $0{,}3 \cdot 10\,000 = 3000$ Mal oben liegt.

Eigenschaften der Wahrscheinlichkeit

Die **Wahrscheinlichkeit** eines Ergebnisses gibt die **Chance** an, mit der das Ergebnis in einem Zufallsexperiments auftritt. Sie liegt immer **zwischen 0 und 1** (zwischen 0 % und 100 %).

P („rot") $= \frac{1}{2} = 50\,\%$

P („grün") $= \frac{1}{4} = 25\,\%$

P („gelb") $= \frac{1}{4} = 25\,\%$

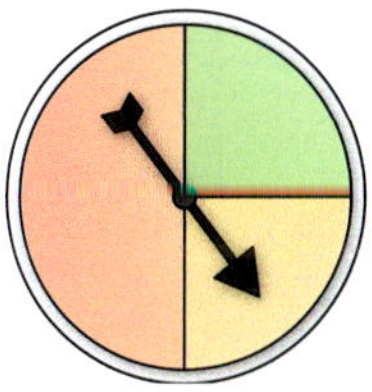

Für alle möglichen Ergebnisse eines Zufallsexperiments ist die **Summe der Wahrscheinlichkeiten 1** (100 %).

Die Wahrscheinlichkeit eines Ereignisses ist die Summe der Wahrscheinlichkeiten der zugehörigen Ergebnisse **(Summenregel).**

P („rot" oder „grün")
= P („rot") + P („grün")
= 50 % + 25 %
= 75 %

Laplace-Experiment

Ein Zufallsexperiment, bei dem alle Ergebnisse die gleiche Wahrscheinlichkeit haben, heißt **Laplace-Experiment.** Bei n möglichen Ergebnissen ist die **Wahrscheinlichkeit für jedes einzelne Ergebnis** $\frac{1}{n}$.

Das Werfen eines Spielwürfels ist ein Laplace-Experiment, da die Wahrscheinlichkeit für jede der 6 Augenzahlen gleich ist. Sie ist jeweils $\frac{1}{6}$.

Laplace-Regel:
Für die Wahrscheinlichkeit eines Ereignisses gilt:

$$P(E) = \frac{\text{Anzahl der Ergebnisse, die zum Ereignis gehören}}{\text{Anzahl aller möglichen Ergebnisse}}$$

E: gerade Augenzahl

P („gerade Augenzahl") $= \frac{3}{6} = \frac{1}{2} = 50\,\%$

Aufgaben ↗ S. 86

Mehrstufige Zufallsexperimente

Baumdiagramme, Zählprinzip

Ein Vorgang, aus dem sich unterschiedliche **Kombinationsmöglichkeiten** ergeben, kann gut in einem mehrstufigen **Baumdiagramm** dargestellt werden.
Die **Gesamtzahl der Möglichkeiten** entspricht der Anzahl der Baumenden.

Die Gesamtzahl ist das Produkt aus den Anzahlen der Möglichkeiten auf jeder Stufe.

Wie viele Möglichkeiten gibt es, drei Hemden und zwei Krawatten zu kombinieren?

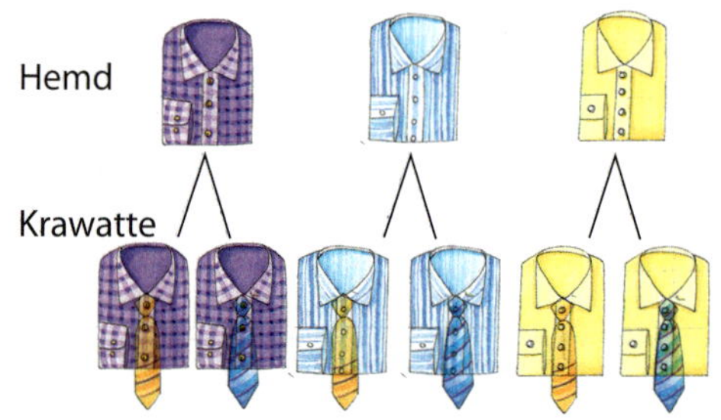

Es gibt $3 \cdot 2 = 6$ Möglichkeiten.

Mehrstufige Zufallsexperimente, Pfadregeln

Setzt sich ein Zufallsexperiment aus mehreren Teilexperimenten zusammen, so nennt man es **mehrstufiges Zufallsexperiment**.
Mehrstufige Zufallsexperimente kann man übersichtlich in einem Baumdiagramm darstellen. Zu jedem Pfad in einem Baumdiagramm gehört genau ein Ergebnis, das sich aus den Ergebnissen der Teilexperimente zusammensetzt.

Aus einer Urne mit drei schwarzen und zwei roten Kugeln werden zwei Kugeln gezogen:

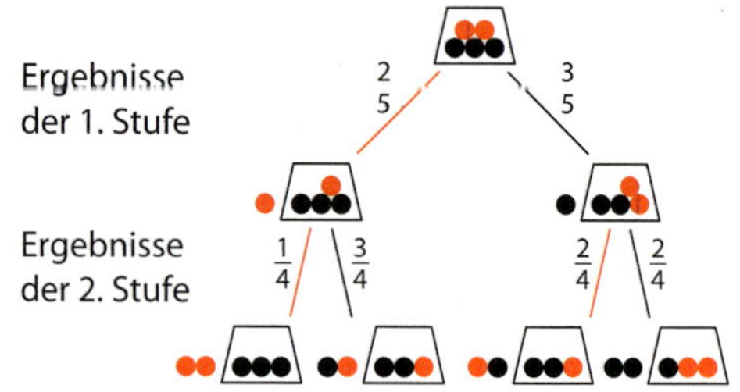

Pfadmultiplikationsregel
Die **Wahrscheinlichkeit für ein zusammengesetztes Ergebnis** erhält man aus dem Produkt der Einzelwahrscheinlichkeiten längs des zugehörigen Pfades.

$P(\text{rot; rot}) = \frac{2}{5} \cdot \frac{1}{4} = \frac{1}{10} = 0{,}1 = 10\,\%$

Pfadadditionsregel
Die **Wahrscheinlichkeit für ein Ereignis** erhält man, indem man die Wahrscheinlichkeiten der zugehörigen Pfade addiert.

E: Beide Kugeln sind verschiedenfarbig

$P(E) = P(\text{rot; schwarz}) + P(\text{schwarz; rot})$
$= \frac{2}{5} \cdot \frac{3}{4} + \frac{3}{5} \cdot \frac{2}{4} = \frac{3}{10} + \frac{3}{10} = \frac{6}{10} = 0{,}6 = 60\,\%$

Gegenereignis, verkürzte Baumdiagramme

Manchmal ist es einfacher, die Wahrscheinlichkeit eines Ereignisses über das Gegenereignis zu bestimmen.
Das **Gegenereignis** $\overline{E}$ zu einem Ereignis E tritt genau dann ein, wenn das Ereignis E nicht eintritt. Für seine Wahrscheinlichkeit gilt:
$P(\overline{E}) = 1 - P(E)$

Möchte man die Wahrscheinlichkeit eines Ereignisses bestimmen, genügt es, nur den Teil des Baumdiagramms mit den zugehörigen Pfaden zu zeichnen.

Bestimme die Wahrscheinlichkeit, dass beim dreifachen Wurf mit einem Spielwürfel mindestens eine 6 gewürfelt wird.

Ereignis E: mindestens eine 6
Gegenereignis $\overline{E}$: dreimal keine 6

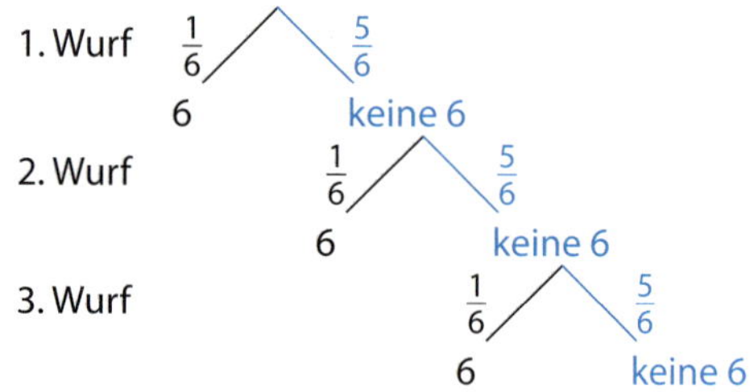

$P(E) = 1 - P(\overline{E}) = 1 - \frac{5}{6} \cdot \frac{5}{6} \cdot \frac{5}{6} = \frac{91}{216} \approx 42\,\%$

Aufgaben ↗ S. 88

Vierfeldertafeln mit absoluten Häufigkeiten

Betrachtet man bei einer Datenerhebung **zwei Merkmale M_1 und M_2**, für die es jeweils zwei **Möglichkeiten** (M_1: A oder B; M_2: 1 oder 2) gibt, lassen sich die **absoluten Häufigkeiten** übersichtlich in einer **Vierfeldertafel** oder in einem Baumdiagramm darstellen.

Vierfeldertafel mit absoluten Häufigkeiten

		M_2		
		1	2	Summe
M_1	A	a_1	a_2	n_A
	B	b_1	b_2	n_B
	Summe	n_1	n_2	n

Baumdiagramm mit absoluten Häufigkeiten

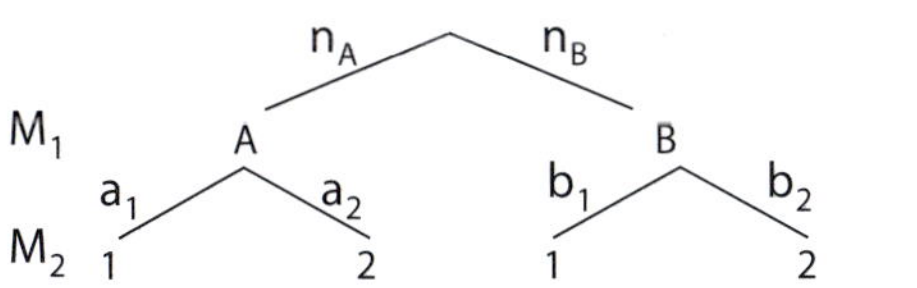

Von 35 Mädchen und 45 Jungen antworteten auf die Frage, ob sie gern Krimis sehen, 10 Mädchen mit „NEIN“ und 36 Jungen mit „JA“.

Siehst du gern Krimis?

Vierfeldertafel mit absoluten Häufigkeiten

		mag Krimis		
		Ja	Nein	Summe
Geschlecht	J	36	9	45
	M	25	10	35
	Summe	61	19	80

Baumdiagramm mit absoluten Häufigkeiten

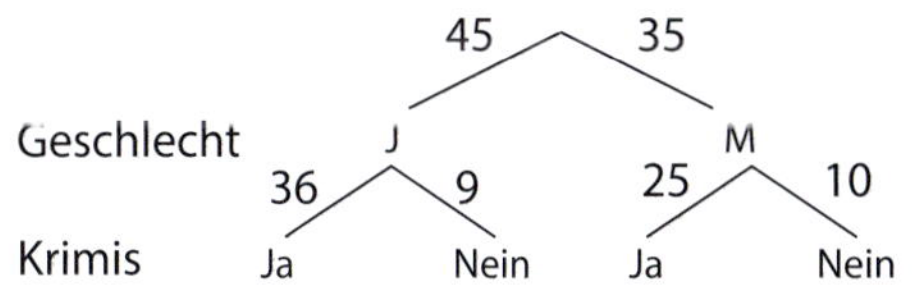

Vierfeldertafeln mit relativen Häufigkeiten

Werden die vier Felder (a_1, a_2, b_1, b_2) einer Vierfeldertafel mit absoluten Häufigkeiten durch den Gesamtwert n dividiert, entsteht eine Vierfeldertafel mit relativen Häufigkeiten.

Vierfeldertafel mit relativen Häufigkeiten

		M_2		
		1	2	Summe
M_1	A	$\frac{a_1}{n}$	$\frac{a_2}{n}$	$\frac{a_1 + a_2}{n} = a$
	B	$\frac{b_1}{n}$	$\frac{b_2}{n}$	$\frac{b_1 + b_2}{n} = b$
	Summe	$\frac{a_1 + b_1}{n}$	$\frac{a_2 + b_2}{n}$	1

Die Summe ist stets 1

Siehst du gern Krimis?

Vierfeldertafel mit relativen Häufigkeiten

		mag Krimis		
		Ja	Nein	Summe
Geschlecht	J	0,45	0,11	0,56
	M	0,31	0,13	0,44
	Summe	0,76	0,24	1

Vierfeldertafeln und Wahrscheinlichkeit

Ist eine Vierfeldertafel mit relativen Häufigkeiten gegeben, so lässt sich bei einem Laplace-Experiment die **Wahrscheinlichkeit** des Auftretens eines bestimmten Merkmals berechnen und in einem **Baumdiagramm** darstellen.

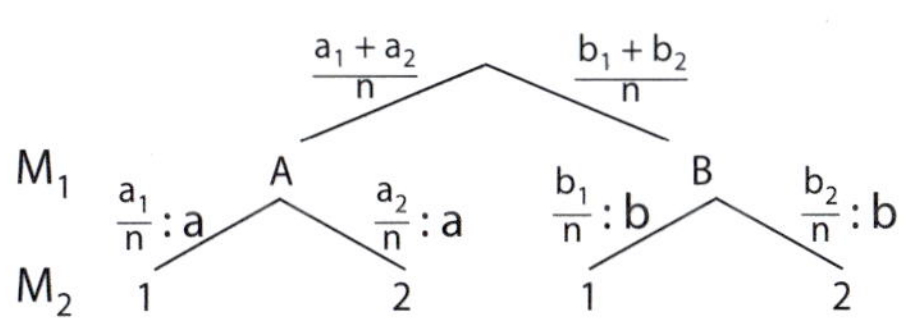

Siehst du gern Krimis?

Baumdiagramm mit Wahrscheinlichkeiten

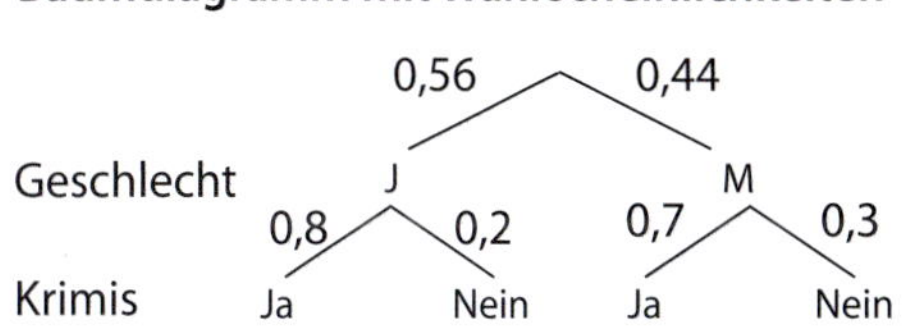

Aufgaben ↗ S. 90

Zuordnungen

Zuordnungen

Bei einer Zuordnung wird (werden) **jedem Ausgangswert x ein Wert (mehrere Werte)** y zugeordnet.
Kurz: $x \mapsto y$

Darstellungsformen für Zuordnungen sind: Wortvorschriften, Tabellen, Diagramme, Pfeildarstellungen

Zahl x	1	2	2	4	4	4
Teiler von x	1	1	2	1	2	4

Hier werden z. B. der Zahl 2 die Teiler 1 und 2 zugeordnet.

Uhrzeit $\mapsto$ Temperatur

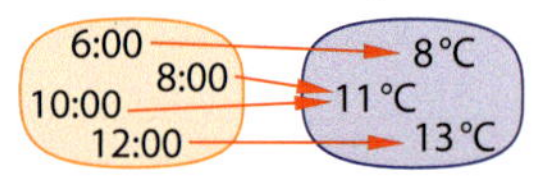

Die Pfeildarstellung zeigt, dass jeder Uhrzeit genau eine Temperatur zugeordnet wird.

Direkt proportionale Zuordnungen (quotientengleich)

Eine Zuordnung $x \mapsto y$ heißt **direkt proportional,** wenn für alle Wertepaare $(x|y)$ der **Quotient y : x immer gleich einem konstanten** k ist. k heißt **Proportionalitätsfaktor.**

Kurz: $y \sim x$
Es gilt: $y = k \cdot x$ und $\frac{y}{x} = k$ mit $x \neq 0; k \neq 0$

Im **Koordinatensystem** liegen alle Punkte einer direkt proportionalen Zuordnung auf einer **Geraden durch** den Punkt **P(0|0).**

x (Anzahl Brötchen)	1	2	3
y (Preis in ct)	25	50	75
y : x in ct	25	25	25

Es gilt:
$y \sim x$
und
$y = 25 \cdot x$
$k = 25$

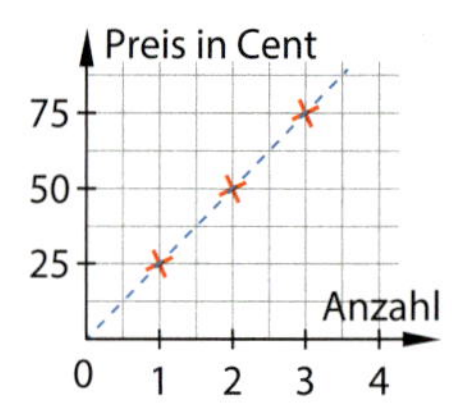

Dreisatz:
Von einer „Vielheit" wird eine „Einheit" berechnet und dann wieder auf eine andere „Vielheit" geschlossen.
Beim Multiplizieren (Dividieren) einer Größe ist die **gleiche Rechenoperation auch** bei der anderen Größe auszuführen.

3 Brötchen kosten 0,75 €.

		Brötchen		**Preis in €**	
Vielheit	: 3	3	0,75	: 3
Einheit	· 5	1	0,25	· 5
Vielheit		5	1,25	

Antiproportionale Zuordnungen (produktgleich)

Eine Zuordnung $x \mapsto y$ heißt **antiproportional,** wenn für alle Wertepaare $(x|y)$ das **Produkt** $x \cdot y$ **immer gleich einem konstanten** k $(k \neq 0)$ ist.
Kurz: $y \sim \frac{1}{x}$
Es gilt: $y \cdot x = k$ und $y = \frac{k}{x}$ mit $x \neq 0; k \neq 0$

Im **Koordinatensystem** liegen alle Punkte einer antiproportionalen Zuordnung auf einer **Hyperbel.**

y (Arbeitszeit in h)	2	3	5
x (Anzahl der Pumpen)	3	2	1,2
y · x	6	6	6

Es gilt:
$y \sim \frac{1}{x}$
und
$y = 6 \cdot \frac{1}{x}$

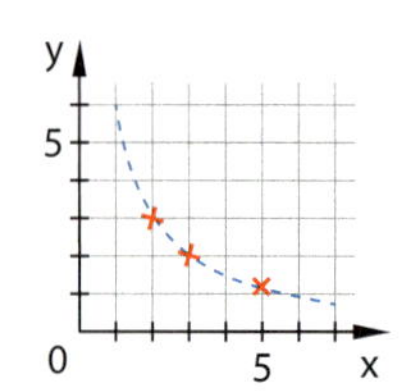

Dreisatz:
Von einer „Vielheit" wird eine „Einheit" berechnet und dann wieder auf eine andere „Vielheit" geschlossen.
Beim Multiplizieren (Dividieren) einer Größe ist die **umgekehrte Rechenoperation** bei der anderen Größe auszuführen.

3 Pumpen benötigen 2 h.

		Pumpen	**Zeit in h**	
Vielheit	: 3	3	2	· 3
Einheit	· 4	1	6	: 4
Vielheit		4	1,5	

Aufgaben ↗ S. 92

Prozent- und Zinsrechnung

Grundbegriffe der Prozentrechnung

Ein Prozent von einer Zahl oder Größe ist ihr hundertster Teil. $1\,\% = \frac{1}{100}$
Diese Zahl oder Größe nennt man den **Grundwert G**. Er entspricht 100 %. Der betrachtete Teil des Grundwertes heißt Prozentwert W und der Anteil des Prozentwertes am Grundwert wird durch den Prozentsatz p % angegeben.

12 Schüler einer Klasse mit 20 Schülern kommen mit dem Bus zur Schule. Das sind 60 % der Klasse.
Bezugsgröße: 20 Schüler (G)
Betrachteter Teil: 12 Schüler (W)
Anteil am Grundwert: 60 % (p %)

Berechnung des Prozentwertes

Der **Prozentwert W** kann über den Dreisatz berechnet werden.
Der Grundwert G wird durch 100 dividiert und mit p multipliziert.

Wie viel Meter sind 40 % von 120 m?

	Prozent	Wert	
	100 %	120	
: 100	1 %	1,2	: 100
· 40	40 %	48	· 40

W = 48 m

Berechnung des Prozentsatzes

Der **Prozentsatz p %** kann über den Dreisatz berechnet werden.
Dividiere 100 % durch den Grundwert G und multipliziere mit dem Prozentwert W.

Wie viel Prozent sind 48 m von 120 m?

	Wert	Prozent	
	120	100 %	
: 120	1	$\frac{10}{12} = \frac{5}{6}$	: 120
· 48	48	40 %	· 48

p % = 40 %

Berechnung des Grundwertes

Der Grundwert **G** kann über den Dreisatz berechnet werden.
Der Prozentwert W wird durch p dividiert und mit 100 multipliziert.

48 m sind 40 % des Weges.
Wie lang ist der Weg?

	Prozent	Wert	
	40 %	48	
: 40	1 %	$\frac{48}{40} = \frac{6}{5}$	: 40
· 100	100 %	120	· 100

G = 120 m

Zinsrechnung

Die Begriffe der **Zinsrechnung** entsprechen den Begriffen der Prozentrechnung

Kapital K	Zinssatz p %	Zinsen Z
Grundwert G	Prozentsatz p %	Prozentwert W

Für das Kapitel K, den Zinssatz p % und die Zinsen Z gilt die **Zinsformel**:
Zinsen = Kapital · Zinssatz
Alternativ kann auch mit dem Dreisatz gerechnet werden.

Gesucht: Jahreszinsen Z
Gegeben: Kapital K = 2000 €
p % = 3 % p. a.

Lösung mit Dreisatz:

	Prozent	Wert	
	100 %	2000	
: 100	1 %	20	: 100
· 3	3 %	60	· 3

Lösung mit Zinsformel:
$Z = 2000 \cdot 3\,\% = 2000 \cdot 0{,}03 = 60$

Aufgaben ↗ S. 94

Gleichungen

Variablen und Terme

Variablen sind Platzhalter, für die man Zahlen oder Größen einsetzen kann. Für Variablen werden häufig Buchstaben verwendet.

$9 - \blacksquare + 2$ ■ ist Platzhalter.
$9 - x + 2$ Variable x ist Platzhalter.

Ein Rechenausdruck, der aus Zahlen, Größen oder Variablen besteht, nennt man **Term**.

$a \cdot b$ $x \cdot (y + z)$ $l \cdot b \cdot h$ $x + 5\,kg$

Setzt man für Variablen konkrete Zahlen oder Größen ein, kann der **Wert eines Terms** (oder **Termwert**) berechnet werden.

Term	x	Termwert
$2x$	18	$2 \cdot 18 = 36$
$x + 5\,kg$	7 kg	$7\,kg + 5\,kg = 12\,kg$

Äquivalente Terme und Termumformungen

Äquivalente Terme haben beim Einsetzen derselben Zahlen für die Variablen stets denselben Wert.

Die Terme $2 - x - 3 + 3x$ und $2x - 1$ sind äquivalent. Einsetzen von z. B. $x = 4$ ergibt:
$2 - 4 - 3 + 3 \cdot 4 = 7$ und $2 \cdot 4 - 1 = 7$

Um **Terme** zu **vereinfachen**, kann man sie durch Termumformungen in **äquivalente Terme** umwandeln.
Vielfache von gleichen Variablen kann man addieren oder subtrahieren, indem man ihre Koeffizienten addiert oder subtrahiert.

Den Term $2 - x - 3 + 3x$ kann man durch Vereinfachen zum äquivalenten Term $2x - 1$ umformen.

$$2 - x - 3 + 3x$$
$$= -x + 3x + 2 - 3$$
$$= 2x - 1$$

Gleichungen

Zwei Terme, die durch ein Gleichheitszeichen verbunden sind, nennt man **Gleichung. Lösung der Gleichung** ist jede Zahl, die beim Einsetzen eine wahre Aussage ergibt.

$3 + x = 5x + 7$ ist eine Gleichung.
Eine Lösung dieser Gleichung ist $x = -1$, denn es gilt: $3 + (-1) = 5 \cdot (-1) + 7$
$2 = 2$ (wahre Aussage)
Lösungsmenge $L = \{-1\}$

Es gibt Gleichungen,
- die **unendlich viele Lösungen** haben,

$3x + 3 = x + 3 + 2x \quad |-3$
$3x = 3x$ (Jede Zahl x ergibt eine wahre Aussage.)
Lösungsmenge $L = \mathbb{Q}$

- die **keine Lösung** haben.

$x + 3 = 2x - 2 - x \quad |-x$
$3 = -2$ (falsche Aussage für jede Zahl x)
Lösungsmenge $L = \{\,\}$

Gleichungen durch Äquivalenzumformungen lösen

Durch **Äquivalenzumformungen** kann man die **Variable** auf einer Seite der Gleichung **isolieren**:
- **Addition (Subtraktion)** derselben Zahl (desselben Terms) auf beiden Seiten der Gleichung;
- **Multiplikation (Division)** beider Seiten der Gleichung mit derselben (durch dieselbe) von Null verschiedenen Zahl.

$7x = 35 + 2x \quad |-2x$
$5x = 35 \quad |:5$
$x = 7$

Probe: $7 \cdot 7 = 35 + 2 \cdot 7$
$49 = 49$ wahre Aussage

Lösungsmenge $L = \{7\}$

Aufgaben ↗ S. 96

Terme vereinfachen

Bei der Vereinfachung von Termen nutzt man die **Rechengesetze und Vorrangregeln** für rationale Zahlen.

Vielfache von **gleichartigen Termen** werden **addiert oder subtrahiert**, indem man ihre Koeffizienten addiert oder subtrahiert.

$$2x + 2xy - 4x + 3 + xy = 2x - 4x + 2xy + xy + 3$$
$$= -2x + 3xy + 3$$

Steht ein **Pluszeichen vor einer Klammer**, so darf man die Klammer weglassen.

$$4x + (y - 2) = 4x + y - 2$$

Steht ein **Minuszeichen vor einer Klammer**, so lässt man das Minus und die Klammer weg und kehrt alle Plus- und Minuszeichen in der Klammer um.

$$4x - (y - 2) = 4x - y + 2$$
$$4x - (-y + 2) = 4x + y - 2$$

Bei der **Multiplkation** von Termen werden die Koeffizienten multipliziert. Die Variablen werden als Faktoren in alphabetischer Reihenfolge ergänzt. Gleiche Variablen fasst man zu einer **Potenz** zusammen.

$$4a \cdot 3c \cdot 2b = 4 \cdot 3 \cdot 2 \cdot a \cdot c \cdot b = 24abc$$
$$3a \cdot (-2b) \cdot a = 3 \cdot (-2) \cdot a \cdot b \cdot a = -6a^2b$$

Ausmultiplizieren und Ausklammern

Nach dem Distributivgesetz kann man bei einem Produkt aus einem Faktor und einer Summe (Differenz) **die Klammer auflösen.**

$$a \cdot (2a + b) = a \cdot 2a + a \cdot b = 2a^2 + ab$$

$$a \cdot (b + c) = a \cdot b + a \cdot c$$

Umgekehrt kann man bei einer Summe (Differenz) von Produkten **gemeinsame Faktoren ausklammern.**

$$6x + 3xy = 3x \cdot 2 + 3x \cdot y = 3x \cdot (2 + y)$$

$$a \cdot b + a \cdot c = a \cdot (b + c)$$

Zwei Summen werden multipliziert, indem man jeden Summanden der ersten Klammer mit jedem Summanden der zweiten Klammer multipliziert und die Produkte addiert.

$$(3 + 2x) \cdot (x + y) = 3 \cdot x + 3 \cdot y + 2x \cdot x + 2x \cdot y$$
$$= 3x + 3y + 2x^2 + 2xy$$

$$(a + b) \cdot (c + d) = a \cdot c + a \cdot d + b \cdot c + b \cdot d$$

Binomische Formeln

Die binomischen Formeln sind Sonderfälle beim Multiplizieren von zwei Summen.

Die 1. binomische Formel:
$(a + b)^2 = a^2 + 2ab + b^2$

$$(x + 3y)^2 = x^2 + 2 \cdot x \cdot 3y + (3y)^2$$
$$= x^2 + 6xy + 9y^2$$

Die 2. binomische Formel:
$(a - b)^2 = a^2 - 2ab + b^2$

$$(5x - y)^2 = (5x)^2 - 2 \cdot 5x \cdot y + y^2$$
$$= 25x^2 - 10xy + y^2$$

Die 3. binomische Formel:
$(a - b) \cdot (a + b) = a^2 - b^2$

$$(2x - 3y) \cdot (2x + 3y) = (2x)^2 - (3y)^2$$
$$= 4x^2 - 9y^2$$

Aufgaben ↗ S. 98

Lineare Funktionen

Funktion

Eine **Funktion** ist eine **eindeutige Zuordnung**.
Bei einer Funktion wird jedem **Argument** (x-Wert) aus dem Definitionsbereich genau ein **Funktionswert** (y-Wert) zugeordnet.

Die Zuordnung
Zahl x → Quadrat der Zahl x
ist eine eindeutige Zuordnung, also eine Funktion. Durch diese Funktion wird der Zahl 4 eindeutig die Zahl 16 zugordnet.

Darstellung von Funktionen

Funktionen lassen sich darstellen durch
- eine Wortvorschrift,
- eine Funktionsgleichung,
- eine Wertetabelle
- einen Funktionsgraphen im Koordinatensystem
- ein Pfeildiagramm.

Jeder Zahl wird ihr Betrag zugeordnet.
$y = |x|$

x	−3	−1,2	0	3
y	3	1,2	0	3

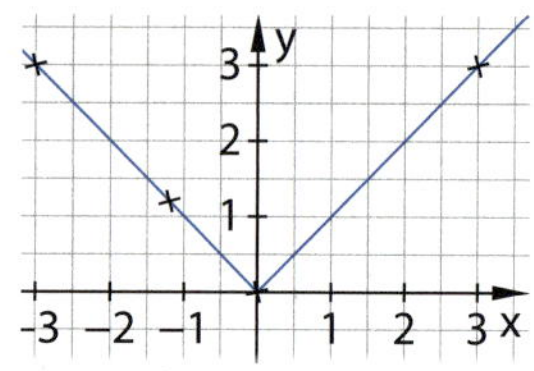

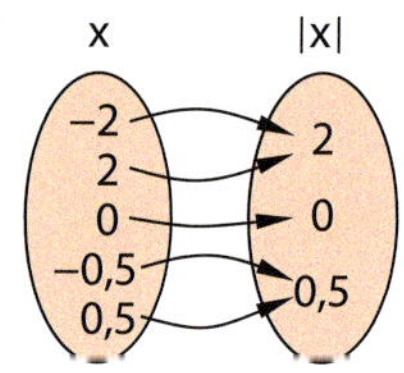

Lineare Funktionen

Funktionen mit Gleichungen der Form $f(x) = m \cdot x + b$ nennt man **lineare Funktionen**. Der Graph hat die **Steigung m** und schneidet die y-Achse im Punkt (0|b). Der Wert **b** wird deshalb auch **y-Achsenabschnitt** genannt. Die Steigung ist das Verhältnis der Änderung der Funktionswerte zur Änderung der x-Werte.

Den Graphen einer linearen Funktion kann man mithilfe des y-Achsenabschnitts b und der Steigung m zeichnen.

Sind zwei Punkte $P_1(x_1|y_1)$ und $P_2(x_2|y_2)$ einer linearen Funktion gegeben, so kann man die Steigung m wie folgt ermitteln: $m = \frac{y_2 - y_1}{x_2 - x_1}$.
Die Gerade durch P_1 und P_2 hat den y-Achsenabschnitt $b = y_1 - m \cdot x_1$.

Zeichne den Graphen zu $y = \frac{3}{4}x - 2$

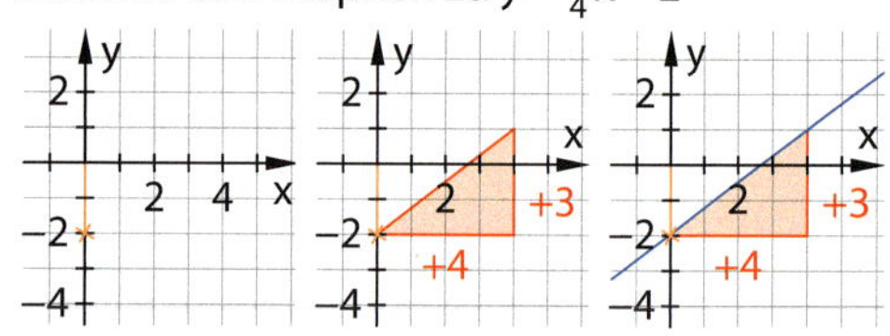

1. Schritt $b = -2$ 2. Schritt $m = \frac{3}{4}$ 3. Schritt

Wenn $P_1(2|5)$ und $P_2(4|9)$ zwei Punkte einer linearen Funktion sind, gilt:

$$m = \frac{9-5}{4-2} = 2$$

Funktionsgleichung: $f(x) = 2x + 1$

Nullstellen einer Funktion

Einen x-Wert einer Funktion, für den der zugehörige Funktionswert $f(x) = 0$ ist, nennt man **Nullstelle**.
Im Koordinatensystem kann man die Nullstelle am Schnittpunkt des Funktionsgraphen mit der x-Achse ablesen.

$f(x) = -2x + 2$

Nullstelle: $x = 1$

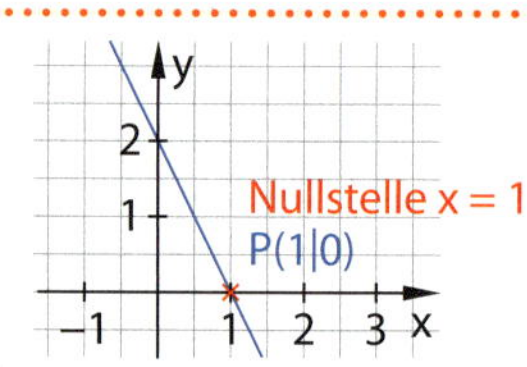

Aufgaben ↗ S. 100

Lineare Gleichungssysteme

Lineare Gleichungen mit zwei Variablen

Jede Gleichung der Form $a \cdot x + b \cdot y = c$ nennt man **lineare Gleichung mit zwei Variablen** (a, b, c, sind reelle Zahlen).

Die Lösungen sind **Wertepaare** $(\mathbf{x}|\mathbf{y})$.

In einem Koordinatensystem liegen die **Lösungen auf einer Geraden.**

$6x + 2y = 4$
Lösungen sind z. B.: $(-1|5)$; $(0|2)$

$6x + 2y = 4$ wird umgeformt zu $y = -3x + 2$.

Die Lösungen liegen auf dem Graphen von $f(x) = -3x + 2$.
$L = \{(x|y) \,|\, y = -3x + 2\}$

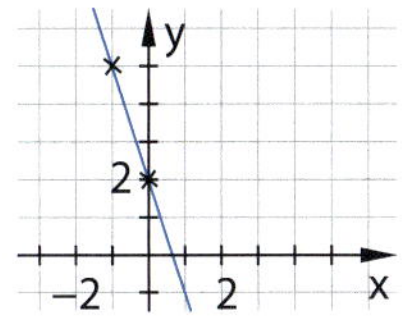

Lineares Gleichungssystem mit zwei Variablen

Zwei lineare Gleichungen mit zwei Variablen, zu denen eine gemeinsame Lösung gesucht ist, bilden ein **lineares Gleichungssystem.**

Jedes Wertepaar, das beide Gleichungen des Gleichungssystems zugleich erfüllt und zur Grundmenge gehört, ist eine Lösung dieses Gleichungssystems.

$$\left| \begin{array}{r} x + y = 7 \\ 2x + y = 10 \end{array} \right|$$

Lösung: $L = \{(3|4)\}$

Probe: $\left| \begin{array}{r} 3 + 4 = 7 \\ 2 \cdot 3 + 4 = 10 \end{array} \right|$

Grafisches Lösen eines linearen Gleichungssystems mit zwei Variablen

Zur **grafischen Lösung** eines linearen Gleichungssystems stellt man die beiden Gleichungen nach y um und zeichnet die Graphen der entsprechenden linearen Funktionen in ein Koordinatensystem. Die Lösung entspricht dem Schnittpunkt der beiden Graphen.

$\left| \begin{array}{l} x + y = 3 \\ y = 5 - 2x \end{array} \right| \rightarrow \left| \begin{array}{l} y = -x + 3 \\ y = -2x + 5 \end{array} \right|$

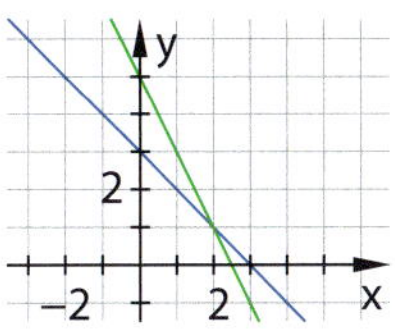

Das Gleichungssystem hat **genau eine Lösung**, wenn die Geraden sich schneiden:
$L = \{(2|1)\}$

$\left| \begin{array}{l} x + y = 5 \\ x = 2 - y \end{array} \right| \rightarrow \left| \begin{array}{l} y = -x + 5 \\ y = -x + 2 \end{array} \right|$

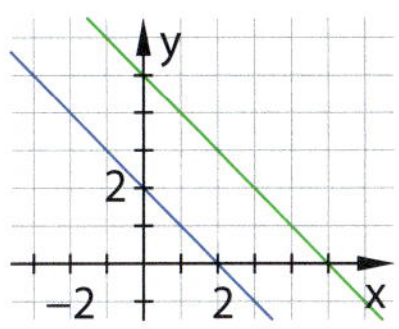

Das Gleichungssystem hat **keine Lösung**, wenn die Geraden parallel liegen:
$L = \{\ \}$

$\left| \begin{array}{l} y - 2x = 0 \\ 4x = 2y \end{array} \right| \rightarrow \left| \begin{array}{l} y = 2x \\ y = 2x \end{array} \right|$

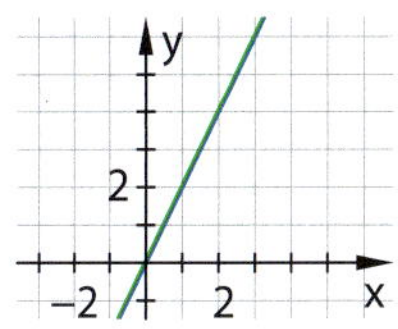

Das Gleichungssystem hat **unendlich viele Lösungen**, wenn die Geraden übereinander liegen:
$L = \{(x|y) \,|\, y = 2x\}$

Rechnerisches Lösen eines linearen Gleichungssystems mit zwei Variablen

Gleichsetzungsverfahren
– Gleichungen nach derselben Variablen umstellen.

$\left| \begin{array}{l} x + y = 2 \\ 2x + y = 5 \end{array} \right| \rightarrow \left| \begin{array}{l} y = 2 - x \\ y = 5 - 2x \end{array} \right|$

– Durch Gleichsetzen der Terme $2 - x$ und $5 - 2x$ erhält man eine Gleichung mit nur einer Variablen:

$$2 - x = 5 - 2x$$
$$x = 3$$

Einsetzungsverfahren
– Eine Gleichung nach einer Variablen umstellen.

$\left| \begin{array}{l} 2x - y = 1 \\ y - x = -1 \end{array} \right| \rightarrow \left| \begin{array}{l} 2x - y = 1 \\ y = x - 1 \end{array} \right|$

– Durch Einsetzen von $x - 1$ für y in $2x - y = 1$ erhält man eine Gleichung mit nur einer Variablen:

$$2x - (x - 1) = 1$$
$$x = 0$$

Additionsverfahren
– Gleichungen so umformen, dass bei ihrer Addition eine Variable den Faktor 0 hat.

$\left| \begin{array}{l} 2x - y = 1 \\ 3x + 3y = 15 \end{array} \right| \rightarrow \left| \begin{array}{l} 2x - y = 1 \\ x + y = 5 \end{array} \right|$

– Durch Addition der beiden Gleichungen rechts erhält man eine Gleichung mit nur einer Variablen:

$$3x = 6$$
$$x = 2$$

Durch Einsetzen in eine der Ausgangsgleichungen erhält man den Wert der anderen Variablen.

Lösung: $L = \{(3|-1)\}$ | Lösung: $L = \{(0|-1)\}$ | Lösung: $L = \{(2|3)\}$

Aufgaben ↗ S. 102

Quadratwurzeln

Quadrat einer Zahl

Beim **Quadrieren** einer Zahl wird diese Zahl mit sich selbst multipliziert.
Das Quadrat einer Zahl ist für jede Zahl (außer 0) positiv.

$6^2 = 6 \cdot 6 = 36$
Das Quadrat der Zahl 6 ist 36.
$(-5)^2 = (-5) \cdot (-5) = 25$
$0^2 = 0 \cdot 0 = 0$

Die Quadrate natürlicher Zahlen werden **Quadratzahlen** genannt.

4, 100 und 2500 sind Quadratzahlen.
10, $\frac{9}{4}$ und 0,49 sind keine Quadratzahlen.

Quadratwurzel

Die **Quadratwurzel** aus einer nichtnegativen Zahl a ist diejenige nichtnegative Zahl b, für die $b^2 = a$ gilt.
Schreibweise: $\sqrt{a} = b$

$\sqrt{9} = 3$, denn $3^2 = 9$ und $3 \geqq 0$
$\sqrt{0} = 0$, denn $0^2 = 0$

Für $a \geq 0$ gilt: $(\sqrt{a})^2 = a$ und $\sqrt{a^2} = a$

$(\sqrt{7})^2 = 7$ und $\sqrt{7^2} = 7$

Beachte: Aus negativen Zahlen kann man keine Quadratwurzel ziehen.

$\sqrt{-4}$ kann man nicht berechnen.

Lösungen quadratischer Gleichungen der Form $x^2 = a$

Die quadratische Gleichung $x^2 = a$ hat
für $a > 0$ die beiden Lösungen $x_1 = \sqrt{a}$ und $x_2 = -\sqrt{a}$, denn $(\sqrt{a})^2 = a$ und $(-\sqrt{a})^2 = a$,
für $a = 0$ nur die Lösung $x = 0$,
für $a < 0$ keine Lösung.

$x^2 = 25$	$x_1 = \sqrt{25} = 5;\ x_2 = -\sqrt{25} = -5$ $L = \{5; -5\}$
$x^2 = 0$	$L = \{0\}$
$x^2 = -9$	$L = \{\,\}$

Wurzelgesetze

Beim Rechnen mit Quadratwurzeln gelten folgende Gesetze für

Produkte: $\sqrt{a} \cdot \sqrt{b} = \sqrt{a \cdot b}$ mit $a, b \geq 0$

$\sqrt{3} \cdot \sqrt{12} = \sqrt{3 \cdot 12} = \sqrt{36} = 6$
$\sqrt{16 \cdot 36} = \sqrt{16} \cdot \sqrt{36} = 4 \cdot 6 = 24$

Quotienten: $\frac{\sqrt{a}}{\sqrt{b}} = \sqrt{\frac{a}{b}}$ mit $a \geq 0$, $b > 0$.

$\frac{\sqrt{12}}{\sqrt{75}} = \sqrt{\frac{12}{75}} = \sqrt{\frac{4}{25}} = \frac{2}{5}$
$\sqrt{\frac{49}{81}} = \frac{\sqrt{49}}{\sqrt{81}} = \frac{7}{9}$

Die Quadratwurzel einer Zahl kann man durch **Zerlegen** der Zahl in **Quadratzahlen** berechnen oder vereinfachen.

$\sqrt{225} = \sqrt{9 \cdot 25} = \sqrt{9} \cdot \sqrt{25} = 3 \cdot 5 = 15$
$\sqrt{108} = \sqrt{36 \cdot 3} = \sqrt{36} \cdot \sqrt{3} = 6\sqrt{3}$

Gleiche Wurzeln kann man durch **Addition** oder **Subtraktion zusammenfassen.**

$5\sqrt{7} + 4\sqrt{7} = (5 + 4)\sqrt{7} = 9\sqrt{7}$
$\sqrt{12} - \sqrt{8} = 3\sqrt{2} - 2\sqrt{2} = \sqrt{2}$

Wurzeln näherungsweise bestimmen

Viele Quadratwurzeln haben **unendlich** viele Stellen nach dem Komma.

$\sqrt{2} = 1{,}414213562\ \ldots$

Man kann sie **näherungsweise** mit einer **Intervallschachtelung** bestimmen. Dabei sucht man Schritt für Schritt immer kleinere Intervalle, in denen die Quadratwurzel liegt. So kann man sie auf beliebig viele Nachkommastellen genau bestimmen.

$1 < \sqrt{2} < 2$, da $1^2 < 2 < 2^2$
$1{,}4 < \sqrt{2} < 1{,}5$, da $1{,}4^2 < 2 < 1{,}5^2$
$1{,}41 < \sqrt{2} < 1{,}42$, da $1{,}41^2 < 2 < 1{,}42^2$
$1{,}414 < \sqrt{2} < 1{,}415\ \ldots$

Aufgaben ↗ S. 104

Quadratische Funktionen und Gleichungen

Quadratische Funktionen und Parabeln

Funktionen mit Gleichungen der Form **$y = f(x) = ax^2 + bx + c$** ($a \neq 0$) heißen quadratische Funktionen. Ihre Graphen nennt man **Parabeln** mit dem **Scheitelpunkt S**.
Der Graph der Funktion **$y = f(x) = x^2$** heißt **Normalparabel (NP)**.

$y = f(x) = x^2$

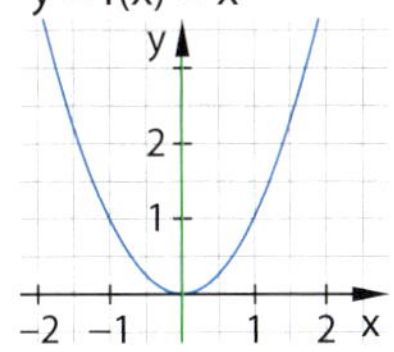

Normalparabel

$x \leqq 0$ monoton fallend
$x \geqq 0$ monoton steigend

Symmetrieachse S(0|0)

Scheitelpunktform

Aus der Scheitelpunktform

$$y = f(x) = a \cdot (x - x_s)^2 + y_s \quad (a \neq 0)$$

einer quadratischen Funktion kann man unmittelbar den Scheitelpunkt $S(x_s|y_s)$ ablesen. Der Faktor a bestimmt die Form und die Öffnungsrichtung der Parabel.

a = 1	Normalparabel
|a| > 1	Parabel ist gegenüber NP gestreckt.
|a| < 1	Parabel ist gegenüber NP gestaucht.
a > 0	Parabel ist nach oben geöffnet.
a < 0	Parabel ist nach unten geöffnet.

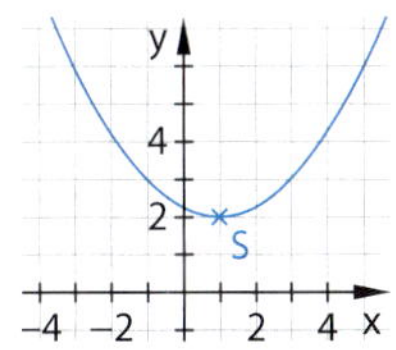

$y = f(x) = \frac{1}{4}(x - 1)^2 + 2$
S(1|2).
Da $a = \frac{1}{4}$, ist die Parabel gestaucht und nach oben geöffnet.

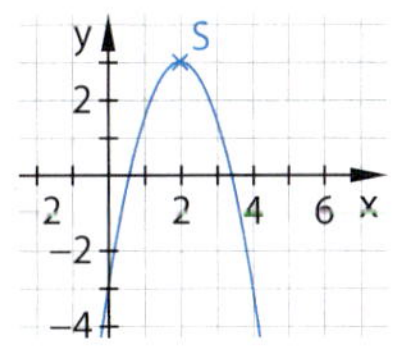

$y = f(x) = -1{,}5(x - 2)^2 + 3$
S(2|3)
Da a = –1,5, ist die Parabel gestreckt und nach unten geöffnet.

Nullstellen

Eine Funktion hat die **Nullstelle x_0**, wenn $f(x_0) = 0$ ist.
Die Nullstelle ist die x-Koordinate des Schnittpunktes des Graphen mit der x-Achse.
Eine quadratische Funktion hat zwei Nullstellen oder eine oder keine Nullstelle.

$f(x) = x^2 + 2x - 3$

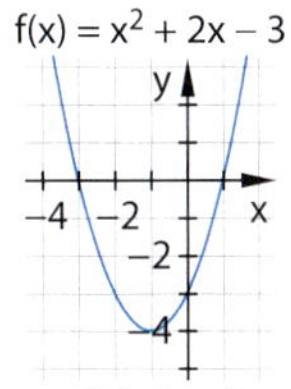

zwei Nullstellen

$f(x) = x^2 + 2x + 1$

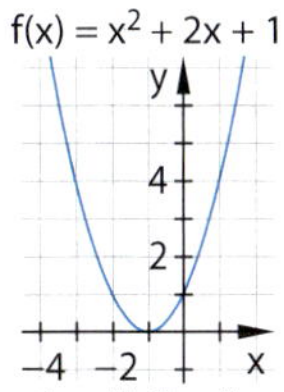

eine Nullstellen

$f(x) = x^2 + 1$

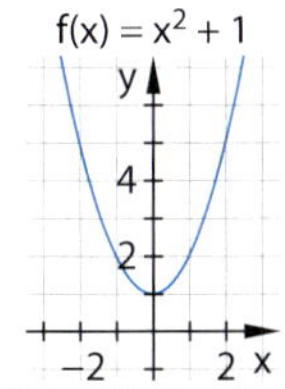

keine Nullstellen

Aus der **faktorisierenden Form** einer quadratischen Funktionsgleichung **$y = f(x) = a(x - m)(x - n)$** sind die Nullstellen **$x_1 = m$** und **$x_2 = n$** direkt ablesbar.

$f(x) = 2(x - 3)(x + 2)$ Nullstellen: $x_1 = 3$; $x_2 = -2$

Quadratische Gleichungen

Die **allgemeine Form $ax^2 + bx + c = 0$** ($a \neq 0$) einer quadratischen Gleichung kann in die **Normalform $x^2 + px + q = 0$** überführt werden, indem man die Gleichung durch a dividiert.
Die Lösung der Gleichung **$x^2 + px + q = 0$** erhält man mithilfe der **quadratischen Ergänzung** oder der p-q-Formel:

$$x_{1/2} = -\frac{p}{2} \pm \sqrt{\frac{p^2}{4} - q}$$

Anzahl der Lösungen von $x^2 + px + q = 0$ in Abhängigkeit von der **Diskriminante D** mit $D = \frac{p^2}{4} - q$:

$\frac{p^2}{4} - q > 0$	genau zwei Lösungen
$\frac{p^2}{4} - q = 0$	genau eine Lösung
$\frac{p^2}{4} - q < 0$	keine Lösung

$2x^2 + 2x - 4 = 0 \quad |:2$ allgemeine Form
$x^2 + x - 2 = 0$ Normalform

Lösung mit quadratischer Ergänzung:

$x^2 + x + 0{,}5^2 - 0{,}5^2 - 2 = 0$
$(x + 0{,}5)^2 - 2{,}25 = 0 \quad |+2{,}25$
$(x + 0{,}5)^2 = 2{,}25$
$x_1 + 0{,}5 = \sqrt{2{,}25} \rightarrow x_1 = 1$
und $x_2 + 0{,}5 = -\sqrt{2{,}25} \rightarrow x_2 = -2$

Lösung mit p-q-Formel:

$x_{1/2} = -\frac{p}{2} \pm \sqrt{\frac{p^2}{4} - q}$ $p = 1; q = -2$
$x_{1/2} = -0{,}5 \pm \sqrt{0{,}5^2 + 2}$
$x_{1/2} = -0{,}5 \pm \sqrt{2{,}25} \rightarrow x_1 = 1; x_2 = -2$

Aufgaben ↗ S. 106

Zahlbereiche und Grenzprozesse

Irrationale Zahlen

Irrationale Zahlen lassen sich nicht durch einen Bruch oder eine abbrechende oder periodische Dezimalzahl darstellen.

Beispiele für irrationale Zahlen:
π; $\sqrt{2}$; $\sqrt{3}$; $\sqrt{10}$
1,010 305 070 901 101 3 …

Reelle Zahlen

Die Beziehungen der **Zahlbereiche** lassen sich in einem Mengendiagramm darstellen. Alle natürlichen Zahlen gehören auch zur Menge der ganzen Zahlen, alle ganzen Zahlen auch zur Menge der rationalen Zahlen. Die Menge der reellen Zahlen $\mathbb{R}$ setzt sich aus der Menge der rationalen Zahlen $\mathbb{Q}$ und der Menge der irrationalen Zahlen $\mathbb{I}$ zusammen.

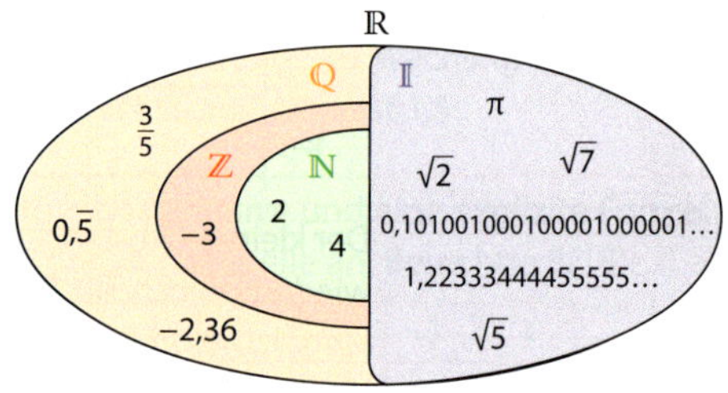

Näherungsverfahren

Aufgaben wie die Berechnung von Quadratwurzeln oder die Annäherung von π lassen sich durch Näherungsverfahren lösen.

Bei einer **Intervallschachtelung** wird ein Anfangsintervall gewählt, in dem der gesuchte Wert liegt. Innerhalb dieses Anfangsintervalls wird nun ein kleineres Teilintervall bestimmt, in dem der gesuchte Wert liegt. Dieses Vorgehen wird schrittweise fortgesetzt. Die Anzahl stabiler Stellen nimmt dabei zu.

Bei einer **Iteration** wird die Näherungslösung schrittweise mithilfe von Rekursionsformeln berechnet. Die Anzahl stabiler Stellen nimmt mit der Anzahl der Rechenschritte zu. Die Rechenschritte werden so oft wiederholt, bis die gewünschte Genauigkeit erreicht ist.

Ermittle Näherungswerte für $\sqrt{10}$
a) durch Intervallschachtelung und
b) mit dem Heron-Verfahren.

a) Intervallschachtelung:
1. Schritt: $3 < \sqrt{10} < 4$ (Anfangsintervall)
2. Schritt: $3{,}1^2 = 9{,}61$ und $3{,}2^2 = 10{,}24$
$3{,}1 < \sqrt{10} < 3{,}2$ (neues Intervall)
3. Schritt: $3{,}16^2 \approx 9{,}99$ und $3{,}17^2 \approx 10{,}05$
$3{,}16 < \sqrt{10} < 3{,}17$ (neues Intervall)
…

b) Heronverfahren:
1. Schritt: $a_1 = 2$; $b_1 = 5$; $A = a_1 \cdot b_1 = 10$
2. Schritt: $a_2 = \frac{a_1 + b_1}{2} = 3{,}5$
$b_2 = \frac{10}{3{,}5} \approx 2{,}86$
3. Schritt: $a_3 = \frac{a_2 + b_2}{2} = 3{,}18$
$b_3 = \frac{10}{3{,}18} \approx 3{,}14$
…

Zahlenfolgen und ihre Grenzwerte

Eine Zahlenfolge wird mit a_n bezeichnet. Ihre Folgeglieder gehorchen einer Bildungsvorschrift. Für n werden in der Regel natürliche Zahlen eingesetzt ($n \geq 1$).

Nähern sich die Folgeglieder beliebig genau an eine Zahl g an, dann heißt die Zahlenfolge konvergent. Die Zahl g ist dann der **Grenzwert** der Zahlenfolge (abgekürzt lim).

Die Annäherung an den Grenzwert erfolgt für zunehmende n; n geht dann gegen unendlich.
Man schreibt kurz: $\mathbf{\lim_{n\to\infty} a_n = g}$.

Stelle die Zahlenfolge $a_n = \frac{n-1}{n}$ grafisch dar für n = 1 bis 10. Ermittle den Grenzwert.

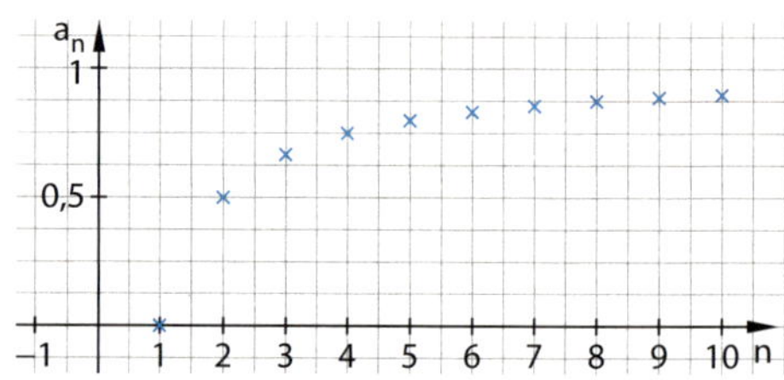

$\lim_{n\to\infty} \frac{n-1}{n} = \lim_{n\to\infty} 1 - \frac{1}{n} = 1$, denn $\frac{1}{n}$ wird für $n \to \infty$ sehr klein und nähert sich immer mehr an die Null an

Aufgaben ↗ S. 116

Aufgaben

Auf den Doppelseiten mit grünen Überschriften findest du **Aufgaben**.

Dort stehen

- zuerst die Aufgaben zum Grundwissen des Themas und
- danach die Wiederholungsaufgaben zu unterschiedlichen Themen.

Die Verweise am Seitenende führen dich zum passenden **Grundwissen** und zu den **Lösungen**.

Rechnen mit natürlichen Zahlen

1. Berechne im Kopf.
a) 94 + 9 b) 138 + 41 c) 113 − 49 d) 408 − 26
e) 8 · 18 f) 29 · 15 g) 183 : 3 h) 91 : 7

2. Wie heißt die fehlende Zahl?
a) ■ + 26 = 77 b) 68 + ■ = 123 c) ■ − 17 = 67 d) 480 − ■ = 120
e) ■ · 10 = 120 f) 4 · ■ = 84 g) ■ : 9 = 12 h) 51 : ■ = 3

3. Berechne, wenn möglich.
a) 13 − 0 b) 4 : 0 c) 16 · 0 d) 0 : 10

4. Berechne.
a) (13 + 19) · 2 b) 24 − 6 · 3 c) 2 · (100 − 14 − 4)
d) 12 + 4 : 4 e) (2 · 6 + 4) : (1 + 3) f) 531 + 9 : (12 − 9)

5. Übertrage in dein Heft und setze Klammern so, dass richtig gelöste Aufgaben entstehen.
a) 3 + 6 · 5 = 45 b) 5 − 18 : 6 + 3 = 3 c) 19 − 3 : 3 + 5 = 2

6. Schreibe als Rechenaufgabe mit Rechenzeichen. Zeichne einen zugehörigen Rechenbaum.
a) Addiere die Zahl 14 zum Produkt von 12 und 6.
b) Dividiere die Differenz von 67 und 11 durch die Summe von 3 und 5.

7. Berechne vorteilhaft.
a) 14 + 27 + 16 b) 15 + 740 + 260 + 430 c) 87 + 44 + 99 + 13 + 66
d) 48 · 5 · 2 e) 4 · 79 · 25 f) 7 · 25 · 8 · 5

8. Berechne vorteilhaft.
a) 7 · 19 + 3 · 19 b) 12 · 28 − 12 · 18 c) 15 · (20 + 3)
d) (73 − 53) · 13 e) 199 · 5 f) (67 : 67 − 1) : 67

9. Berechne.
a) 7000 + 6000 b) 5700 + 18 000 c) 15 000 − 800 d) 39 100 − 7100
e) 200 · 700 f) 60 · 500 g) 900 : 20 h) 24 000 : 600

10. Rechne schriftlich. Führe zuerst einen Überschlag durch.
a) 3456 + 11 347 b) 7863 − 3673 c) 32 · 5609 d) 9708 : 6

11. Nur eine der angegebenen Lösungen ist richtig. Finde die richtige Lösung mithilfe eines Überschlags.
a) 20 910 : 17 (123, 12 030, 1230) b) 2065 · 138 (28 487, 2 804 970, 284 970)

12. Ines hat einige Aufgaben gelöst. Schreibe auf, was sie falsch gemacht hat.

a)
```
  234 609
+ 376 011
  510 620
```
b)
```
   45 609
+  94 091
  139 700
```
c)
```
  10 962
−  7 753
  23 209
```
d)
```
746 · 42
    2984
  + 1492
    4476
```

13. Dividiere und bestimme den Rest.
a) 53 : 7 b) 2813 : 4 c) 12 377 : 10 d) 1027 : 11

Grundwissen ↗ S. 7 Lösungen ↗ S. 120

14. Berechne.

a) 9^2 b) 6^3 c) $5 \cdot 10^2$ d) $12 \cdot 10^3$

e) $3^3 - 1$ f) $2 + 2^5$ g) $9^3 : 9$ h) $2^3 \cdot 3^2$

15. Die drei fünften Klassen des Schiller-Gymnasiums wollen die Sondervorstellung „Der Teufel mit den drei goldenen Haaren" im Puppentheater besuchen. Eine Karte kostet 9 €.
In die Klasse 5 a gehen 23, in die Klasse 5 b 25 und in die Klasse 5 c 24 Schüler. Mit den Kindern gehen auch Frau Specht und die anderen beiden Klassenlehrerinnen mit ins Puppentheater.
Frau Specht kauft die Karten im Vorverkauf. Wie viel muss sie insgesamt bezahlen?

16. Bei einem Zwölfjährigen schlägt das Herz etwa 90-mal in einer Minute. Wie viele Herzschläge macht das Herz eines Zwölfjährigen an einem Tag?

17. Eine einzelne Fahrt mit der Straßenbahn kostet 1,40 €. Eine Schülermonatskarte kostet 35 €. Ab wie viel Fahrten lohnt sich der Kauf einer Monatskarte?

18. Die 18-Uhr-Vorstellung im Kino „Capitol" war nahezu ausverkauft. Es wurden insgesamt 1592 € eingenommen. Eine Karte für einen der 60 verkauften Logenplätze kostete 14 €. Für alle übrigen Plätze mussten jeweils 8 € bezahlt werden. Wie viele Besucher waren in der Vorstellung?

Wiederholungsaufgaben

1. Zeichne Strecken der Länge 2,5 cm, 6 cm und 8,2 cm in dein Heft.

2. Wie schwer sind die Gegenstände ungefähr?

a) eine Postkarte

b) ein Auto

c) eine Tüte Gummibärchen

3. Ein Spielfilm im Kino dauert eine Stunde und vierzig Minuten. Er beginnt um 19:30 Uhr. Wann endet der Spielfilm?

4. Zwei Schulklassen planen einen gemeinsamen Ausflug. Insgesamt 68 Personen wollen mit Kleinbussen fahren. In einen Bus passen acht Fahrgäste. Minh überlegt: „68 : 8 … – Wir brauchen mehr als acht und weniger als neun Busse." Was meinst du dazu?

5. Übertrage die Angaben in dein Heft. Unterstreiche anschließend die Zeitangaben.
3 m; 9 s; 2 h; 8 g; 5 cm; 20 min; 3 s; 99 g; 12 €; 5 h

Grundwissen ↗ S. 7 Lösungen ↗ S. 121

Teilbarkeit

1. a) Gib die drei kleinsten Vielfachen der Zahl 6 an.
b) Gib die fünf kleinsten Vielfachen der Zahl 14 an.

2. Gib an, ob die Aussage richtig oder falsch ist.
a) 30 ist ein Vielfaches von 8.
b) 150 ist ein Vielfaches von 25.
c) 12 ist ein Teiler von 48.
d) 9 ist ein Teiler von 111.
e) 60 ist teilbar durch 15.
f) 260 ist teilbar durch 20.
g) 39 teilt 13.
h) 7 teilt 91.

3. Bestimme alle Teiler der Zahl.
a) 6 b) 12 c) 19 d) 36 e) 45 f) 100

4. Welche der Zahlen sind Primzahlen?
27 47 69 94 97 103

5. Untersuche, ob die Zahl durch 2 (durch 5; durch 10) teilbar ist.
a) 32 b) 75 c) 290 d) 523 e) 1094 f) 2025

6. Untersuche, ob die Zahl durch 3 teilbar ist.
a) 57 b) 83 c) 679 d) 789 e) 1332 f) 8562

7. Welche Ziffern kannst du für ■ einsetzen, damit die Zahl 79■
a) durch 2 teilbar ist,
b) durch 3 teilbar ist,
c) durch 5 teilbar ist,
d) durch 2 und 3 teilbar ist?

8. a) Gib eine Zahl zwischen 100 und 150 an, die Vielfaches von 6 und von 16 ist.
b) Gib eine ungerade Zahl zwischen 1000 und 1010 an, die keine Primzahl ist.
c) Gib zwei Primzahlen an, deren Differenz 15 ist.

9. Prüfe, ob die Aussage richtig oder falsch ist. Begründe.
a) Jedes Vielfache von 8 ist durch 8 teilbar.
b) Jede Zahl, die durch 9 teilbar ist, ist auch durch 18 teilbar.
c) Jede Zahl, die durch 10 teilbar ist, ist auch durch 5 teilbar.
d) Jede Zahl, die durch 2 und durch 5 teilbar ist, ist auch durch 10 teilbar.

10. Auf einem Schulfest wird Kuchen zu 2 € pro Stück verkauft. Am Abend sind bei der Abrechnung 1311 € in der Kasse. Kann das stimmen? Begründe deine Antwort.

11. Sofia möchte eine 96 cm breite Wand aus Holzbrettern zusammenbauen. Im Baumarkt gibt es Bretter in den Breiten 10 cm, 12 cm, 14 cm, 15 cm, 16 cm und 20 cm. Sofia möchte die Bretter nicht zersägen.
a) Welche Breiten sind für sie geeignet?
b) Wie viele Bretter muss sie mindestens kaufen?

12. Gib die ersten sechs Zahlen der Zahlenfolge an.
a) Beginne mit der Zahl 3 und verdopple die Zahl in jedem Schritt.
b) Beginne mit der Zahl 14 und addiere immer abwechselnd die Zahlen 1 und 4.

Grundwissen ↗ S. 8 Lösungen ↗ S. 121

13. Beschreibe das Muster der Zahlenfolge und ergänze die nächsten drei Zahlen.
a) 25, 31, 37, 43, 49, …
b) 1, 3, 9, 27, ...
c) 2, 3, 5, 8, 12, 17, …
d) 10, 9, 19, 18, 28, 27, ...

14. In der Bildfolge ist eine Zahlenfolge zu erkennen.

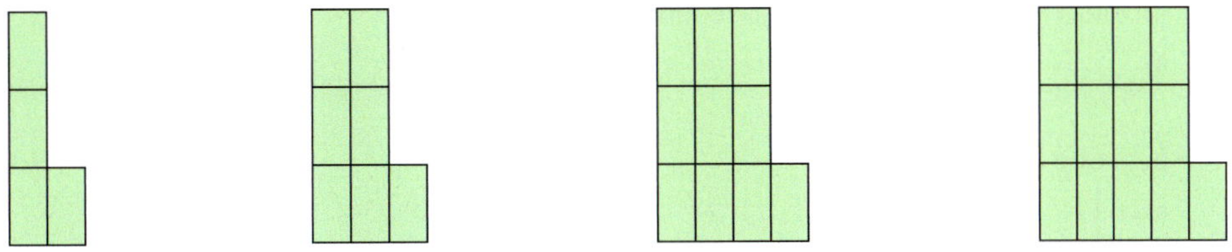

4 7 10 13

a) Gib die nächsten vier Zahlen an.
b) Überprüfe, ob die Rechenausdrücke von Jasmin für die 5. und 6. Zahl richtig sind.
5. Zahl: $3 \cdot 5 + 1$ 6. Zahl: $3 \cdot 6 + 1$
c) Bestimme die 100. Zahl der Zahlenfolge.

15. Samuel und Katharina gehen nach festen Regeln joggen um gesund und fit zu bleiben. Samuel joggt jeden sechsten Tag, während Katharina jeden vierten Tag joggt.
a) Wie viele Tage können sie höchstens in einem Monat gemeinsam joggen? Begründe.
b) Wie viele Tage können sie höchstens in einem Jahr gemeinsam joggen? Begründe.

Wiederholungsaufgaben

1. Übertrage in dein Heft und setze ein passendes Rechenzeichen ein.
a) 12 ■ 88 = 100 b) 100 ■ 5 = 20 c) 48 ■ 19 = 29

2. Berechne.
a) Wie viel cm^3 sind ein Liter?
b) Wie viel Zentimeter passen in einen Meter?
c) Wie viele Minuten hat ein Tag?

3. Die 212 Schüler der Körbe-Grundschule planen einen großen Schulausflug. Für die gesamte Schule werden Reisebusse organisiert. In jeden Bus passen höchstens 50 Schüler. Wie viele Busse müssen mindestens bestellt werden?

4. Gib Beispiele für Gegenstände oder Situationen an, die
a) 1 cm breit sind,
b) 2500 kg schwer sind,
c) 90 Sekunden lang sind,
d) 1000 cm^3 einnehmen.

5. a) Zeichne ein Quadrat.
b) Zeichne ein Trapez, das kein Parallelogramm ist.

Grundwissen ↗ S. 8 Lösungen ↗ S. 122

Brüche und Dezimalzahlen

1. Gib den gefärbten Anteil als Bruch an.

a) 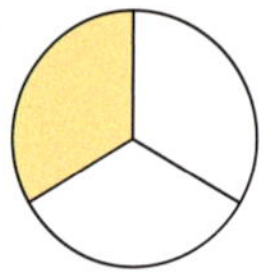 b) 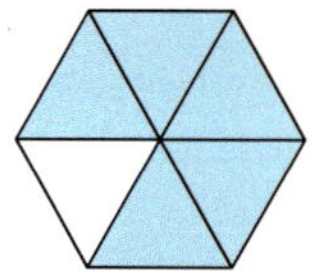 c) 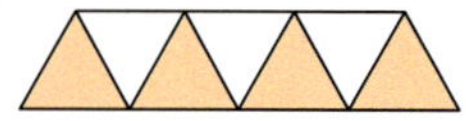 d) 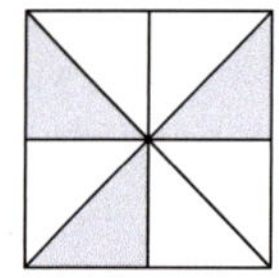

2. Zeichne zu jeder Aufgabe ein Rechteck wie im Bild. Färbe dann den angegebenen Anteil.

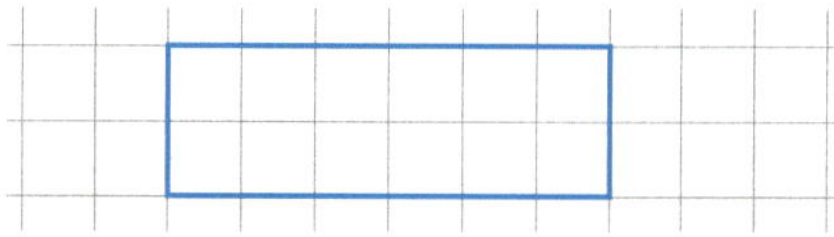

a) $\frac{1}{6}$ b) $\frac{7}{12}$ c) $\frac{2}{3}$

3. Schreibe als unechten Bruch.

a) $6\frac{1}{2}$ b) $1\frac{1}{5}$ c) $2\frac{2}{3}$ d) $7\frac{3}{10}$ e) $2\frac{1}{17}$ f) $5\frac{3}{11}$

4. Schreibe als gemischte Zahl.

a) $\frac{4}{3}$ b) $\frac{6}{5}$ c) $\frac{19}{2}$ d) $\frac{17}{4}$ e) $\frac{29}{10}$ f) $\frac{44}{7}$

5. a) Erweitere $\frac{3}{5}$ mit 2, 5 und 8. b) Kürze $\frac{36}{48}$ durch 12, 4, 3 und 2.

6. Kürze so weit wie möglich.

a) $\frac{6}{21}$ b) $\frac{25}{50}$ c) $\frac{30}{24}$ d) $\frac{100}{60}$ e) $\frac{18}{160}$ f) $\frac{108}{144}$

7. Übertrage ins Heft. Setze das richtige Zeichen < oder > ein.

a) $\frac{6}{16}$ ■ $\frac{5}{16}$ b) $\frac{3}{4}$ ■ $\frac{4}{5}$ c) $\frac{7}{12}$ ■ $\frac{11}{16}$ d) $3\frac{7}{10}$ ■ $3\frac{1}{2}$

8. Wie viel erhält jeder, wenn gerecht geteilt wird?

a) 4 Kinder teilen sich 9 Pfannkuchen.
b) 11 Donuts sind noch übrig. 2 Kinder möchten die Donuts mitnehmen.
c) Mareike und ihre fünf Freunde bestellen zwei Pizzen.

9. Berechne den Anteil.

a) $\frac{1}{3}$ von 63 € b) $\frac{7}{20}$ von 400 g c) $\frac{1}{6}$ von 5 min d) $\frac{3}{10}$ von 2 cm

10. Gib den Anteil als Bruch an. Kürze so weit wie möglich.

a) 40 g von 100 g b) 14 m von 21 m c) 5 min von 1 h d) 250 mℓ von 2 ℓ

11. Schreibe in der nächstkleineren Einheit.

a) $\frac{1}{10}$ kg b) $\frac{1}{2}$ g c) $\frac{2}{5}$ dm d) $\frac{3}{8}$ ℓ e) $5\frac{1}{2}$ km f) $2\frac{3}{4}$ h

12. Peter und Marie schießen auf eine Torwand. Peter trifft bei 1 von 10 Schüssen, Marie bei 1 von 5 Schüssen. Wer hat die höhere Trefferquote, also einen höheren Anteil von Schüssen, die zum Tor führten?

13. Schreibe als Bruch oder gemischte Zahl. Kürze so weit wie möglich.

a) 0,9 b) 0,06 c) 1,1 d) 20,5 e) 5,23 f) 0,175

14. Schreibe als Dezimalzahl.

a) $\frac{39}{100}$ b) $\frac{1}{500}$ c) $\frac{613}{10}$ d) $4\frac{1}{4}$ e) $2\frac{24}{300}$ f) $\frac{33}{55}$

15. Übertrage ins Heft. Setze das richtige Zeichen $<$ oder $>$ ein.
a) 2,7 ■ 2,3 b) 1,77 ■ 0,79 c) 0,081 ■ 0,18 d) 0,15 ■ $\frac{1}{5}$

16. Übertrage den Zahlenstrahl in dein Heft. Markiere die Zahlen.
$0{,}3; \frac{1}{2}; \frac{9}{10}; 1{,}2; 0{,}6; \frac{2}{5}$

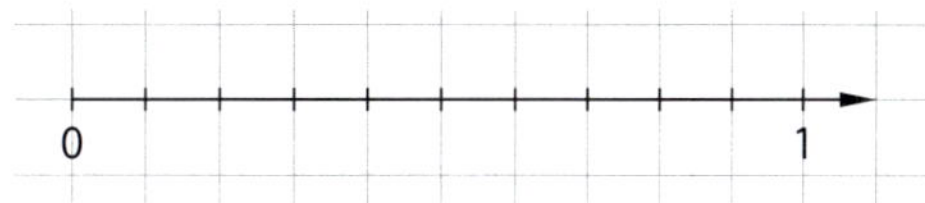

17. Wandle in eine abbrechende oder eine periodische Dezimalzahl um.
a) $\frac{7}{8}$ b) $\frac{1}{9}$ c) $\frac{34}{20}$ d) $\frac{14}{22}$ e) $\frac{4}{60}$ f) $\frac{160}{12}$

18. Gib in Prozent an.
a) 0,76 b) 0,3 c) 0,001 d) $\frac{19}{100}$ e) $\frac{11}{20}$ f) $\frac{7}{35}$

19. Bestimme den Anteil.
a) 20 % von 60 € b) 75 % von 120 g c) 30 % von 1 cm

20. In 50 g Vollmilchschokolade sind 15 g Fett enthalten. Ist dieser Anteil größer als 20 %?

21. In den Klassen 5a und 5b sind jeweils 25 Kinder. In der 5a sind davon drei Fünftel Mädchen. In der 5b beträgt der Anteil der Mädchen 44 %.
a) Berechne, wie viele Mädchen in jede Klasse gehen.
b) Gib für jede Klasse den Anteil der Jungen in Prozent an.

22. Jeweils drei Zahlen sind gleich. Schreibe sie in dein Heft.

$\frac{24}{40}$ $0{,}\overline{6}$ $\frac{16}{24}$ 1,6 $\frac{600}{1000}$ $\frac{16}{10}$ $1\frac{3}{5}$ 60 % $\frac{2}{3}$

Wiederholungsaufgaben

1. Ein Lieferwagen hat drei Kisten zu je 25 kg und zwei Säcke zu je 15 kg geladen. Wie schwer ist die Ladung?

2. a) Schreibe 15 als Produkt aus zwei Zahlen.
b) Wie groß ist der Wert der Summe von 12 und 19?

3. Übertrage in dein Heft und ergänze eine passende Zahl.
a) $2\,m^2$ = ■ dm^2 b) $4\,dm \cdot 3\,cm$ = ■ cm^2 c) 9 cm = ■ mm

4. Ergänze den Satz so, dass er wahr wird.
a) Ein Rechteck ist genau dann ein Quadrat, wenn …
b) In einer Raute gibt es vier gleich …

5. In der Klasse 5 a sind 17 Jungen und 11 Mädchen. Erstelle dazu ein passendes Säulendiagramm.

Brüche/Dezimalzahlen addieren und subtrahieren

1. Welche Additionsaufgabe mit gleichnamigen Brüchen ist hier dargestellt?

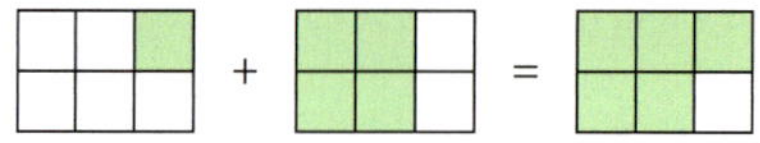

2. Berechne.

a) $\frac{8}{9} - \frac{4}{9}$ b) $\frac{4}{7} + \frac{5}{7}$ c) $\frac{1}{10} + \frac{3}{5}$ d) $\frac{2}{3} + \frac{3}{4}$ e) $\frac{3}{16} - \frac{1}{12}$

3. Berechne. Kürze so weit wie möglich.

a) $\frac{9}{10} + \frac{6}{10}$ b) $\frac{6}{12} - \frac{2}{5}$ c) $\frac{3}{9} + \frac{2}{12}$ d) $\frac{5}{6} - \frac{14}{36}$ e) $\frac{19}{20} + \frac{10}{25}$

4. Berechne. Gib das Ergebnis als natürliche oder gemischte Zahl an.

a) $3\frac{2}{3} + 5\frac{1}{3}$ b) $1\frac{3}{4} - \frac{1}{7}$ c) $2\frac{3}{5} + 2\frac{9}{10}$ d) $12 - 6\frac{1}{2}$ e) $3\frac{2}{3} - 1\frac{8}{9}$

5. a) Gib drei gleichnamige Brüche an, deren Summe 2 ist.
b) Gib zwei ungleichnamige Brüche an, deren Differenz $\frac{3}{8}$ ist.
c) Welche Zahl musst du von $\frac{1}{2}$ abziehen, um $\frac{1}{10}$ zu erhalten?

6. Runde

a) 2,378 auf Zehntel,
b) 1,125 auf Hundertstel,
c) 1,324 auf zwei Nachkommastellen,
d) 1,3799 auf drei Nachkommastellen.

7. Übertrage die Tabelle in dein Heft und ergänze die fehlenden Angaben.

Aufgabe	Überschlagsrechnung	Überschlagsergebnis	Genaues Ergebnis
0,47 + 1,238	0,5 +	1,7	
15,91 − 7,28		9	
34,873 + 53,234			
0,107 − 0,0543			

8. Mache einen Überschlag und berechne anschließend.

a) 1,1 + 0,83 b) 7 − 5,45 c) 34,851 − 16,234 d) 1,9682 + 3,18

9. Überprüfe die Rechnungen. Korrigiere, falls sie fehlerhaft sind.

a) $\frac{1}{6} + \frac{1}{6} = \frac{1}{3}$ b) $\frac{11}{30} - \frac{4}{20} = \frac{7}{10}$ c) $12,6 + 3 = 12,9$ d) $6,15 - 2,8 = 4,7$

10. Berechne.

a) $\frac{17}{21} + \frac{2}{21} - \frac{5}{21}$ b) $1\frac{2}{5} + \frac{1}{2} + \frac{2}{3}$ c) 7,6 − 0,8 − 5 d) 0,85 + 2,904 + 0,067

11. Vervollständige die magischen Quadrate in deinem Heft. In jeder Zeile, Spalte und Diagonale soll die Summe denselben Wert haben.

a)

		1
$\frac{1}{3}$	$\frac{8}{9}$	$\frac{7}{9}$

b)

		0,95
	1	
1,05	0,8	

Grundwissen ↗ S. 10 Lösungen ↗ S. 123

12. In einer Bäckerei sind von den Himbeertorten am Mittag noch $3\frac{1}{2}$ Torten vorhanden. Für den Nachmittag liegen Bestellungen über eine halbe und eine dreiviertel Himbeertorte vor. Wie viele Himbeertorten können noch an andere Kunden verkauft werden?

13. Mona hat von ihrer Verwandtschaft zum Geburtstag 100 € bekommen. Sie kauft Süßigkeiten für 5,15 €, Schuhe für 24,95 €, ein Poster für 8,95 € und Sammelkarten für 1,47 €. Den Rest möchte sie sparen. Wie viel Geld hat Mona ausgegeben und wie viel Geld hat sie noch übrig? Mache zunächst einen Überschlag und berechne anschließend.

Wiederholungsaufgaben

1. Zeichne ein Rechteck mit den Seitenlängen 3 cm und 5 cm in dein Heft.

2. Gib jeweils zwei Beispiele an für etwas,
a) das ungefähr 5 m lang ist,
b) ein Volumen von ungefähr 1 dm^3 hat,
c) eine Fläche von ungefähr 5000 m^2 hat,
d) 45 Minuten dauert,
e) 4 Kilogramm schwer ist.

3. Zeichne das Schrägbild eines Würfels mit der Kantenlänge 5 cm in dein Heft. Welches Volumen hat dieser Würfel?

4. Bestimme den Umfang der Dreiecke.

a)

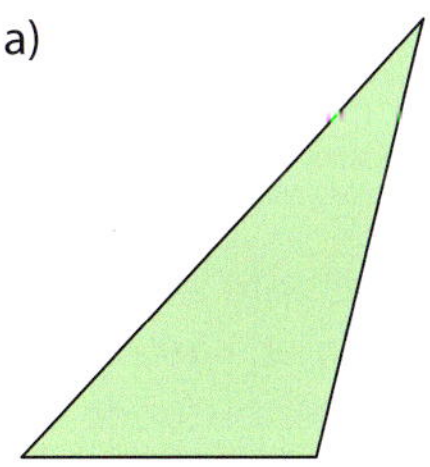

b)

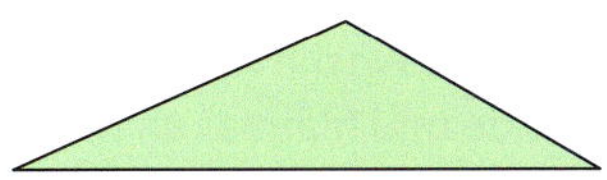

5. In der Jugendherberge gibt es am letzten Tag eine etwas größere Auswahl beim Mittagessen. Jedes Kind kann bei der Hauptspeise und beim Nachtisch zwischen zwei Möglichkeiten wählen. Sebastian macht eine Strichliste mit den Essenswünschen.

	Nudeln mit Tomatensoße	Schnitzel und Pommes
Hauptspeise	𝍸 𝍸 |||	𝍸 𝍸 𝍸 ||||

	Eis	Pudding
Nachtisch	𝍸 𝍸 𝍸 𝍸 |||	

a) Wie häufig wurde bei der Hauptspeise Wunsch 1, wie oft Wunsch 2 angegeben?
b) Beim Nachtisch hat er nur gefragt, wer Eis möchte. Alle Kinder bekommen aber einen Nachtisch. Wie viele Portionen Pudding muss Sebastian für seine Klasse bestellen?

Brüche/Dezimalzahlen multiplizieren und dividieren

1. Berechne. Kürze das Ergebnis – falls möglich.

a) $3 \cdot \frac{3}{4}$ b) $\frac{5}{12} \cdot 6$ c) $4 \cdot \frac{3}{8}$ d) $\frac{8}{3} : 2$ e) $\frac{5}{6} : 6$

2. Berechne.

a) $\frac{1}{10} \cdot \frac{1}{4}$ b) $\frac{5}{8} \cdot \frac{1}{3}$ c) $\frac{3}{5} \cdot \frac{2}{7}$ d) $\frac{3}{5} : \frac{1}{2}$ e) $\frac{9}{10} : \frac{10}{7}$

3. Berechne und kürze geschickt.

a) $\frac{2}{3} \cdot \frac{9}{8}$ b) $\frac{7}{12} \cdot \frac{24}{7}$ c) $\frac{5}{9} \cdot \frac{36}{55}$ d) $\frac{7}{50} \cdot 75$ e) $\frac{14}{27} \cdot \frac{18}{35}$

f) $\frac{5}{6} : \frac{10}{3}$ g) $\frac{1}{16} : \frac{5}{8}$ h) $\frac{7}{9} : 14$ i) $20 : \frac{10}{21}$ j) $\frac{40}{9} : \frac{25}{6}$

4. Berechne den Anteil.

a) $\frac{1}{3}$ von $\frac{3}{5}$ b) $\frac{3}{7}$ von $\frac{4}{9}$ c) $\frac{1}{2}$ von $\frac{1}{10}$ kg   d) $\frac{1}{3}$ von $\frac{3}{4}$ mm   e) $\frac{2}{5}$ von $1\frac{1}{2}$ ℓ

5. Die Hälfte der Schüler in der Klasse 6d spielt gerne Fußball, ein Drittel davon sogar im Verein.

a) Bestimme den Anteil der Vereinsspieler in der Klasse.

b) Wie viele Kinder sind das, wenn 24 Schüler in der Klasse sind?

6. Berechne.

a) $5 \cdot 1\frac{2}{3}$ b) $2\frac{3}{4} \cdot 3\frac{1}{2}$ c) $5\frac{1}{2} : 10$ d) $30 : 1\frac{1}{3}$ e) $2\frac{2}{5} : \frac{4}{5}$

7. Sylvana nimmt jeden Tag eine halbe Tablette. In der Packung sind 20 Tabletten. Wie viele Tage reichen diese Tabletten?

8. Nina, Kathrin und Mathias unterhalten sich darüber, wie lange sie jeweils pro Woche im Internet „surfen". Nina ist pro Woche fünfmal eine halbe Stunde im Internet, Kathrin dreimal eine Dreiviertelstunde und Mathias an jedem Tag der Woche eine Viertelstunde. Wer verbringt in einer Woche die meiste Zeit mit dem „Surfen" im Internet?

9. Rechne in die angegebene Einheit um.

a) 7261 m in km   b) 212,3 mm in cm   c) 1,75 dm in cm   d) 23,92 kg in g

10. Multipliziere die Zahl mit 100 und dividiere sie durch 100.

a) 0,033   b) 1,562   c) 0,862   d) 13,9   e) 440,8

11. Berechne im Kopf.

a) $0{,}2 \cdot 8$ b) $3 \cdot 2{,}3$ c) $0{,}7 \cdot 0{,}9$ d) $1{,}25 \cdot 4$ e) $0{,}8 \cdot 0{,}05$

f) $1{,}8 : 6$ g) $2 : 5$ h) $3{,}3 : 1{,}1$ i) $0{,}4 : 20$ j) $7 : 0{,}07$

12. Mache eine Überschlagsrechnung. Berechne anschließend schriftlich.

a) $2{,}6 \cdot 1{,}7$ b) $3{,}45 \cdot 2{,}1$ c) $6{,}2 \cdot 0{,}17$ d) $9{,}5 \cdot 5{,}12$ e) $15{,}15 \cdot 10{,}51$

f) $23{,}2 : 4$ g) $45{,}95 : 5$ h) $13{,}2 : 1{,}1$ i) $43 : 0{,}8$ j) $27{,}12 : 1{,}2$

Grundwissen ↗ S. 11   Lösungen ↗ S. 124

13. Übertrage ins Heft und setze für ■ die fehlende Zahl ein.

a) $0{,}35 \cdot ■ = 350$ b) $■ \cdot 100 = 0{,}6$ c) $5 \cdot ■ = 0{,}5$ d) $■ \cdot 7 = 2{,}1$

e) $1{,}2 : ■ = 0{,}12$ f) $■ : 1000 = 27{,}2$ g) $8 : ■ = 80$ h) $■ : 2 = 0{,}3$

14. Ein Euro entspricht im Mittel etwa 1,26 US-Dollar. Wie viel Dollar sind 200 €?

15. Bei einem Marathon müssen Läufer etwa 42,2 km laufen. Ein sehr guter Läufer schafft die Strecke in zweieinhalb Stunden. Wie hoch ist seine durchschnittliche Geschwindigkeit? Runde auf ganze Kilometer pro Stunde.

16. Schreibe als Rechenausdruck und berechne.

a) Dividiere 9 durch die Summe aus $\frac{3}{5}$ und $\frac{3}{10}$.

b) Multipliziere die Summe von 0,1 und 0,05 mit der Differenz von 2 und 1,6.

17. Berechne. Beachte die Vorrangregeln.

a) $\frac{1}{6} + 5 \cdot \frac{2}{3}$ b) $\left(\frac{2}{5} + \frac{1}{5}\right) : \frac{1}{5}$ c) $14 - 3{,}6 + 6{,}4$ d) $1{,}2 + (2 - 0{,}2) \cdot 0{,}1$

18. Berechne vorteilhaft. Nutze Rechengesetze.

a) $\frac{5}{27} + \frac{1}{12} + \frac{4}{27}$ b) $1{,}91 + 8{,}7 + 2{,}09$ c) $\frac{5}{4} \cdot \frac{3}{13} \cdot \frac{4}{5}$ d) $25 \cdot 3{,}3 \cdot 0{,}4$

e) $\frac{1}{3} \cdot (66 + 93)$ f) $0{,}4 \cdot (70 - 4)$ g) $9 \cdot \frac{17}{40} - 9 \cdot \frac{13}{40}$ h) $25 \cdot 4{,}4 + 25 \cdot 0{,}6$

Wiederholungsaufgaben

1. Bei welchen Figuren handelt es sich tatsächlich um Quadernetze?

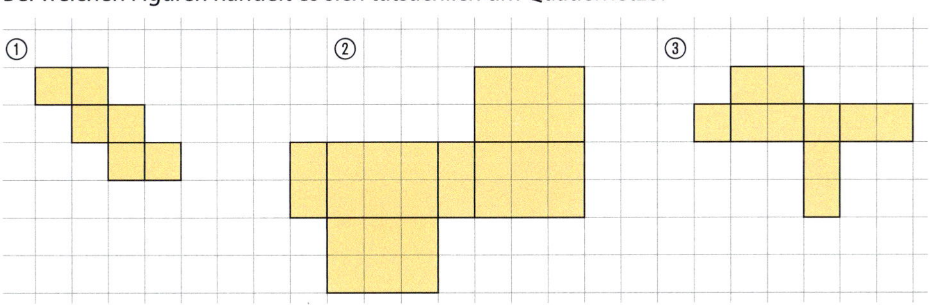

2. Eine Karte hat den Maßstab 1 : 50 000. Anna misst mit dem Lineal eine Entfernung. Wie viel Meter in der Wirklichkeit entsprechen 12 cm auf der Karte?

3. Ein LKW-Fahrer hat sein Fahrzeug so eingestellt, dass er konstant $80\,\frac{\text{km}}{\text{h}}$ fährt.

a) Wie weit ist der LKW nach einer halben Stunde gekommen?

b) Wie lange braucht der LKW im Idealfall für 200 km?

4. a) Wie viele Kästchen des Quadrates müsste man schraffieren, um 75 % darzustellen?

b) Welcher Anteil wäre dargestellt, wenn 6 Kästchen schraffiert würden?

Rationale Zahlen

1. a) Übernimm die Tabelle ins Heft, fülle sie aus und gib alle gebrochenen Zahlen an.

x	$-0{,}2$	$0{,}6$		$-\frac{3}{4}$	$3{,}3$		$-0{,}6$	$1\frac{1}{3}$		
|x|									0	
−x			5			$-\frac{10}{3}$				$-3{,}33$
|−x|										

b) Ordne die Zahlen, die in der ersten Zeile stehen. Beginne mit der kleinsten Zahl.

2. Gib von folgenden Zahlen alle Zahlen mit gleichen Beträgen und die Abstände zur Null an:
$\frac{1}{4}$; 3; $-0{,}25$; $-\frac{3}{5}$; $-2{,}9$; 0,6; $2\frac{2}{3}$; $-\frac{3}{8}$; 0,4; 56; $-\frac{1}{4}$; $-\frac{2}{5}$; 1

3. a) Zeichne in ein Koordinatensystem die Punkte $A(-4|-3)$; $B(4|-3)$; $C(4|3)$ und $D(-4|3)$.
b) Gib an, in welchem der vier Quadranten jeder der Punkte A, B C und D liegt.
c) Welche Koordinaten haben die Mittelpunkte der Seiten des Rechtecks ABCD? Welche Koordinaten hat der Schnittpunkt der Diagonalen dieses Rechtecks?

4. Rechne im Kopf.

a) $2+(-9)$ b) $-0{,}7-(-0{,}3)$ c) $2{,}5\cdot(-40)$ d) $0-\frac{8}{13}$ e) $-3:(-4:0{,}4)$
f) $-8+8$ g) $(-2)^3\cdot(-3)^2$ h) $\frac{3}{4}:\left(-\frac{4}{3}\right)\cdot 0$ i) $-\frac{1}{7}-0$ j) $-2{,}3:100$
k) $\frac{8}{7}+\left(-\frac{8}{7}\right)$ l) $-\frac{1}{3}-0{,}\overline{3}$ m) $-0{,}6:(-0{,}3)$ n) $77-78$ o) $-\frac{1}{2}\cdot\left(-\frac{2}{3}\right)\cdot\left(-\frac{3}{4}\right)$
p) $1:(-4)$ q) $2\cdot 3\cdot(-0{,}1)$ r) $-3{,}3\cdot(-10)$ s) $-7-13$ t) $-1{,}3+3{,}3$

5. a) Übertrage die Rechenmauer dreimal ins Heft. Fülle sie dann aus, einmal als Additionsmauer, einmal als Subtraktionsmauer und einmal als Multiplikationsmauer.

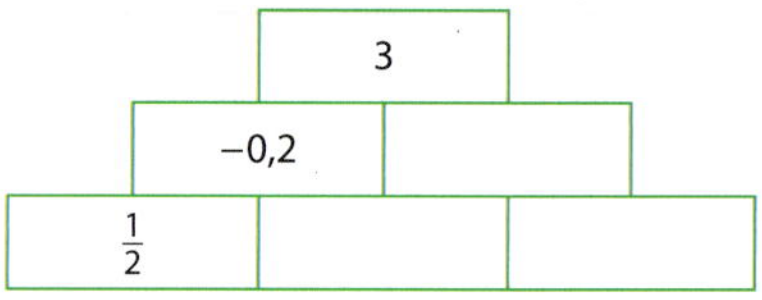

b) Übertrage die Rechenmauer zweimal ins Heft. Fülle sie dann einmal als Subtraktionsmauer und einmal als Divisionsmauer aus.

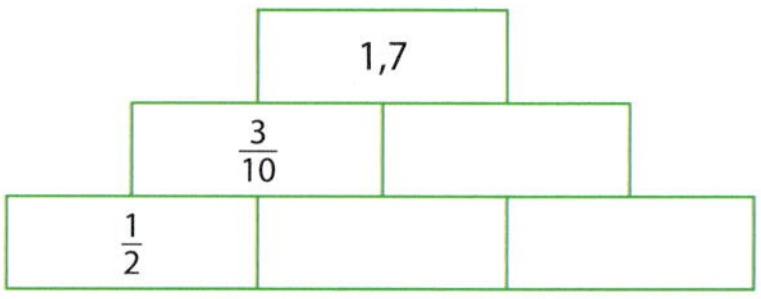

6. Rechne im Kopf. Achte auf Rechenvorteile.

a) $-9{,}7-\frac{4}{3}+9{,}7$ b) $0{,}75\cdot\left(-\frac{9}{8}\right)\cdot\left(-\frac{4}{3}\right)$ c) $0{,}\overline{34}\cdot\left(-\frac{2}{3}+0{,}\overline{6}\right)$ d) $-6\cdot 2{,}3-4\cdot 2{,}3$
e) $-2\cdot\frac{1}{2}\cdot(-0{,}5)$ f) $-13-(-3-4)$ g) $3:(-2)-3:(-2)$ h) $\left(\frac{1}{3}-\frac{1}{2}\right)\cdot\left(0{,}\overline{3}-\frac{1}{3}\right)$

7. Löse die Aufgabe möglichst vorteilhaft.

a) $7{,}5\cdot(-4)+(-20)$ b) $-2-3\cdot(-4)$ c) $5\cdot(-5)\cdot\left(-\frac{1}{25}\right)-5$ d) $\left[(-3)^3-10\right]\cdot\sqrt{4}$
e) $-4\cdot(-3-7)$ f) $\frac{-8-2}{2{,}5\cdot(-4)}$ g) $(8-18)^2:\left(2{,}5-\frac{1}{2}\right)$ h) $0{,}125\cdot 4-\frac{1}{2}:0{,}5$

8. Rechne im Kopf oder (wenn sinnvoll) mit dem Taschenrechner. Begründe dein Vorgehen.

a) $13{,}5:4{,}5$ b) $-\frac{2}{3}:\frac{1}{2}$ c) $\frac{1}{4}:\left(-\frac{3}{4}\right)$ d) $-10{,}04:\frac{19}{79}$
e) $-0{,}9:0{,}6$ f) $-\frac{2}{11}:(-0{,}7)$ g) $4{,}67:3{,}1$ h) $-15{,}677:\left(-\frac{3}{19}\right)$

9. Berechne für $a = 1$; $b = -1$ und $c = -1$.

a) $6a-13b-4c$ b) $-2(a+2b+3c)$ c) $-3a+2c^2-5c$

10. Übernimm die Tabelle ins Heft und fülle sie aus. Runde gegebenenfalls auf Hundertstel.

x	y	z	$x \cdot (y - z)$	$x \cdot y - z$	$x \cdot (y - 2z)$	$\frac{x}{y - 2z}$	$x + y \cdot z^3$	$\frac{x + y \cdot z}{z - y}$
– 3	– 1	1						
– 3,5	– 1,2	$\frac{1}{3}$						

11. Auf Janinas Sparkonto sind zu Beginn des Jahres 300 €. Es wurden sowohl Geldbeträge ein- als auch ausgezahlt. Berechne im Heft die Höhe des jeweils vorhandenen Sparguthabens.

Datum	Einzahlung/Auszahlung	Sparguthaben
08.02.	+200,00 €	
15.04.	–17,80 €	
02.05.	–103,10 €	
30.06.	+150,00 €	

12. Auf dem Brocken im Harz wurden in einer Woche jeweils morgens und abends die Temperaturen gemessen.

a) Berechne für alle Wochentage die Temperaturunterschiede zwischen den beiden Messwerten.

b) An welchen Wochentagen hat sich die Temperatur zwischen den Messungen morgens und abends am meisten und am wenigsten verändert?

	morgens	abends
Mo	–16,2 °C	–14,5 °C
Di	–15,8 °C	–9,3 °C
Mi	–6,6 °C	–4 °C
Do	–4 °C	2,1 °C
Fr	0 °C	–1,5 °C
Sa	–3 °C	–7 °C
So	–8,6 °C	–11,6 °C

Wiederholungsaufgaben

1. Berechne das arithmetische Mittel der gegebenen Zahlen.

a) –3,5; 1,7; 8,2; – 0,5; 1,1 b) $\frac{1}{8}$; $-\frac{3}{8}$; $\frac{5}{8}$; $-\frac{7}{8}$; $\frac{3}{8}$ c) 10,1; 10,2; 6,7

2. Gib eine geeignete Einheit für die gegebene Größenangabe an.

a) Volumen deiner Schulmappe b) Fläche von Niedersachsen
c) Durchmesser einer 1-Euro-Münze d) Höhe deines Klassenraumes
e) Gewicht einer Lokomotive f) Flüssigkeitsmenge auf einem Teelöffel

3. Überprüfe und korrigiere.

a) 25 % von 723 sind 201 b) 280 von 370 sind 52 % c) 75 % von 400 sind 290
d) 4,8 von 19,2 sind 25 % e) 115 % von 200 sind 190 f) 225 von 150 sind 150 %

4. Rainer sagt: „Wenn ich jeden Tag 5 € ausgebe, dann reicht mein Taschengeld genau 6 Tage."

a) Er will höchstens 3 € pro Tag ausgeben. Für wie viele Tage reicht sein Taschengeld?

b) Rainer möchte 15 Tage mit seinem Taschengeld auskommen.
Wie viel Euro darf er dann höchstens pro Tag ausgeben?

Grundbegriffe der Geometrie

1. Prüfe mit dem Geodreieck,
  a) welche Geraden senkrecht zueinander verlaufen;
  b) welche Geraden zueinander parallel verlaufen.

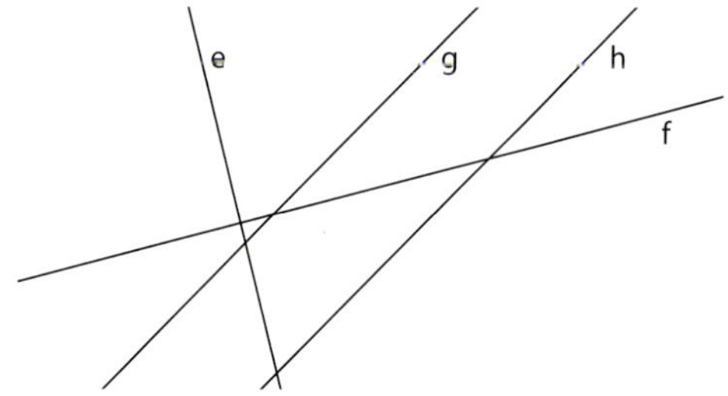

2. Zeichne zwei zueinander parallele Geraden e und f mit dem Abstand 1,5 cm und eine Gerade g, die zur Geraden f senkrecht verläuft.

3. Übertrage die Zeichnungen in dein Heft und ergänze sie jeweils zur angegebenen Figur. Zeichne in die Figuren alle Diagonalen ein.

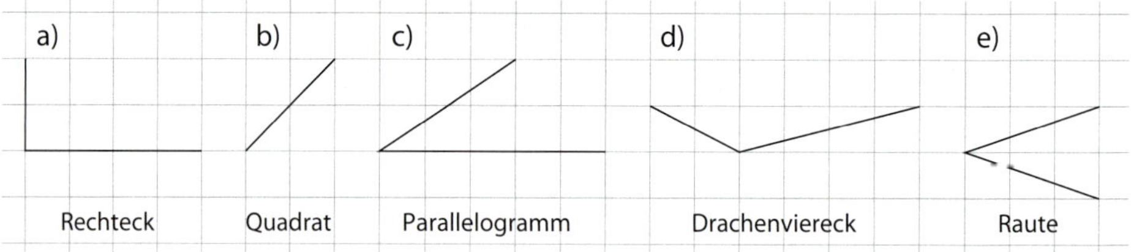

4. Übertrage das Koordinatensystem mit den angegebenen Punkten A und B in dein Heft. Gib die Koordinaten zweier weiterer Punkte C und D an, sodass sich beim Verbinden der Punkte
  a) ein Rechteck, aber kein Quadrat ergibt,
  b) ein Trapez, aber kein Parallelogramm ergibt,
  c) ein Drachenviereck ergibt.

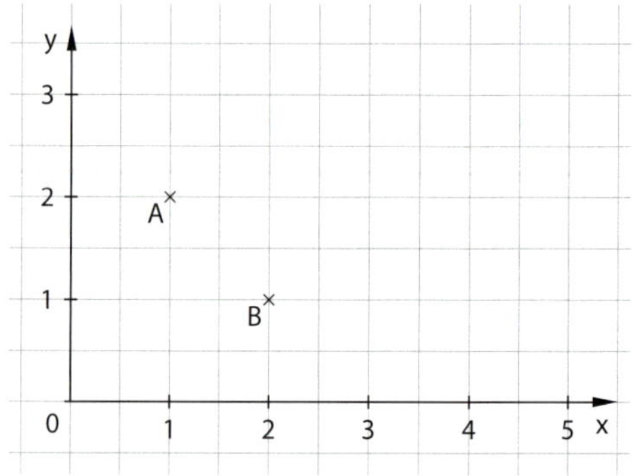

5. Für welche Vierecksart (Trapez, Parallelogramm, Rechteck, Quadrat, Drachenviereck, Raute) trifft Folgendes zu?
  a) Alle benachbarten Seiten des Vierecks stehen senkrecht zueinander.
  b) Alle Seiten des Vierecks sind gleich lang.
  c) Alle Seiten des Vierecks stehen senkrecht zueinander und sind gleich lang.
  d) Nur ein Paar gegenüberliegender Seiten des Vierecks verlaufen parallel zueinander.
  e) Alle gegenüberliegenden Seiten des Vierecks verlaufen parallel zueinander.

6. Betrachte die folgenden Körper.

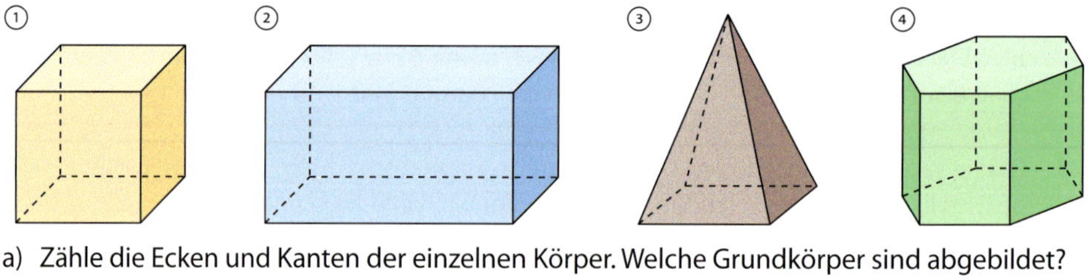

  a) Zähle die Ecken und Kanten der einzelnen Körper. Welche Grundkörper sind abgebildet?
  b) Bestimme die Art und die Anzahl der Flächen der einzelnen Körper.

Grundwissen ↗ S. 13 Lösungen ↗ S. 127

7. Aus welchen der gegebenen Netze kann man einen Würfel zusammenfalten? Übertrage diese Netze in dein Heft und markiere die Strecken gleichfarbig, die beim Falten zusammenstoßen.

a) 

b) 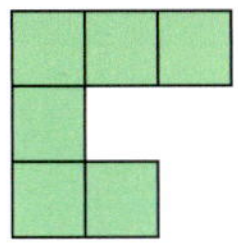

c) 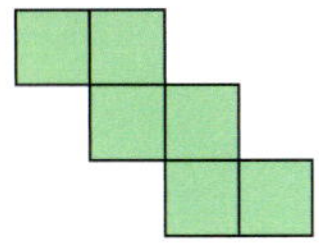

d) 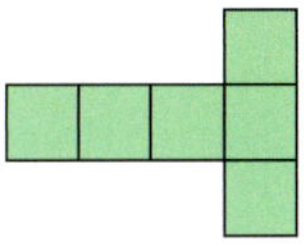

8. Zeichne das Netz einer würfelförmigen Schachtel und daran Kleberänder, mit deren Hilfe man die Schachtel basteln könnte.

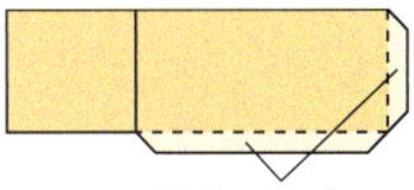
Kleberänder

9. Zeichne ein Rechteck mit folgenden Seitenlängen.
a) a = 3 cm; b = 4 cm   b) a = 2,5 cm; b = 3 cm   c) a = b = 3 cm

10. Zeichne das Netz eines Quaders mit folgenden Kantenlängen.
a) a = 3 cm; b = 4 cm; c = 1 cm
b) a = 2,5 cm; b = 3 cm; c = 2 cm
c) a = b = c = 3 cm

11. Zeichne das Schrägbild
a) eines Würfels mit der Kantenlänge 4 cm,
b) eines Quaders mit den Kantenlängen a = 6 cm, b = 5 cm und c = 4 cm,

12. Zeichne ein weiteres Schrägbild der abgebildeten Figur in dein Heft. Wähle dabei die blaue Fläche als Grundfläche. Die roten Kanten sind jeweils 2 cm lang.

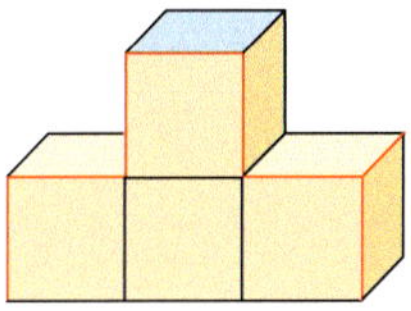

Wiederholungsaufgaben

1. Übertrage in dein Heft und ergänze das fehlende Zeichen (<, > oder =).
a) 31 ■ 13   b) 6 + 5 ■ 11   c) 735 ■ 99

2. Ordne die Zahlen der Größe nach, beginne mit der kleinsten.
a) 32; 35; 30; 29; 5   b) 19; 502; 18; 205; 250

3. Wie viel Minuten sind zwischen den beiden Aufnahmen mindestens vergangen?

4. Berechne.
a) Wie viel Millimeter passen in einen Meter?
b) Wie viel Gramm sind 3 kg?
c) 3 dm + 12 cm

Flächeninhalt und Umfang

1. Betrachte die Figuren. Begründe jeweils deine Entscheidung.

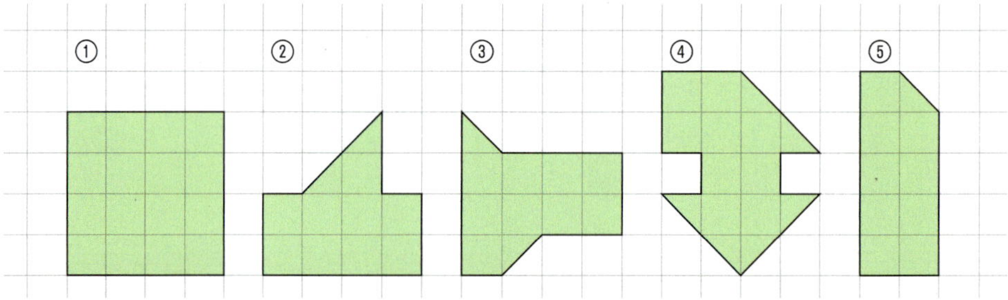

a) Welche der Figuren hat den größten Flächeninhalt?
b) Welche der Figuren hat den kleinsten Flächeninhalt?
c) Welche Figuren haben den gleichen Flächeninhalt?

2. Betrachte die Figuren. Begründe jeweils deine Entscheidung.

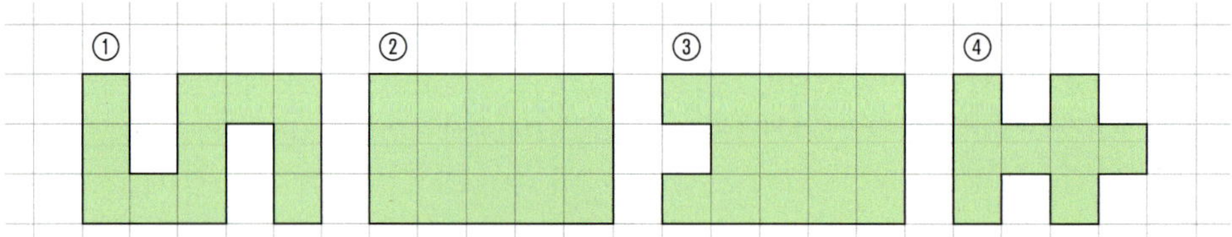

a) Welche der Figuren hat den größten Umfang?
b) Welche der Figuren hat den kleinsten Umfang?
c) Welche Figuren haben den gleichen Umfang?

3. Rechne in die in Klammern stehende Einheit um.
a) $2\,m^2$ (cm^2) b) $300\,cm^2$ (dm^2) c) 1 ha (m^2) d) $200\,m^2$ (a)

4. Ordne der Größe nach: $20\,dm^2$; $50\,000\,mm^2$; $1\,m^2$; $4000\,cm^2$; $300\,dm^2$

5. Berechne den Flächeninhalt und den Umfang des Rechtecks mit den Seitenlängen a und b.
a) $a = 4\,cm$; $b = 12\,cm$ b) $a = b = 9\,mm$ c) $a = 2\,m$; $b = 150\,cm$

6. Übertrage die Tabelle in dein Heft und berechne jeweils die fehlenden Größen für ein Rechteck mit folgenden Maßen.

	a)	b)	c)	d)
Breite	3 m		2 cm	
Länge	5 m	4 cm		5 dm
Flächeninhalt A		$16\,cm^2$		$1000\,cm^2$
Umfang u			120 mm	

7. Zeichne zwei verschiedene Rechtecke mit einem Flächeninhalt von $6\,cm^2$. Gib den Umfang jedes dieser Rechtecke an.

8. Prüfe, ob die Größe der Fläche stimmen kann.
a) Niedersachsen $81\,000\,000\,m^2$
b) Tischplatte $700\,000\,mm^2$
c) Ein-Zimmer-Wohnung $40\,000\,cm^2$
d) Fußballfeld 63 a

Grundwissen ↗ S. 14 Lösungen ↗ S. 129

9. Wie verändert sich
   a) der Umfang eines Rechtecks, wenn alle Seitenlängen des Rechtecks um 3 cm verlängert werden? Begründe.
   b) der Flächeninhalt eines Quadrats, wenn alle Seitenlängen verdoppelt werden? Begründe.

10. a) Berechne den Flächeninhalt des Gebäudegrundrisses. Die Maße sind in Meter angegeben.

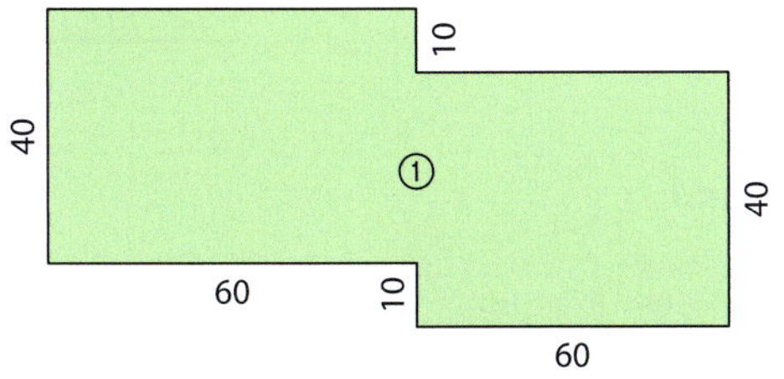

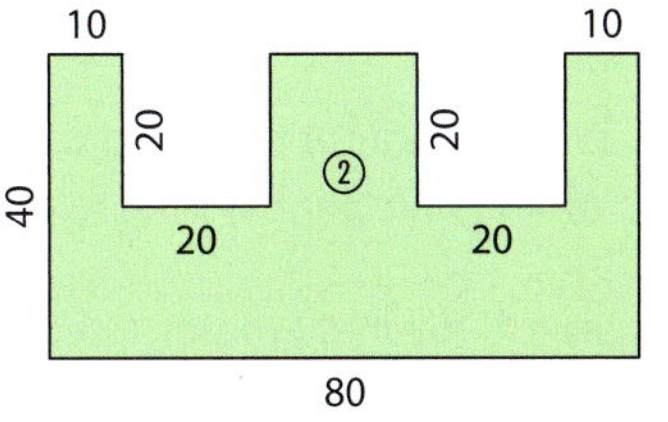

   b) Welcher Grundriss hat den größeren Umfang?

11. Familie Knettel möchte im Flur einen Teppichboden auslegen.
   a) Wie viel Quadratmeter Teppich werden benötigt?
   b) Wie viele Meter Fußleisten müssen besorgt werden, wenn jede Tür 80 cm breit ist?
   c) Es wird Teppichboden in 4 m und 5 m Breite angeboten. Welche Stücke würdest du kaufen? Begründe.

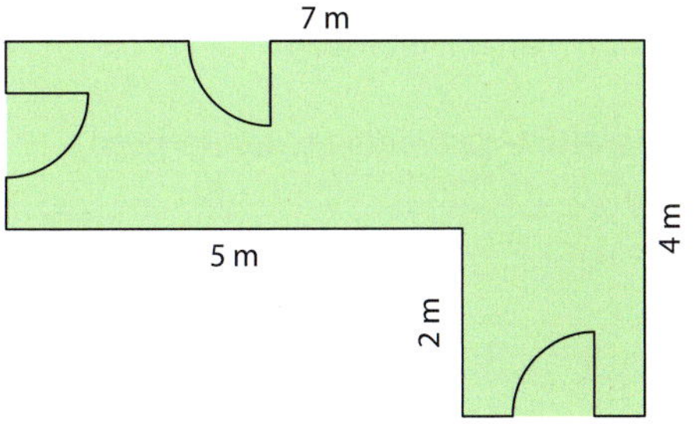

Wiederholungsaufgaben

1. Berechne im Kopf.
   a) 590 – 240 b) 395 – 85 c) 999 : 9 d) 20 + 55 · 4

2. a) Zeichne ein Quadrat.
   b) Zeichne ein Trapez, das keine Raute ist.

3. Wie lang ist eine gerade Linie zwischen A und B?

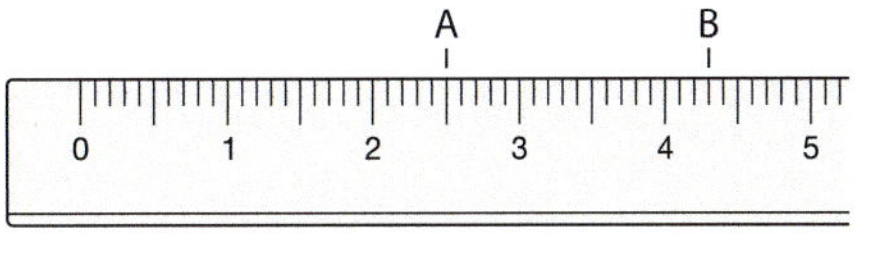

4. Korrigiere die Rechnung.

$$\begin{array}{r} 208 \\ +\ 692 \\ \hline 800 \end{array}$$

5. Schreibe als Zahl: Zweihundertfünfzigtausendsechs.

Volumen und Oberflächeninhalt

1. Vergleiche das Volumen der Körper. Begründe deine Entscheidung.

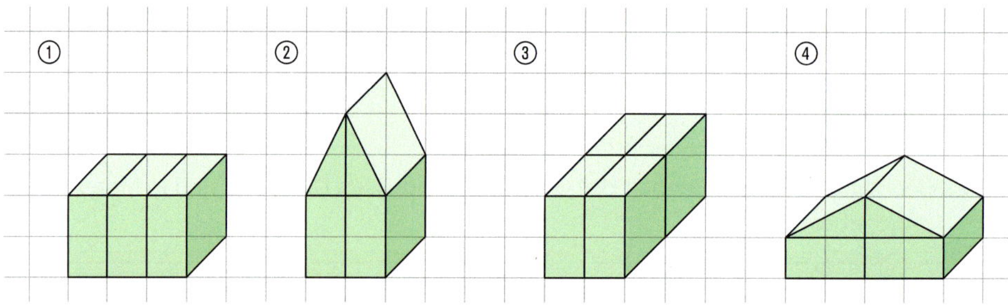

a) Welcher Körper hat das größte Volumen?
b) Welcher Körper hat das kleinste Volumen?

2. Rechne in die in Klammern stehende Volumeneinheit um.

a) $20\,cm^3$ (mm^3)	b) 6 ℓ (cm^3)	c) $15\,000\,dm^3$ (m^3)	d) 3000 mℓ (mm^3)
e) $30\,dm^3$ (mm^3)	f) $6\,m^3$ (cm^3)	g) $15\,000\,dm^3$ (mm^3)	h) $3\,000\,000\,mm^3$ (ℓ)

3. Stell dir eine Riesen-Cola-Dose mit einem Inhalt von 1000 ℓ vor. Wie viele 200-mℓ-Gläser kann man mit ihr füllen?

4. Berechne das Volumen des Körpers.

a)

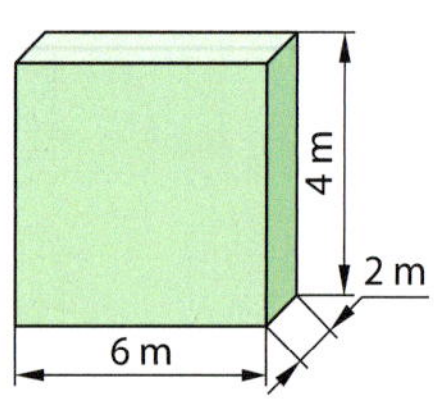

b)

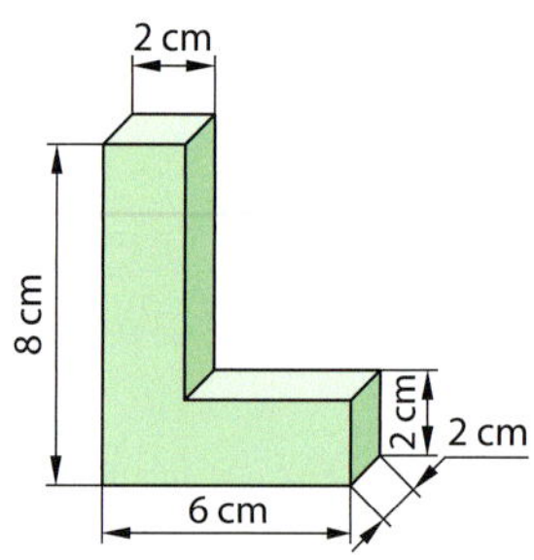

c)

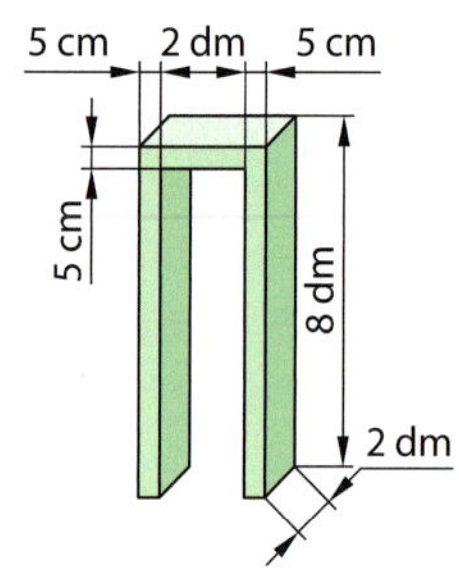

5. Berechne das Volumen und den Oberflächeninhalt des Quaders.

a) $a = 8\,cm$; $b = 4\,cm$; $c = 1\,cm$
b) $a = 5\,cm$; $b = 20\,mm$; $c = 6\,cm$
c) $a = 3\,cm$; $b = 3\,cm$; $c = 15\,cm$
d) $a = b = c = 9\,cm$

6. Ein Quader ist 4 cm lang, 3 cm breit und hat ein Volumen von $132\,cm^3$. Berechne seine Höhe.

7. Bei einem Schulversuch sammelten Schüler auf dem Schulhof auf einer Fläche von 1 m Länge und 1 m Breite Regenwasser. Am ersten Tag haben sich 3 mm Niederschlag gesammelt. Wie viel ℓ Regen sind auf einen m^2 gefallen?

8. Ein quaderförmiger Umzugskarton hat die Kantenlängen $a = 70\,cm$, $b = 30\,cm$ und $c = 60\,cm$.
Josua behauptet: „In den Karton passen mehr als 100 Schulbücher."
Stimmt das? Begründe.

Grundwissen ↗ S. 15 Lösungen ↗ S. 129

9. Die beiden Körper bestehen aus Würfeln mit der Kantenlänge 2 cm.
   a) Bestimme das Volumen und den Oberflächeninhalt des Körpers ①.
   b) Überlege, ohne zu rechnen: Hat Körper ① ein größeres Volumen und einen größeren Oberflächeninhalt als Körper ②? Begründe deine Antwort.

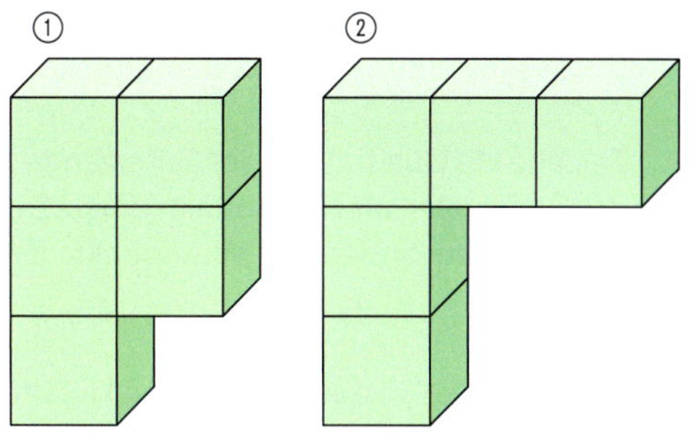

10. Betrachte den zusammengesetzten Körper.
   a) Berechne das Volumen.
   b) Berechne den Oberflächeninhalt.

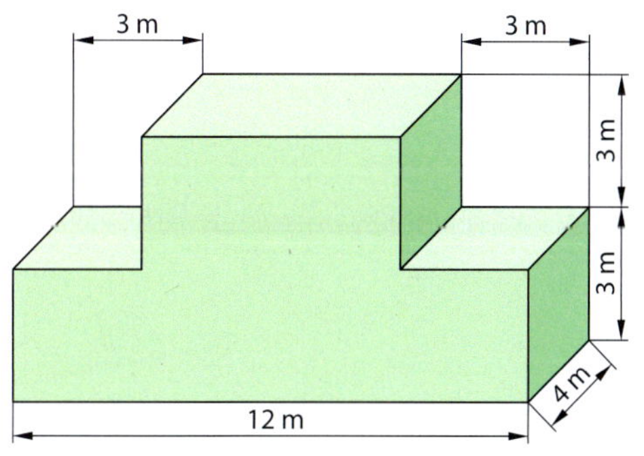

11. Ist die Aussage richtig oder falsch? Begründe.
   a) Das Volumen eines Körpers gibt an, welchen Raum er ausfüllt.
   b) Die Oberfläche eines Würfels ist viermal so groß wie eine seiner Seitenflächen.
   c) Möchte man den Oberflächeninhalt eines Quaders bestimmen, so kann man den Flächeninhalt seines Körpernetzes bestimmen.
   d) Ist ein Quader höher als ein anderer Quader, so ist auch sein Volumen größer.
   e) Haben zwei Quader das gleiche Volumen, so ist auch ihr Oberflächeninhalt gleich.

Wiederholungsaufgaben

1. Berechne schriftlich.
   a) 5188 + 17 069 b) 3120 – 738 c) 653 · 27 d) 1368 : 6

2. Ergänze so, dass die Rechnung stimmt.

```
  5 6 ■
–   ■ ■ 3
  2 4 3
```

3. Schreibe ohne Komma in der nächstkleineren Einheit.
   a) 7,5 m b) 1,4 kg c) 9,25 km d) 22,5 cm

4. Ein Quadrat hat eine Seitenlänge von 6 cm.
   a) Berechne den Flächeninhalt des Quadrats.
   b) Bestimme die Breite eines Rechtecks, welches 4 cm lang ist und den gleichen Flächeninhalt hat wie das Quadrat.

Kreis und Winkel

1. a) Zeichne Kreise mit den Radien 2 cm, 4 cm und 6 cm um denselben Mittelpunkt.
b) Zeichne einen Kreis mit dem Durchmesser 8 cm.

2. Zeichne ein Quadrat mit der Seitenlänge 10 cm. Zeichne zwei Kreise, die den Schnittpunkt der Diagonalen als Mittelpunkt haben. Der eine Kreis soll die Eckpunkte des Quadrats berühren, der andere die Mittelpunkte der Seiten. Gib Radius und Durchmesser beider Kreise an.

3. Gib die Winkel in der Schreibweise mit drei Punkten und mit zwei Schenkeln an.

a)

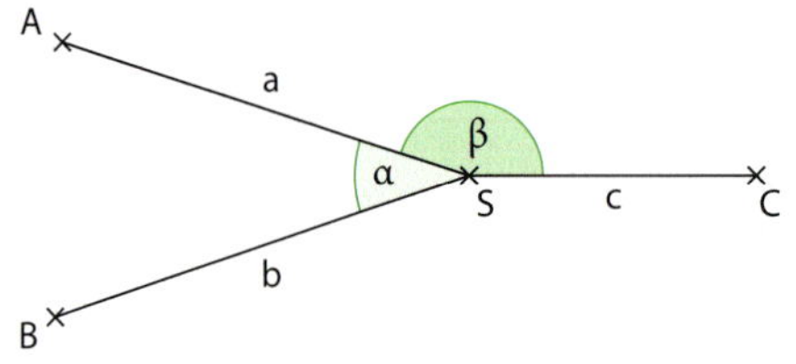

b)

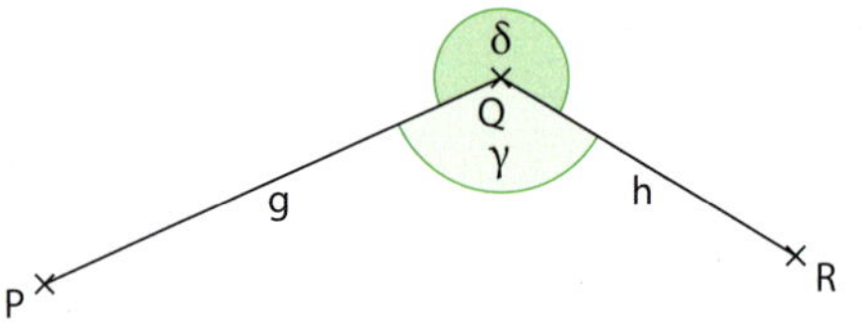

4. a) Gib an, um welche Winkelart es sich jeweils handelt.

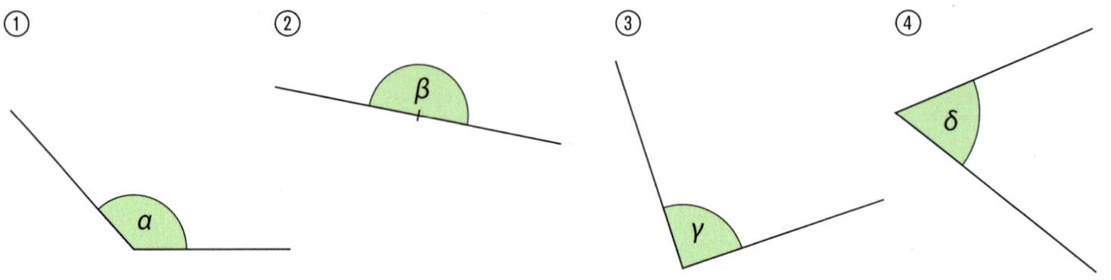

b) Ordne jedem Winkel in a) eine der Winkelgrößen zu. Zwei Winkelgrößen bleiben übrig.

30° | 60° | 90° | 132° | 180° | 225°

5. Miss die Größe der Winkel.

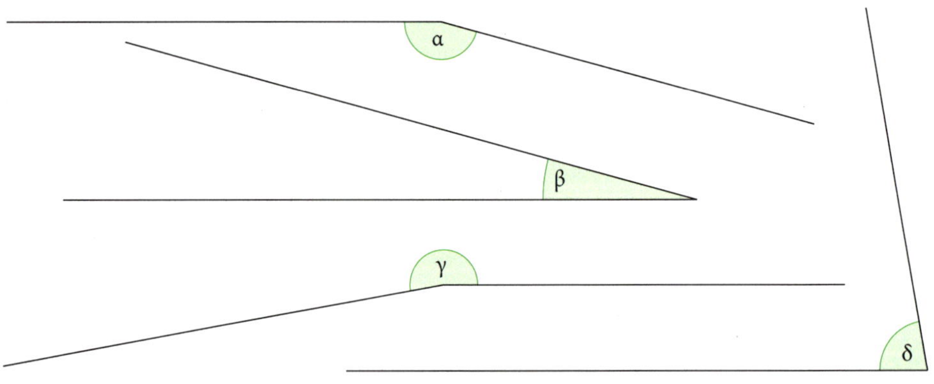

6. Zeichne die folgenden Winkel.
a) $\alpha = 20°$ b) $\beta = 85°$ c) $\gamma = 90°$ d) $\delta = 110°$ e) $\varepsilon = 210°$

7. Zeichne in ein Koordinatensystem mit der Längeneinheit 1 cm die Punkte A(1|1), B(10|1) und C(10|6) und verbinde sie zu einem Dreieck.
a) Miss die Winkel, die im Dreieck liegen.
b) Überprüfe, ob ein Kreis mit dem Radius 2 cm vollständig in das Dreieck passt.

Grundwissen ↗ S. 16 Lösungen ↗ S. 130

8. Berechne die Größe des Winkels α.

a) 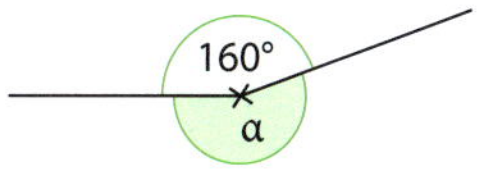

b) 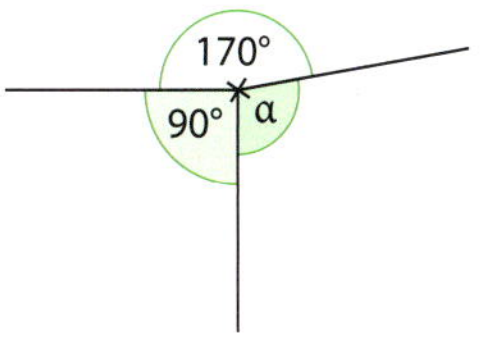

c) 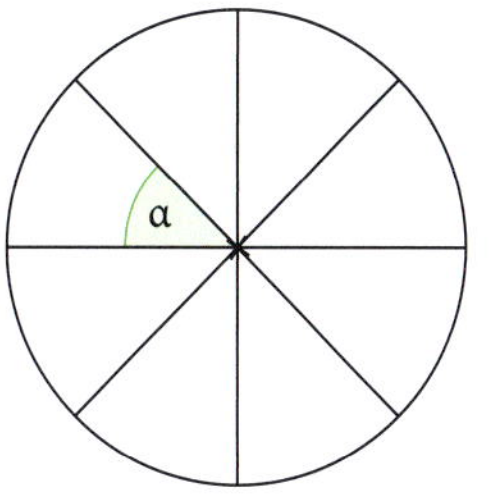

9. An den vier Ecken eines rechteckigen Geländes stehen Mobilfunkantennen. Das Gelände ist 50 km lang und 40 km breit. Die Reichweite jeder Antenne beträgt 35 km, das bedeutet es lassen sich Signale bis zu einer Entfernung von 35 km empfangen.

a) Kann man in jedem Punkt des Geländes Signale von mindestens einer Antenne empfangen? Begründe mit einer maßstäblichen Zeichnung.

b) Nora behauptet: „Es reicht eine Antenne aus, damit überall im Gelände Empfang besteht. Man muss sie nur an einem geeigneten Ort aufstellen." Hat Nora recht? Begründe.

Wiederholungsaufgaben

1. Aus Bausteinen werden Pyramiden gebaut.

a) Aus wie vielen Bausteinen besteht die abgebildete Pyramide?

b) Nach dem gleichen Muster wird eine 7 Steine hohe Pyramide gebaut. Wie viele Steine werden für die neue Pyramide benötigt?

2. In einer Schule findet man den Raum mit der Nummer 1240 im Gebäude 1 in der 2. Etage in Raum 40.

a) Gib in Worten an, wo man Raum 2124 findet.

b) Welche Bezeichnung hat Raum 12, der sich in der 4. Etage von Gebäude 1 befindet?

3. Maria soll in einer Hausaufgabe Rechenvorteile nutzen. Wie kann sie die folgenden Aufgaben ohne Nebenrechnung oder Taschenrechner lösen?

a) $25 \cdot 5 \cdot 15 \cdot 4$ b) $9837 + 8379 + 3 + 60 + 100$ c) $99 \cdot 35$

4. Max und sein Vater haben eine mehrtägige Radtour unternommen. In dem Säulendiagramm hat Max die täglich gefahrenen Kilometer dargestellt.
Wie viele Kilometer haben Max und sein Vater insgesamt ungefähr zurückgelegt?

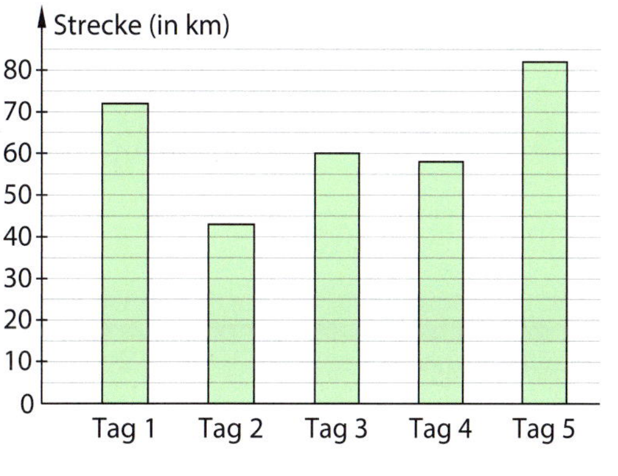

Symmetrie

1. Gib an, ob das Verkehrszeichen achsensymmetrisch ist. Notiere auch die Anzahl der Symmetrieachsen.

a) b) c) d) e)

2. Zeichne die Figur in ein Koordinatensystem und spiegele sie an der Geraden, die durch die Punkte P und Q verläuft.

a) Fünfeck: A(1|0), B(3|0), C(4|3), D(2|5), E(0|3) Gerade: P(5|0), Q(5|6)

b) Viereck: A(2|3), B(5|5), C(2|7), D(1|5) Gerade: P(0|0), Q(6|6)

3. Übertrage die Figur in dein Heft und ergänze sie zu einer achsensymmetrischen Figur.

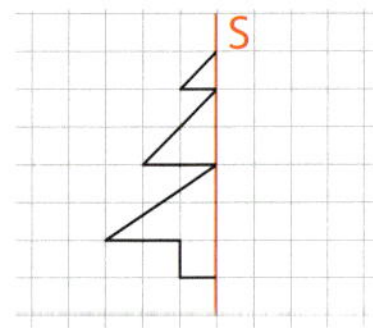

4. Gib an, ob die Figur punktsymmetrisch ist. Wenn ja, zeichne sie in dein Heft und markiere die Lage des Symmetriezentrums.

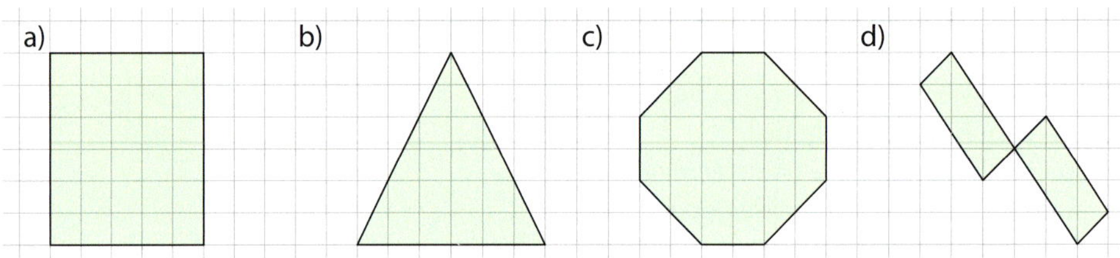

5. Übertrage die Figur in dein Heft und spiegele sie am Punkt Z.

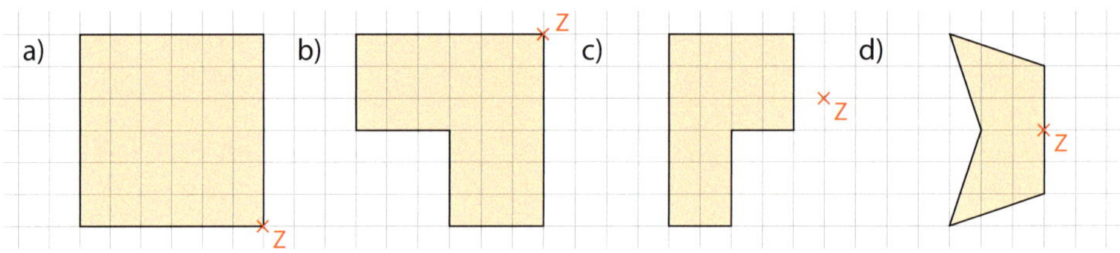

6. Gib an, ob die Figur drehsymmetrisch ist. Wenn ja, notiere mindestens zwei mögliche Drehwinkel.

a) b) c) d) e)

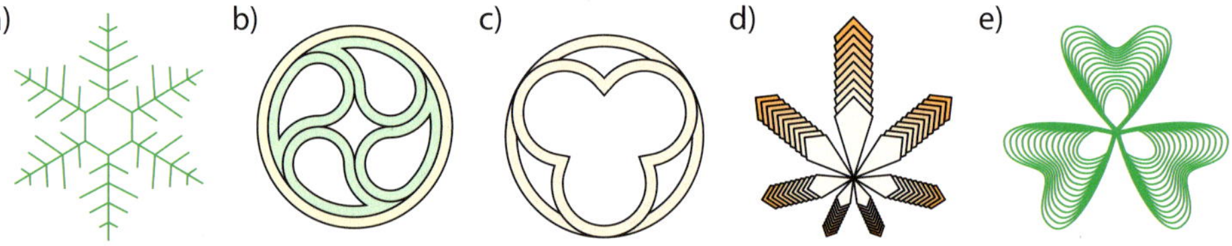

7. Zeichne ein Quadrat ABCD mit der Seitenlänge 4 cm. Drehe es um den Punkt B um den Winkel 45°.

Grundwissen ↗ S. 17 Lösungen ↗ S. 131

8. Gib an, ob die Figur durch eine Achsenspiegelung, eine Punktspiegelung oder eine Drehung entstanden ist.

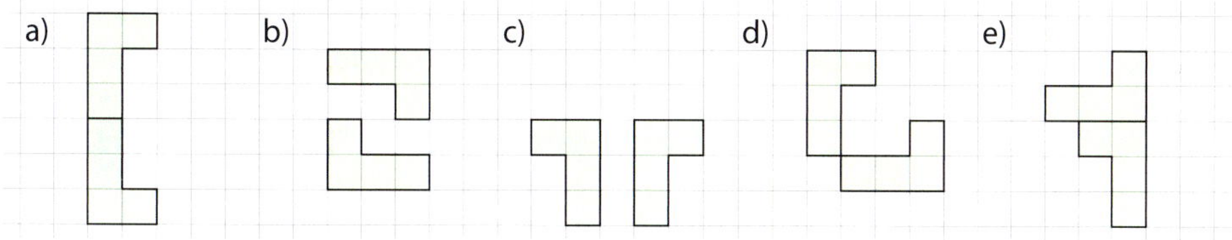

9. Zeichne auf Karopapier eine Figur, die aus vier Kästchen besteht und welche punktsymmetrisch, aber nicht achsensymmetrisch ist.

10. Gib an, ob der Körper ebenensymmetrisch ist. Wenn ja, dann notiere, ob es genau eine oder mindestens zwei Symmetrieebenen gibt.

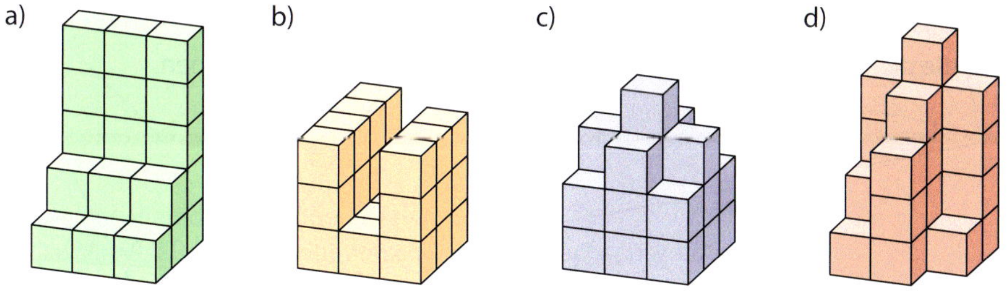

Wiederholungsaufgaben

1. Miss die Länge der Strecke a und die Größe des Winkels α.

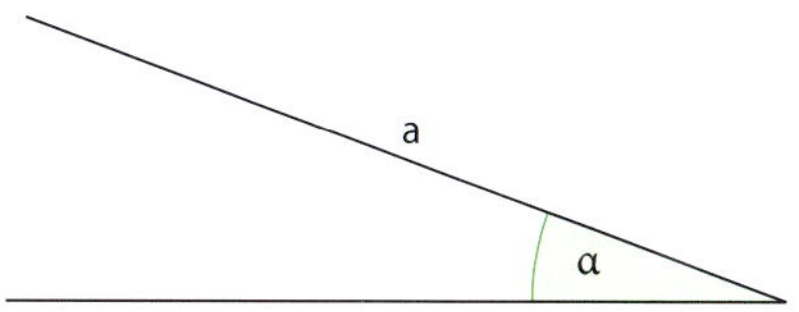

2. Prüfe zunächst durch einen Überschlag, ob die folgenden Rechnungen korrekt ausgeführt wurden, anschließend durch eine schriftliche Rechnung.

a) 8455 + 13 531 = 26 986 b) 14 476 : 22 = 656 c) 515 782 – 471 623 = 44 159

3. Stelle dir vor: Die Form der abgebildeten Gebäude soll mit Bauklötzen nachgebaut werden. Die Bauklötze sind Quader, Pyramiden sowie Dreiecksprismen. Übertrage die Tabelle in dein Heft und kreuze alle Körper an, die du jeweils verwenden würdest.

Körper			
Quader			
Pyramide			
Dreiecksprisma			

Kongruente Figuren

1. Ermittle, welche der abgebildeten Figuren zueinander kongruent sind. Begründe deine Antwort.

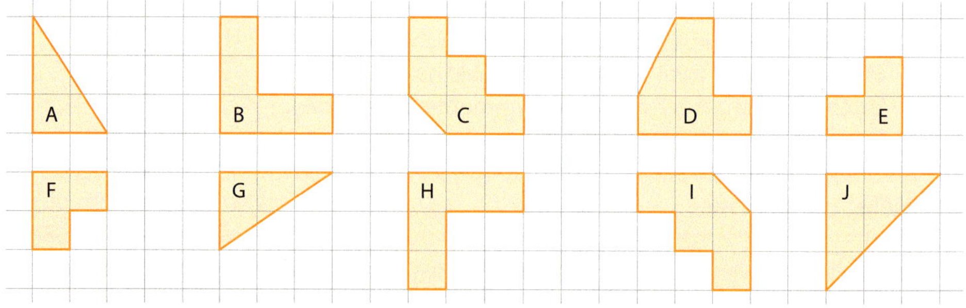

2. Übertrage die abgebildete Figur ins Heft. Skizziere mindestens zwei Möglichkeiten, wie man die Figur in vier zueinander kongruente Teilfiguren zerlegen kann.

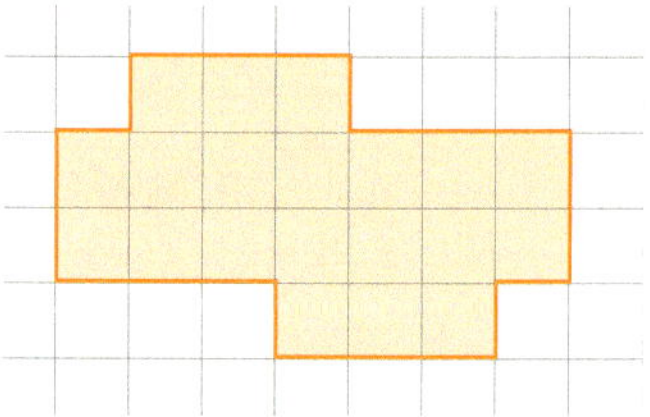

3. Übertrage die Dreiecke in dein Heft. Untersuche mithilfe von Kongruenzsätzen, welche der Dreiecke zueinander kongruent sind. Beschreibe, wie du vorgegangen bist.

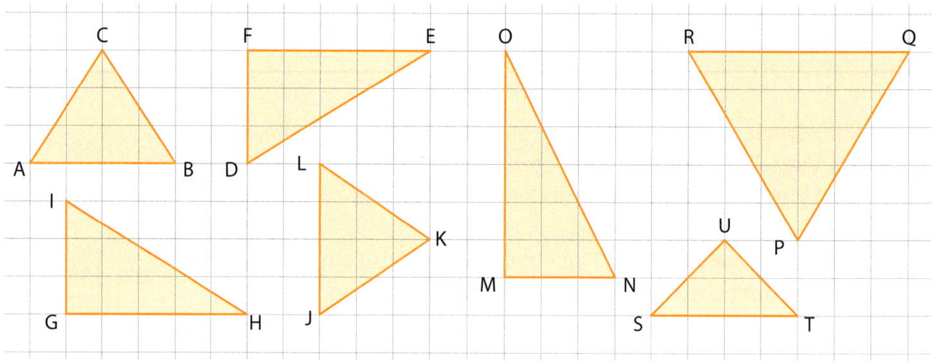

4. Prüfe, ob die Dreiecke ABC und DEF zueinander kongruent sind. Begründe die Antwort.

a) $a = 6\,\text{cm};\ \gamma = 80°;\ \beta = 38°$ und $e = 6\,\text{cm};\ \delta = 80°;\ \varphi = 38°$

b) $c = 8\,\text{cm};\ \alpha = 40°;\ a = 6\,\text{cm}$ und $f = 6\,\text{cm};\ \varphi = 40°;\ d = 6\,\text{cm}$

c) $c = 1{,}2\,\text{cm};\ \alpha = 49°;\ \beta = 91°$ und $d = 1{,}2\,\text{cm};\ \varepsilon = 91°;\ \varphi = 49°$

5. Welche der abgebildeten Dreiecke sind zueinander kongruent? Begründe deine Antwort.

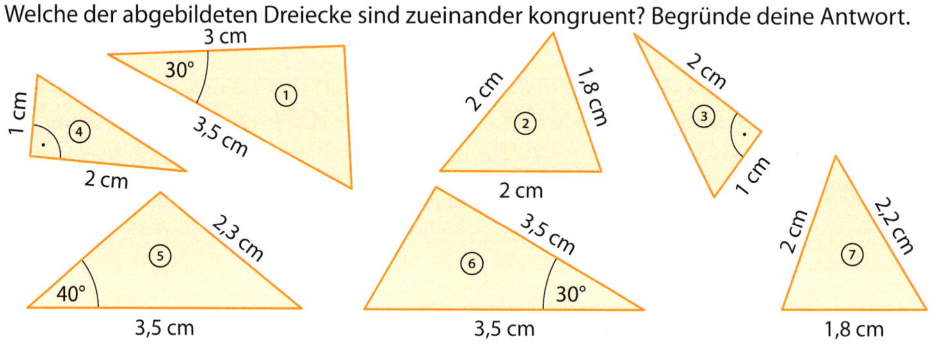

6. Konstruiere ein Dreieck ABC. Beschreibe die Konstruktionsschritte.

a) $a = b = c = 3{,}5\,\text{cm}$ b) $a = 5{,}3\,\text{cm};\ c = 6{,}5\,\text{cm};\ \beta = 38°$

c) $b = 4{,}6\,\text{cm};\ c = 3{,}8\,\text{cm};\ \beta = 110°$ d) $b = 4{,}5\,\text{cm};\ \alpha = 65°;\ \beta = 80°$

7. a) Konstruiere ein Dreieck mit $b = 7\,\text{cm}$, $c = 4\,\text{cm}$ und $\gamma = 30°$.

b) Sind die Dreiecke mit den folgenden Angaben konstruierbar (eindeutig konstruierbar)? Begründe deine Antwort.

① $a = 5{,}2\,\text{cm},\ c = 7{,}1\,\text{cm},\ \gamma = 41°$ ② $c = 5{,}1\,\text{cm},\ b = 6{,}7\,\text{cm},\ \gamma = 42°$

③ $a = 5\,\text{cm},\ c = 7\,\text{cm},\ \alpha = 62°$ ④ $a = 3\,\text{cm},\ b = 3\,\text{cm},\ \gamma = 90°$

8. Konstruiere Dreiecke aus den gegebenen Größen. Übertrage die Tabelle in dein Heft und ergänze fehlende Angaben.

	a	b	c	α	β	γ
a)	3,6 cm	5,2 cm	6,4 cm			
b)		5 cm	7 cm			57°
c)		5,2 cm	6,4 cm	34°		

9. An einer Straße, die einen Berg hinaufführt, steht ein Warnschild, das eine Steigung von 15 % ausweist. Das bedeutet, dass auf einer horizontal gemessenen Strecke von 100 m ein Höhenunterschied von 15 m besteht. Man kann sich die Situation als ein Dreieck ABC im „Querschnitt" des Bergs vorstellen. Ermittle zeichnerisch, welche Entfernung ein Fahrzeug ungefähr zurücklegt, wenn es von A nach C fährt.

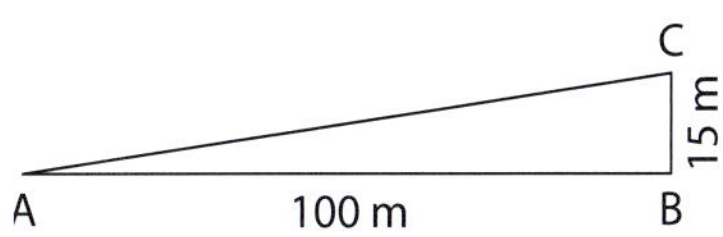

Tipp zu 9:
Übertrage das Dreieck in einem geeigneten Maßstab ins Heft.

Wiederholungsaufgaben

1. Rechne möglichst im Kopf.

a) $\left(\frac{1}{2} + \frac{3}{4}\right) : 2$ b) $0{,}9 \cdot 2 - 0{,}7$ c) $3 - \left(0{,}4 + \frac{1}{6}\right)$ d) $\frac{25}{100} + \frac{1}{2} - 0{,}3$

2. Schreibe die Zahl in Ziffern: neunundsiebzigtausendfünfhundertunddrei

3. Löse die Gleichung.

a) $4 \cdot x - 5 = 11$ b) $1 + 3 \cdot x = 4 + 2 \cdot x$ c) $\frac{x}{2} - 3 = 1$

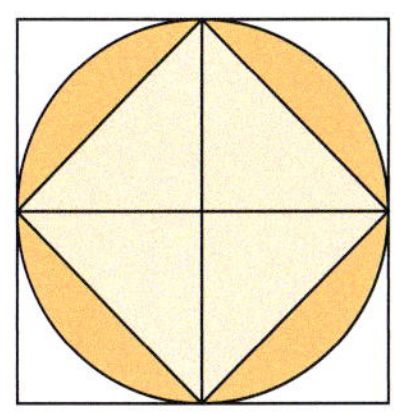

4. Übertrage die nebenstehende Zeichnung mithilfe von Zirkel und Geodreieck in dein Heft. Verwende für das äußere Quadrat eine Seitenlänge von 6 cm.

5. In der Abbildung rechts siehst du eine Tankuhr.

a) Welcher Anteil des Tanks ist gefüllt?

b) Skizziere in deinem Heft eine Tankuhr, die anzeigt, dass der Tank noch zu $\frac{3}{8}$ gefüllt ist.

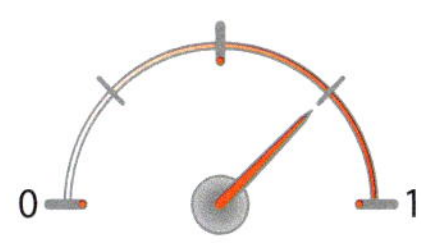

1. Übertrage die Zeichnungen.

a) Konstruiere die Mittelsenkrechte.

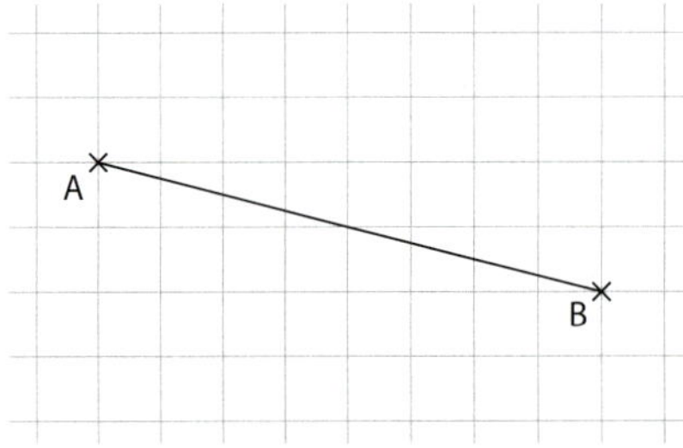

b) Konstruiere die Winkelhalbierende.

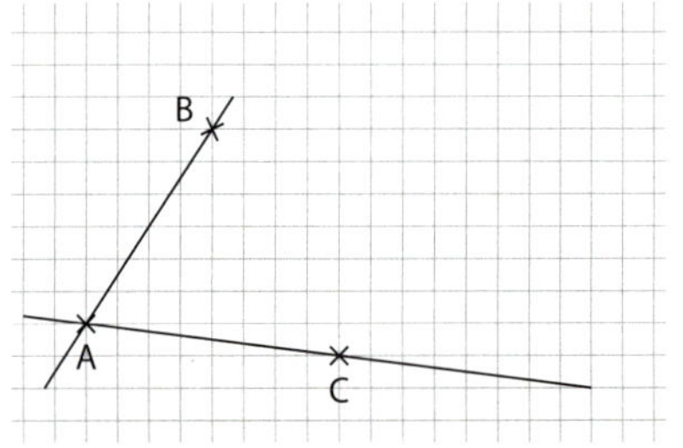

2. Auf einem Wandertag veranstaltet die Klasse 7 c eine Schatzsuche. Der Schatz soll sich 30 m entfernt von einer Weggabelung in gleichem Abstand zu beiden Wegen befinden. Fertige eine Zeichnung in passendem Maßstab an und markiere den Fundort genau.

3. Übertrage das Dreieck im Maßstab 2 : 1 zweimal in dein Heft und konstruiere die drei Mittelsenkrechten der drei Dreiecksseiten sowie die drei Winkelhalbierenden der drei Winkel im Innern des Dreiecks. Notiere die Koordinaten des Schnittpunktes sowohl für die Mittelsenkrechten als auch für die Winkelhalbierenden, wenn der Ursprung des Koordinatensystems der Punkt A ist.

a)

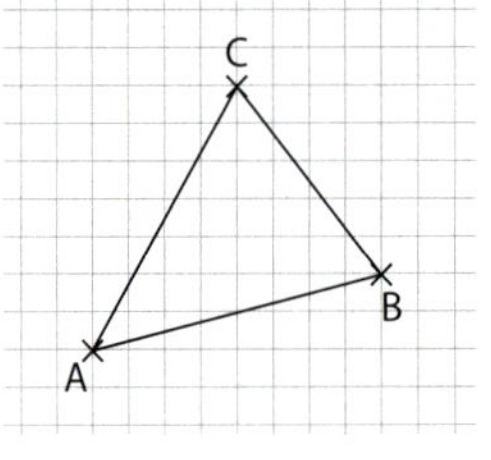

b)

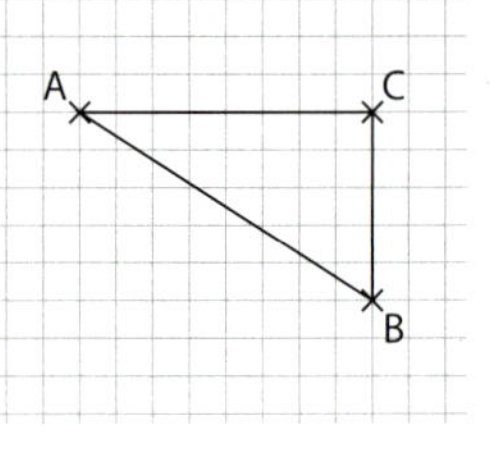

c)

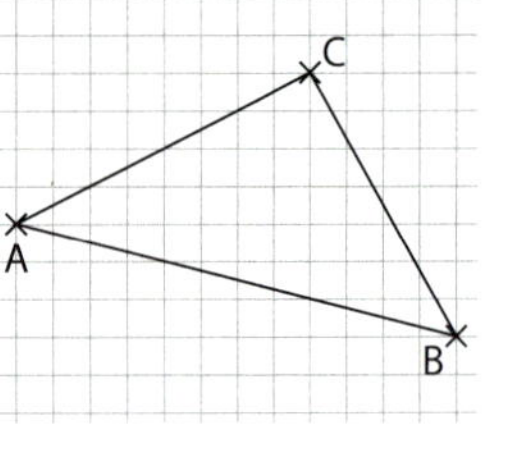

4. Zeichne in einem Koordinatensystem sowohl den Kreis mit dem Mittelpunkt M (0|0) und dem Radius r = 5 cm als auch den Punkt P (5|5). Zeichne durch P eine Sekante des Kreises und eine Tangente an den Kreis.

5. Zeichne einen Kreis k mit einem Radius r = 4 cm um einen Punkt M und benenne einen Punkt dieses Kreises mit P.

a) Zeichne drei unterschiedliche Sehnen, die den Punkt P gemeinsam haben.

b) Prüfe, ob es unter solchen Sehnen wie bei a) auch eine längste (eine kürzeste) Sehne gibt und zeichne solche Sehnen, wenn das so ist.

c) Zeichne eine Sehne des Kreises, die halb so lang wie der Durchmesser des Kreises ist.

6. Zeichne einen Punkt P auf einem Kreis mit dem Radius r = 3,5 cm.

a) Konstruiere in P die Tangente an den Kreis.

b) Konstruiere eine weitere Kreistangente, die parallel zur ersten Tangente ist und beschreibe dein Vorgehen.

c) Konstruiere eine weitere Kreistangente, die senkrecht zur ersten Tangente ist und beschreibe dein Vorgehen.

Grundwissen ↗ S. 20 Lösungen ↗ S. 134

7. Gegeben sind zwei Punkte A und B. Zeichne Kreise mit $\overline{AB}$ als Sehne.
a) Beschreibe, wo die Mittelpunkte der Kreise liegen.
b) Prüfe, ob es unter diesen Kreisen einen kleinsten und einen größten Kreis gibt.

8. Zeichne das Dreieck ABC in einem Koordinatensystem und ermittle die Koordinaten des Schwerpunktes vom Dreieck ABC konstruktiv.
a) A(0|0), B(6|0), C(0|6) b) A(0|3), B(9|0), C(6|6) c) A(3|1), B(8|2), C(1|6)

9. Ordne die folgenden Wortgruppen in deinem Heft zum Thalessatz:

Werden die | rechtwinkliges | Kreis | Kreisdurchmesser | von einem

verbunden, erhält man immer ein | Punkt | auf dem entsprechenden

Endpunkte | mit einem beliebigen | Dreieck

10. Konstruiere mithilfe des Thaleskreises ein rechtwinkliges Dreieck, dessen längste Seite 5 cm beträgt. Eine der beiden anderen Seiten des Dreiecks ist 4 cm lang. Gib auch die Länge der dritten Seite des Dreiecks an.

11. Berechne die fehlenden Winkelmaße.

a)
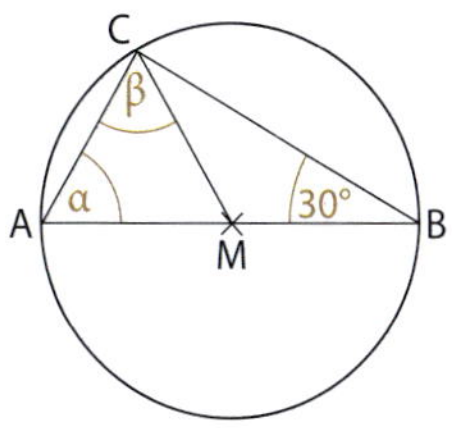

b)
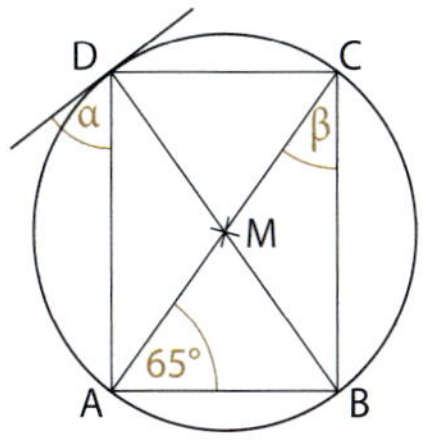

c)
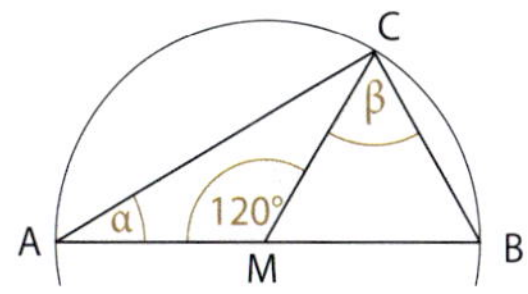

Wiederholungsaufgaben

1. a) Skizziere: ① ein Rechteck ② ein Quadrat ③ ein Dreieck mit 3 gleich langen Seiten
b) Können die Figuren aus a) sowohl punkt- als auch achsensymmetrisch sein? Begründe.

2. Gib das Ergebnis in der in Klammer stehenden Maßeinheit an.
a) Ein Viertel von 1 m. (in Zentimeter) b) Das Achtfache von 400 g. (in Kilogramm)
c) Ein Drittel eines Tages. (in Stunden) d) Das Zwölffache von 70 Cent. (in Euro)

3. Ein Sponsor spendet 100 € und zusätzlich für jeden gelaufenen Kilometer 50 Cent. Stelle eine Formel für den „erlaufenen Geldbetrag" auf, wenn x die gelaufenen Kilometer sind.

4. Im Diagramm siehst du das Ergebnis einer Umfrage. Jeder Befragte konnte genau eine Kategorie auswählen. Bestimme anhand des Diagramms, wie viele Personen insgesamt geantwortet haben.

Flächeninhalt und Volumen

1. Berechne die fehlende Größe eines Dreiecks mit der Grundseite g und der Höhe h.

	a)	b)	c)	d)
Grundseite g	3 cm	4 m	8 cm	
Höhe h_g	6 cm	2,5 m		30 mm
Flächeninhalt A			12 cm²	24 cm²

2. Berechne den Flächeninhalt des Dreiecks. Miss benötigte Längen mit dem Geodreieck.

a)

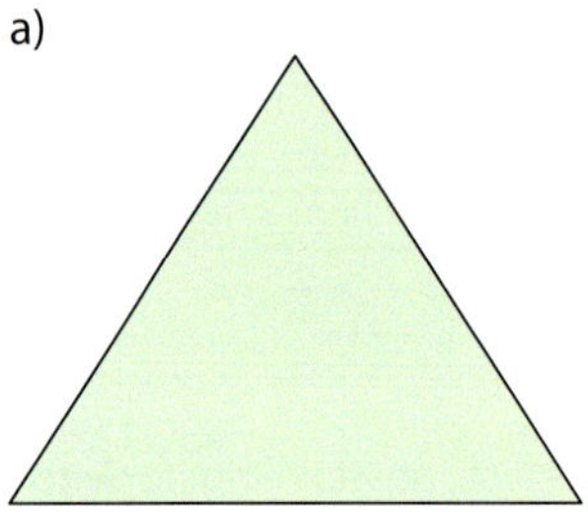

b)

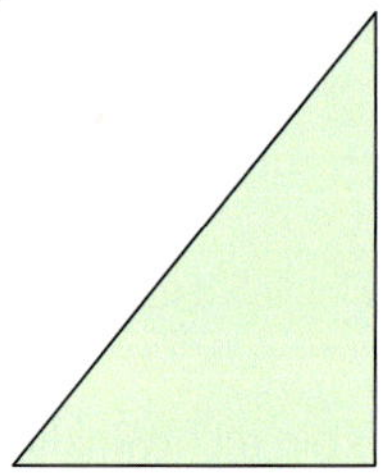

c)

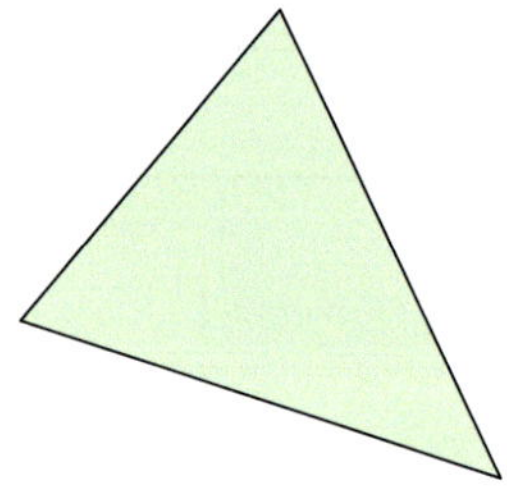

3. Ein Dreieck hat eine Grundseite g = 4 cm und eine zugehörige Höhe h = 6 cm.

a) Gib die Breite b eines flächengleichen Rechtecks an, dessen Länge a = 4 cm beträgt.

b) Gib die Höhe eines flächengleichen Parallelogramms mit einer Grundseite a = 4 cm.

c) Gib die Höhe eines flächengleichen Trapezes mit den zueinander parallelen Seiten a = 2 cm und c = 4 cm an.

4. Berechne die fehlende Größe eines Parallelogramms mit der Grundseite g und der Höhe h.

	a)	b)	c)	d)
Grundseite g	5 cm	4 m		90 mm
Höhe h	3 cm	2,4 m	25 cm	
Flächeninhalt A			625 cm²	72 cm²

5. Berechne den Flächeninhalt mit den Angaben in der Abbildung.

a) Querschnitt einer Eisenbahntrasse

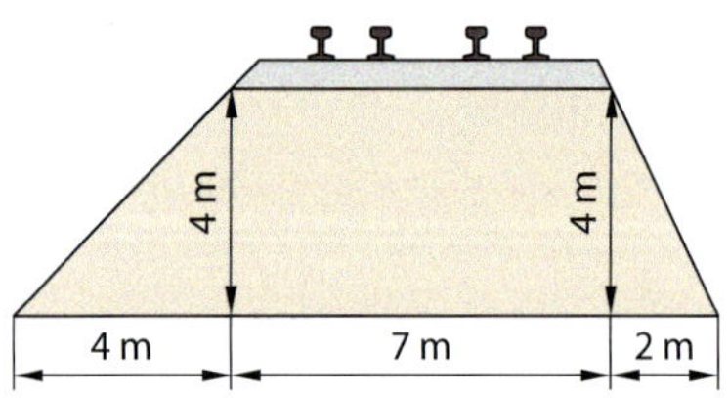

b) Größe der Dachfläche

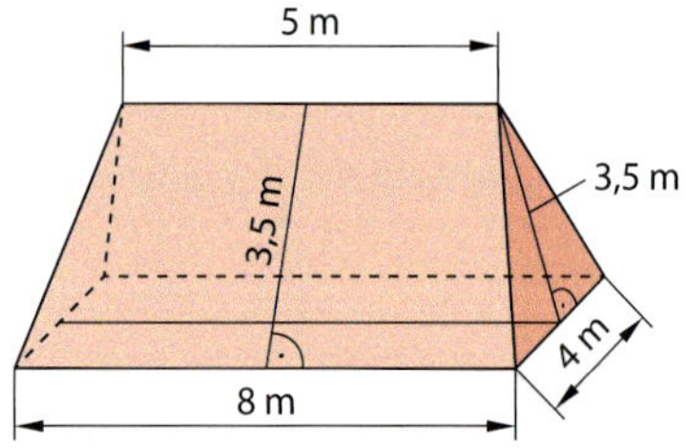

6. Die Rückwand des Hauses von Familie Schulz soll einen neuen Anstrich erhalten. Wie viele Eimer Farbe muss Frau Schulz im Baumarkt kaufen, wenn ein Eimer Farbe für 35 m² reicht und der Anstrich zweimal erfolgen soll?

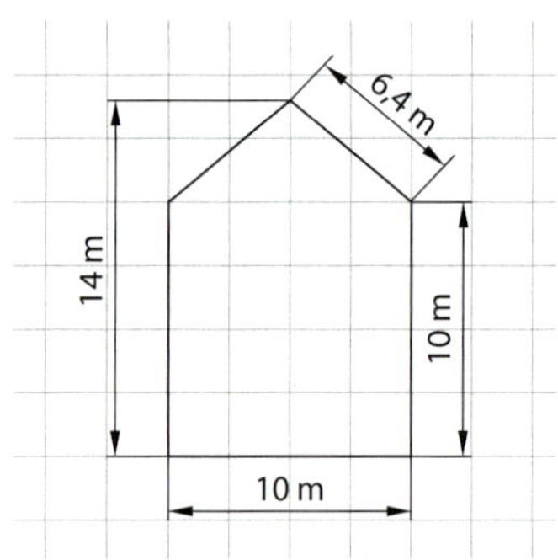

Grundwissen ↗ S. 21 Lösungen ↗ S. 136

7. Welche der Körper sind Prismen? Begründe.

a)

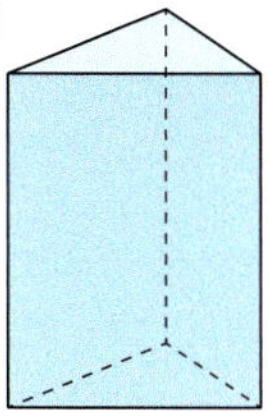

b)

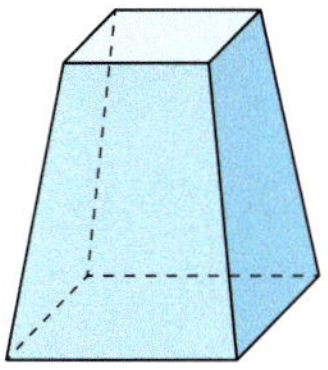

c)

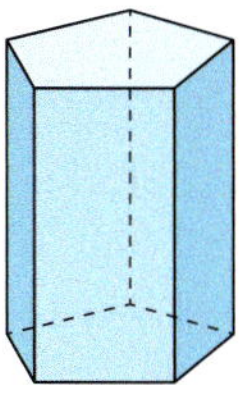

d)

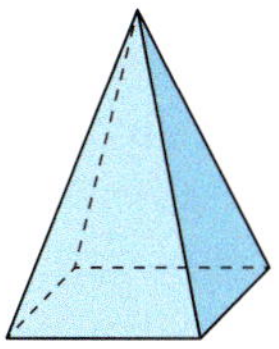

e)

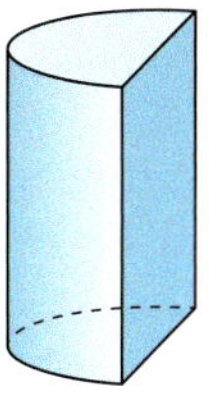

8. Zeichne ein Netz des Prismas mit der Höhe h. Die Grundfläche ist ein Dreieck mit den Seitenlängen a, b und c. Berechne dann den Oberflächeninhalt.
   a) a = 3 cm; b = 5 cm; c = 6 cm; h = 5 cm
   b) a = 2 cm; b = 7 cm; c = 8 cm; h = 4 cm

9. Zeichne ein Netz des Prismas und berechne den Oberflächeninhalt (alle Maße in cm).

a)

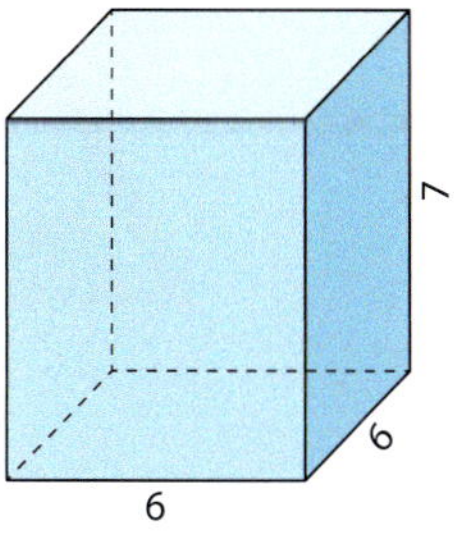

b)

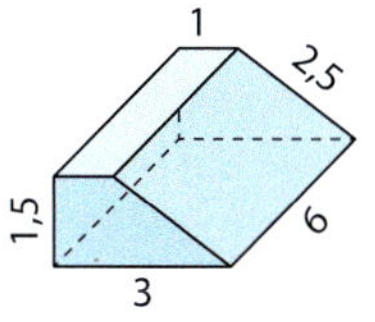

c)

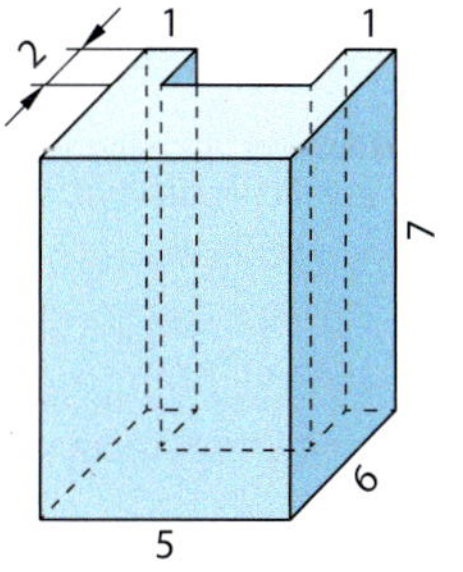

10. Berechne das Volumen des Prismas (alle Maße in cm).

a)

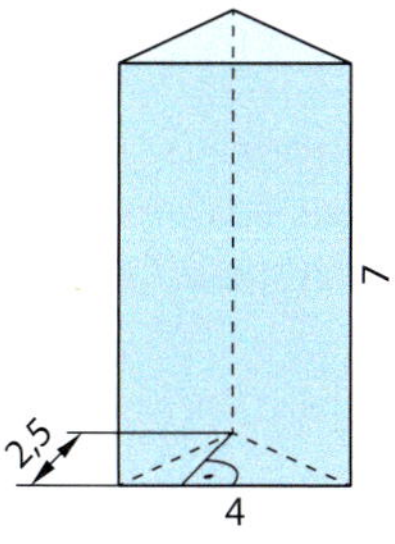

b)

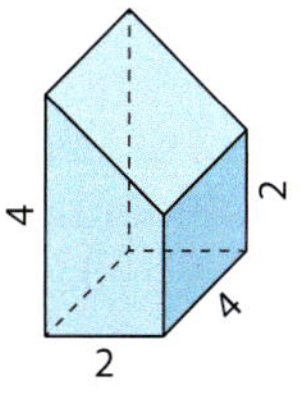

c)

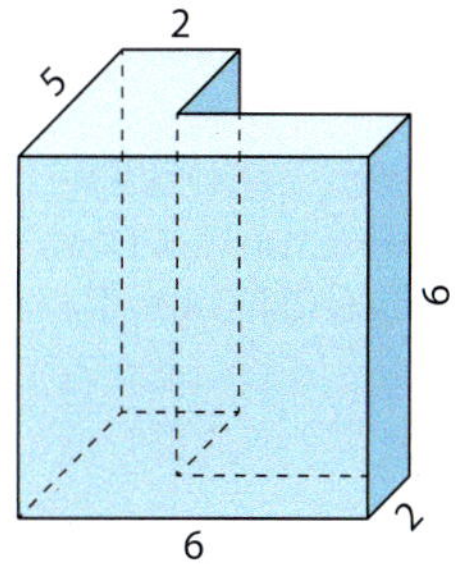

Wiederholungsaufgaben

1. Konstruiere ein Dreieck mit den Maßen a = 2,5 cm, b = 4 cm und $\gamma = 80°$. Miss anschließend die Größe der anderen Winkel sowie der Seite c.

2. Runde die Zahlen auf die vorgegebene Rundungsstelle.
   a) Zehner: 2324
   b) Hundertstel: 3,999
   c) Zehntel: 23,867

3. Die Schüler der Klasse 8b haben getestet, wie gut sie eine Minute schätzen können.

geschätzte Zeit in s	51	53	54	56	57	58	59	60	61	63	64	65
Anzahl	1	3	1	2	4	3	3	2	1	4	1	2

Bestimme den Mittelwert und die Spannnweite der Schätzung.

Grundwissen ↗ S. 21 Lösungen ↗ S. 136

Satzgruppe des Pythagoras

1. Frau Meier ist Schreinerin. Wenn sie einen rechteckigen Holzrahmen baut, braucht sie keinen Winkelmesser, um zu überprüfen, ob sie gründlich gearbeitet hat. Beschreibe, wie Frau Meier vorgehen kann, wenn ihr nur ein Maßband zur Verfügung steht.

2. Berechne die dritte Seitenlänge des Dreiecks.

a) $a = 8\,cm$, $b = 6\,cm$, $\gamma = 90°$
b) $a = 288\,mm$, $c = 34\,mm$, $\alpha = 90°$
c) $a = 5\,cm$, $b = 3{,}2\,cm$, $\alpha = 90°$
d) $a = 4\,dm$, $c = 3{,}5\,dm$, $\beta = 90°$
e) $a = 6{,}9\,cm$, $b = 4{,}1\,cm$, $\alpha = 90°$
f) $a = 10{,}05\,cm$, $c = 10{,}05\,cm$, $\beta = 90°$

3. Ein rechteckiger Sportplatz ist 100 m lang und 50 m breit. Luca und Jan machen ein Wettrennen von einer Eckfahne bis zu der schräg gegenüberliegenden Eckfahne. Luca läuft über die Diagonale. Jan läuft an den Außenlinien entlang.

a) Ermittle, wie lang die Strecken sind, die Luca und Jan jeweils laufen.
b) Angenommen, beide laufen mit einer Geschwindigkeit von 20 km/h. Berechne, wie weit Jan noch vom Ziel entfernt ist, wenn Luca ankommt.

4. Hat eine Straße eine Steigung von 20 %, so bedeutet dies, dass die Höhe pro 100 m in waagerechter Richtung um 20 m zunimmt.

a) Ermittle die Länge einer Straße mit einer Steigung von 10 %, die einen Höhenunterschied von 300 m überwindet.
b) Gib die Steigung einer Straße an, die auf einer Strecke von 2 km einen Höhenunterschied von 180 m überwindet, und berechne, wie lang die Straße mindestens wäre.

5. Welche der Dreiecke sind rechtwinklig? Begründe. Gib den rechten Winkel an.

a) $a = 8\,cm$, $b = 15\,cm$, $c = 17\,cm$
b) $a = 2\,cm$, $b = 5\,cm$, $c = 1\,cm$
c) $a = 13\,dm$, $b = 85\,dm$, $c = 84\,dm$
d) $a = 3{,}8\,m$, $b = 4{,}5\,m$, $c = 5{,}89\,dm$
e) $a = 4{,}1\,cm$, $b = 5{,}7\,cm$, $c = 53{,}4\,cm$
f) $a = 0{,}5\,m$, $b = 0{,}7\,m$, $c = 0{,}29\,m$

6. Kathi benutzt eine dynamische Geometrie-Software, um ein rechtwinkliges Dreieck zu konstruieren. Dazu schiebt sie den Punkt C so lange hin und her, bis sie den Eindruck hat, dass das Dreieck rechtwinklig ist. Überprüfe Kathis Lösung und korrigiere, falls nötig, indem du ein passendes Dreieck in dein Heft zeichnest.

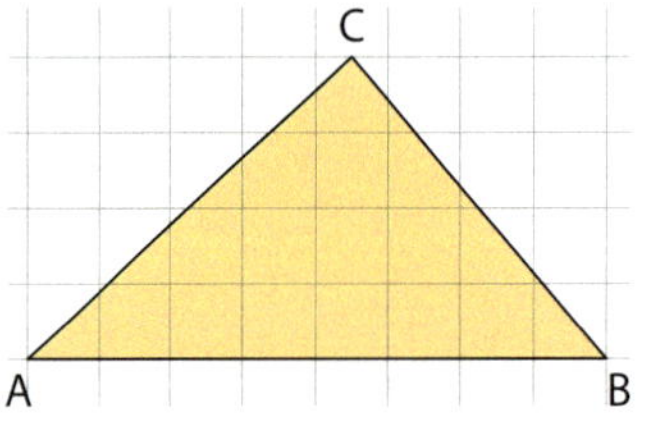

7. Übertrage die Tabelle in dein Heft und ergänze die fehlenden Größen. Begründe, welche der Dreiecke ABC rechtwinklig sind und welche nicht.

	a	b	c	α	β	γ
a)	3 cm	4 cm	5 cm		53,13°	
b)	4 cm		3 cm	53,13°		36,87°
c)	2 cm	3 cm	4 cm	34°	67°	
d)	5 cm			45°		45°
e)	10,15 cm	4,1 cm	6,43 cm	89,94°	41,72°	

Grundwissen ↗ S. 22 Lösungen ↗ S. 137

8. Berechne die Länge der rot markierten Strecke (alle Angaben in cm).

a)

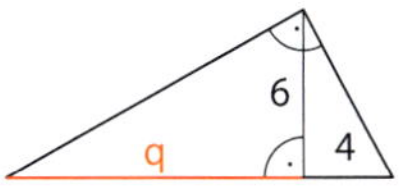

b)

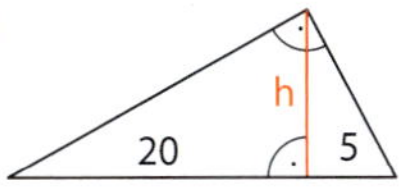

c)

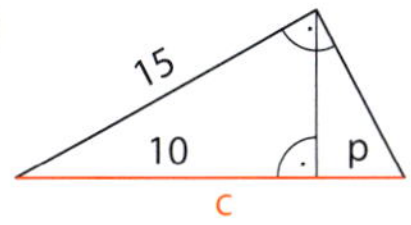

9. Berechne in einem Dreieck ABC mit $\gamma = 90°$ die in Klammern stehenden Längen.
a) $p = 9\,\text{cm}$, $q = 4\,\text{cm}$ (h)
b) $h = 12\,\text{cm}$, $q = 18\,\text{cm}$ (p)
c) $q = 4\,\text{m}$, $h = 4\,\text{m}$ (c, b)
d) $a = 0{,}6\,\text{m}$, $b = 80\,\text{cm}$ (p, q)
e) $a = 0{,}6\,\text{dm}$, $c = 0{,}9\,\text{dm}$ (p, h)
f) $p = 90\,\text{mm}$, $a = 1{,}5\,\text{dm}$ (h)

10. Übertrage die Tabelle in dein Heft und ergänze die fehlenden Größen. Die Angaben beziehen sich auf ein rechtwinkliges Dreieck mit der Hypotenuse c.
Gib jeweils an, welchen Satz du bei der Berechnung verwendet hast.

	a	b	c	p	q	h
a)	4 cm		9 cm			
b)		12 cm			3 cm	
c)				3 cm		5 cm
d)			7,5 cm		3,7 cm	
e)		8 cm				4 cm

Wiederholungsaufgaben

1. Entscheide, ob eine proportionale Zuordnung, eine antiproportionale Zuordnung oder keine von beiden vorliegt.
a) Anzahl der Lastwagen → Anzahl der Fahrten pro Lastwagen beim Abtransport einer großen Schutthalde
b) Gewicht eines Briefes → Porto für einen Brief
c) Volumen von Gläsern → Anzahl der Gläser, die man mit 200 l Saft füllen kann
d) Dauer einer Fernsehsendung → Anzahl der eingeschlafenen Zuschauer
e) Geldbetrag → Anzahl der dafür mindestens benötigten Münzen
f) getankte Benzinmenge in l → Preis für den Tankvorgang

2. Ordne den Graphen rechts ihre Funktionsgleichung zu.
a) $f(x) = 3x - 2$
b) $g(x) = -3x + 2$
c) $h(x) = -3x - 2$
d) $i(x) = 3x + 2$

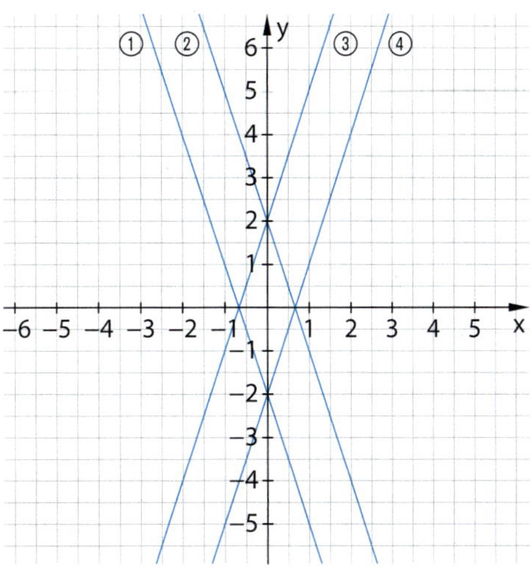

3. Runde 83,04965 auf die angegebene Rundungsstelle.
a) Tausendstel
b) Hundertstel
c) Zehntel

Ähnlichkeit

1. Begründe für die Vielecke 2 bis 5, warum sie ähnlich zu Vieleck 1 sind oder nicht.

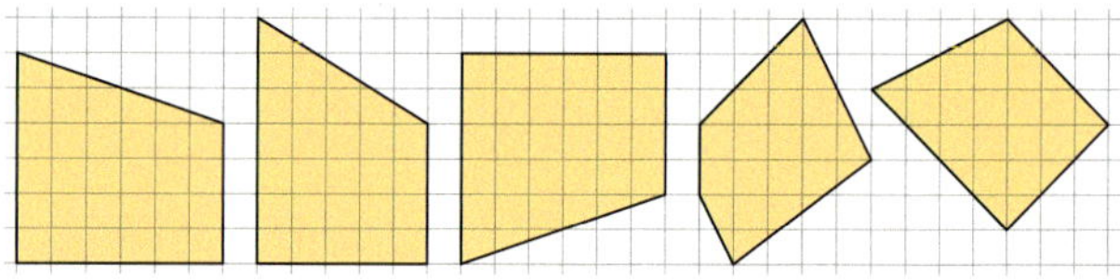

2. Bestimme den Ähnlichkeitsfaktor k und ergänze die begonnenen Figuren in deinem Heft jeweils zu ähnlichen Figuren.

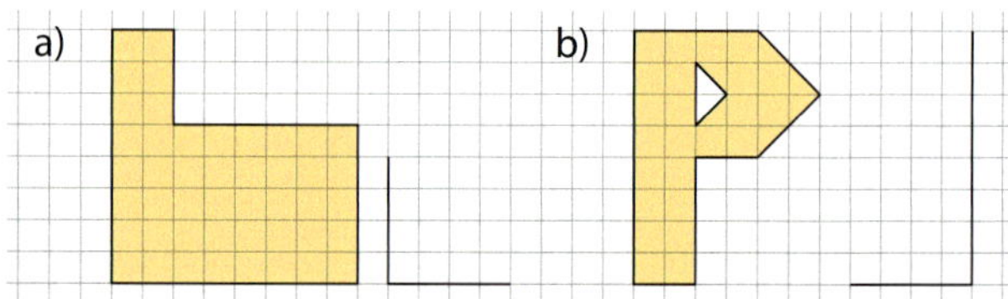

3. Eine moderne Digitalkamera macht Fotos in der Größe 230 mm × 345 mm. Im Fotogeschäft werden zur Nachbestellung der Bilder die üblichen Maße 9 × 13 cm, 10 × 15 cm und 13 × 18 cm angeboten.
   a) Geben die angebotenen Maße das ganze Bild wieder?
   b) Gib, wenn möglich, den Ähnlichkeitsfaktor an.

4. Übertrage die Zeichnung in dein Heft. Überprüfe jeweils, ob die Dreiecke ähnlich sind, gib ggf. an, welche Seiten einander entsprechen, und bestimme den Ähnlichkeitsfaktor.

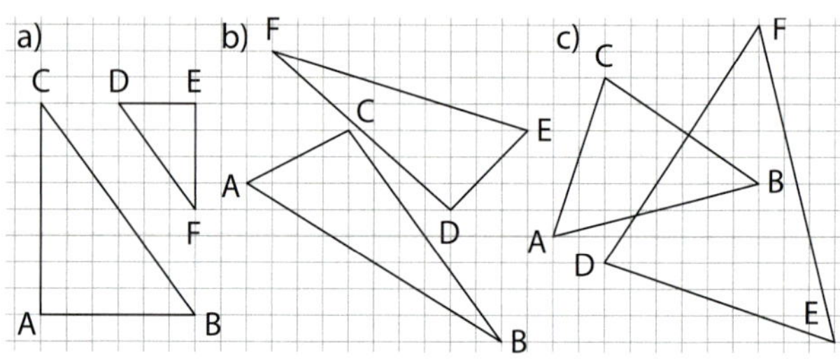

5. Überprüfe anhand der gegebenen Größen, ob die Dreiecke ABC und A'B'C' ähnlich sein können. Gib ggf. an, welche Seiten einander entsprechen, und bestimme den Ähnlichkeitsfaktor.
   a) $a = 3$ cm, $b = 5$ cm, $a' = 4{,}5$, $b' = 7{,}5$ cm b) $\alpha = 65°$, $\beta = 42°$, $\beta' = 42°$, $\gamma' = 73°$
   c) $\alpha = 30°$, $\beta = 52°$, $b = 4$ cm, $\gamma' = 30°$, $\alpha' = 98°$, $b' = 5$ cm, $c' = 6$ cm

6. Prüfe, ob folgende Aussage wahr ist. Begründe deine Aussage.
   a) Zwei gleichseitige Dreiecke sind stets zueinander ähnlich.
   b) Zwei gleichschenklig-rechtwinklige Dreiecke sind stets zueinander ähnlich.

7. Die Geraden g und h sind parallel. Bestimme die gesuchte Streckenlänge aus den angegebenen Streckenlängen mithilfe der Strahlensätze.

a)

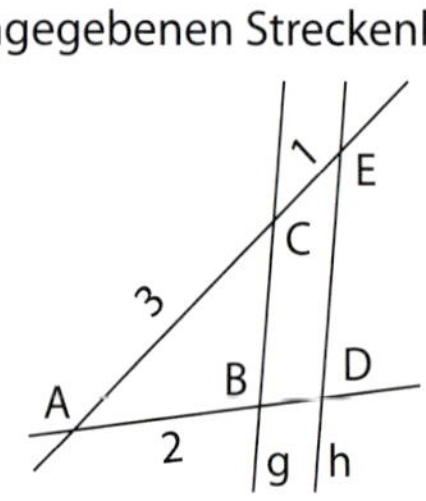

gesucht: $\overline{BD}$

b)

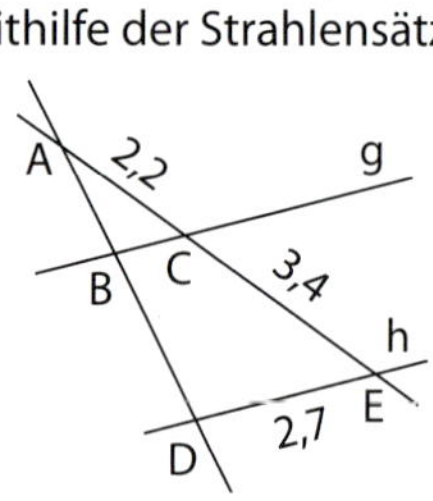

gesucht: $\overline{BC}$

c)

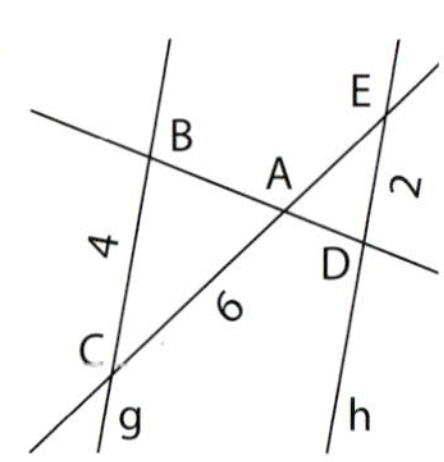

gesucht: $\overline{AE}$

8. Es soll die Breite eines Flusses vom Südufer S zum Nordufer N bestimmt werden. Da eine direkte Messung nicht möglich ist, wird am Südufer ein Dreieck ABC mit Pfählen markiert. Es werden die Seitenlängen $\overline{AC}$, $\overline{BC}$ und zusätzlich die Länge von $\overline{BS}$ gemessen. Berechne die Breite des Flusses.
   a) $\overline{AC} = 1\,m$; $\overline{BC} = 1\,m$; $\overline{BS} = 4\,m$
   b) $\overline{AC} = 11{,}2\,m$; $\overline{BC} = 5{,}7\,m$; $\overline{BS} = 13{,}4\,m$

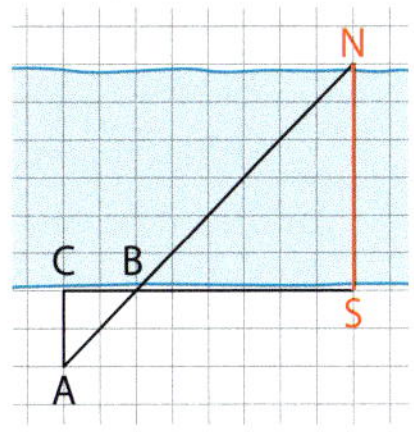

9. Die Klasse 9a experimentiert: Mit Holzlatten verschiedener Längen sollen die Höhen einiger Gebäude berechnet werden. Bestimme jeweils die gesuchte Gebäudehöhe aus den gegebenen Größen zeichnerisch. Wähle einen passenden Maßstab.
   a) Länge Holzlatte: 45 cm; Länge Holzlattenschatten: 50 cm; Länge Gebäudeschatten: 7 m
   b) Länge Holzlatte: 2,5 m; Länge Holzlattenschatten: 2 m; Länge Gebäudeschatten: 27 m

10. Der Eiffelturm in Paris ist 324 m hoch. Im Jahr 2014 stand in Sichtweite des „echten" Turms ein Modell. Eine Kamera wurde so (wie in der Abbildung) positioniert, dass auf dem Foto die Spitze des Modellturms und die Spitze des Eiffelturms genau übereinander lagen. Die Kamera stand etwa $a = 10\,m$ vom Lotfußpunkt des Modellturms entfernt auf der Erde. Die Entfernung vom Lotfußpunkt des Eiffelturms bis zu dem Lotfußpunkt des Modellturms betrug $b = 290\,m$. Ermittle die ungefähre Höhe des Modells.

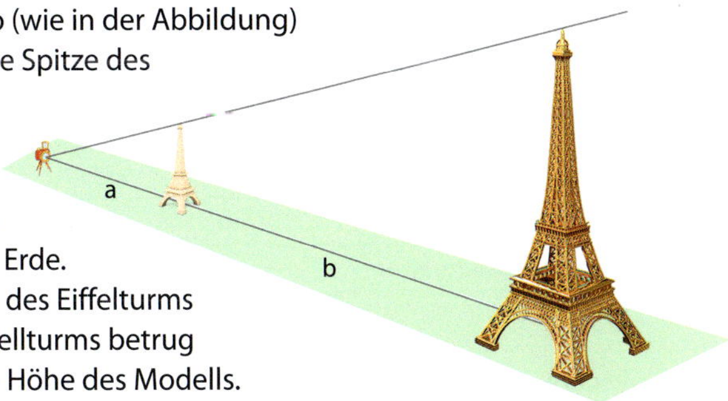

Wiederholungsaufgaben

1. Bestimme die Nullstelle der Funktion sowohl graphisch als auch rechnerisch.
   a) $f(x) = -3x + 6$
   b) $g(x) = \frac{1}{2}x - 4$

2. In einer Lostrommel liegen 150 Nieten, 40 Trostpreise und 10 Gewinne. Berechne die Wahrscheinlichkeit, dass man beim zufälligen Ziehen keine Niete zieht.

3. 100 ml Vanille-Eiscreme enthalten 220 kcal. Das kalorienreduzierte Eis desselben Herstellers enthält 90 kcal. Berechne, wie viel Prozent weniger Kalorien die zweite Eissorte enthält.

4. Entscheide, ob die Dreiecke rechtwinklig sind oder nicht.

a)
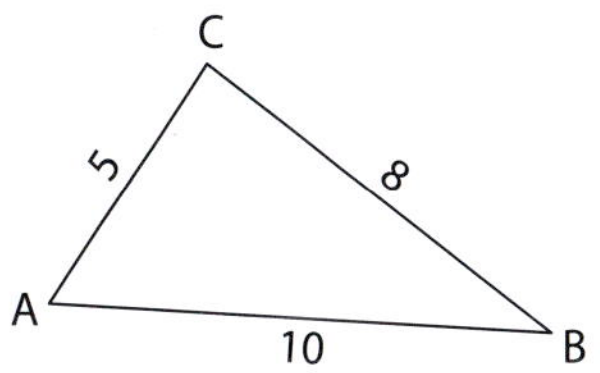

b)
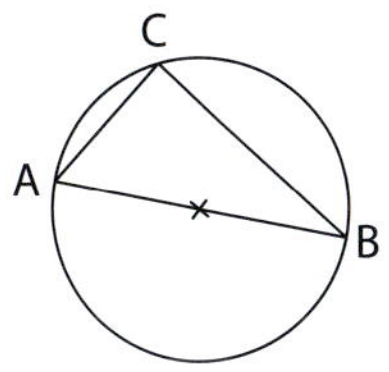

c)
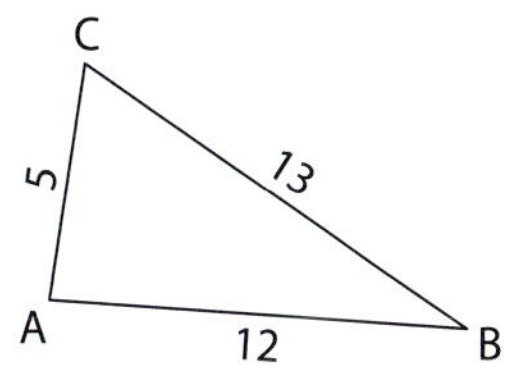

5. Berechne:
   a) $20015{,}2016 \cdot 10^2$
   b) $2015{,}2016 : 10^2$
   c) $24{,}876 \cdot 10^4$
   d) $24{,}876 : 10^4$

Kreisberechnungen

1. a) Zeichne ein Quadrat mit der Seitenlänge 5 cm. Zeichne in das Quadrat einen Kreis, der die Mittelpunkte der Quadratseiten von innen berührt. Zeichne in den Kreis ein Quadrat, dessen Eckpunkte die Berührungspunkte von großem Quadrat und Kreis sind.
   b) Ermittle die Umfänge der beiden Quadrate und ihr arithmetisches Mittel.
   c) Berechne nun den Umfang des Kreises mit der bekannten Formel.
   d) Vergleiche das arithmetische Mittel aus b) mit dem tatsächlichen Umfang des Kreises.
   e) Beschreibe, wie man das Näherungsverfahren zur Ermittlung des Kreisumfangs verbessern kann.

2. Berechne den Umfang des Kreises. Überschlage zunächst im Kopf.
   Runde das Ergebnis auf eine Stelle nach dem Komma.
   a) $r = 25\,cm$ b) $r = 14\,mm$ c) $d = 2{,}8\,km$
   d) $d = 4{,}65\,m$ e) $r = 0{,}095\,km$ f) $d = 2\pi\,m$

3. Berechne den Radius und den Durchmesser eines Kreises, der den Umfang 500 m hat.

4. Vervollständige die folgende Tabelle zu Planeten unseres Sonnensystems.
   Gehe davon aus, dass die Planeten die Form von Kugeln haben.

Planet	Venus	Erde	Mars	Jupiter	Neptun
Durchmesser	12 104 km		6 790 km		49 528 km
Länge des Äquatorkreises		40 074 km		449 197 km	

5. a) Zeichne einen Kreis mit dem Radius $r = 4$ cm und in den Kreis ein regelmäßiges Sechseck, dessen Eckpunkte auf der Kreislinie liegen.
   b) Berechne die Seitenlänge und den Flächeninhalt des Sechsecks.
   c) Vergleiche den Flächeninhalt des Sechsecks mit dem Flächeninhalt des Kreises.
   d) Beschreibe, wie man aus den Schritten a) und b) ein Näherungsverfahren zur Ermittlung der Kreisfläche entwickeln kann.

6. Berechne den Flächeninhalt des Kreises mit dem Radius r bzw. mit dem Durchmesser d. Überschlage zunächst im Kopf. Runde sinnvoll.
   a) $r = 4\,cm$ b) $r = 7{,}8\,m$ c) $d = 2\,cm$
   d) $r = 23{,}75\,dm$ e) $d = 10{,}34\,km$ f) $d = 2\sqrt{3}\,cm$

7. Ermittle den Radius des Kreises.
   a) $u = 36\,cm$ b) $A = 48\,cm^2$ c) $u = 90\,mm$ d) $A = 363\,m^2$

8. Die Sendereichweite eines Sprechfunkgeräts beträgt 5 km. Berechne, wie groß das Gebiet ist, in dem man das Funkgerät empfangen kann.

9. Berechne Umfang und Flächeninhalt.
   a) 1-Cent-Münze $d = 16{,}25\,mm$ b) Schallplatte $d = 30\,cm$ c) Steinkreis $d = 41{,}5\,dm$ d) kreisförmiges Fenster $d = 1{,}66\,m$

10. a) Zeichne einen Kreisausschnitt mit dem Radius 2,8 cm und dem Öffnungswinkel 60°. Markiere darin den Kreisbogen b_α farbig.
    b) Zeichne einen Kreisausschnitt, dessen Kreisbogen b_α die Länge 4 cm hat. Ermittle vorher rechnerisch passende Maße. Prüfe, ob mehr als eine Lösung möglich ist.

Grundwissen ↗ S. 24 Lösungen ↗ S. 139

11. Berechne zu dem Kreisausschnitt mit dem Radius r und dem Öffnungswinkel α den Flächeninhalt A_α und die Länge des Kreisbogens b_α. Runde sinnvoll.
a) $r = 5\,cm$; $\alpha = 16°$
b) $r = 11\,mm$; $\alpha = 58°$

12. a) Gegeben ist ein Kreisausschnitt mit dem Radius 2,8 cm und der Länge des Kreisbogens $b_\alpha = 3{,}91\,cm$. Berechne den Öffnungswinkel α.
b) Gegeben ist ein Kreisausschnitt mit dem Öffnungswinkel $\alpha = 36°$ und dem Flächeninhalt $A_\alpha = 60\,cm^2$. Berechne den Radius.

13. Das runde Zielfeld bei einem Wettkampf im Bogenschießen hat den Durchmesser 122 cm. Es besteht aus vier Kreisringen gleicher Breite (von außen nach innen: weiß, schwarz, blau, rot) und einem gelben Kreis in der Mitte, dessen Radius der Breite der Kreisringe entspricht.
Berechne den Flächeninhalt des roten Rings.

14. Der Durchmesser des Halbkreises beträgt 6 cm.
Der Fußpunkt der Höhe h_c teilt den Durchmesser des Halbkreises im Verhältnis 3 : 1.
Berechne den Inhalt der grün gefärbten Fläche.

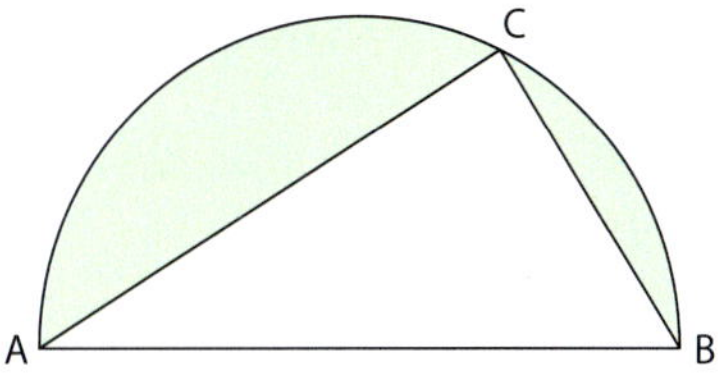

Wiederholungsaufgaben

1. Die Elbe hatte im April 2015 in Wittenberge folgende Wasserstände:

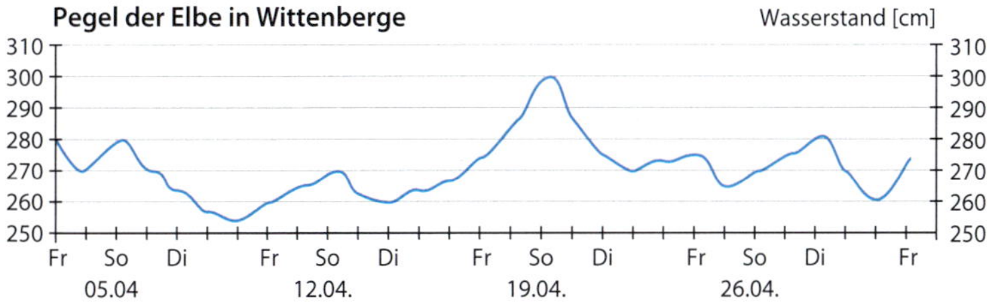

a) Lies den Wasserstand am 14. April und am 30. April ab.
b) Wann war im April der Pegelstand am niedrigsten?
c) Wann war im April der Pegelstand am höchsten?

2. Beerechne den Wert des Terms möglichst geschickt.
a) $15 \cdot 8 + 85 \cdot 8$
b) $\frac{1}{7} \cdot (700 + 63)$
c) $\frac{2}{5} \cdot 9 \cdot 2 \cdot \frac{15}{2} \cdot 5$

3. Setze 1, −1 und 0 ein und gib den Wert des Terms an, falls möglich:
$(3x - (-x + 1)) \cdot \frac{1}{x}$

Körperberechnungen

1. a) Ein Zylinder hat die Maße $r - 3{,}5\,cm$ und $h - 8\,cm$. Berechne Volumen und Oberflächeninhalt des Zylinders.
b) Ein Zylinder mit dem Durchmesser 12 cm hat das Volumen $2400\,cm^3$.
Berechne seine Höhe und seinen Oberflächeninhalt

2. Zeichne zu der Pyramide ein Netz und berechne ihren Oberflächeninhalt.
a) G ist ein Quadrat mit $a = 2\,cm$. Die Seitenkante ist 3 cm lang.
b) G ist ein Quadrat mit $a = 5\,cm$; $h = 5\,cm$.
c) G ist ein Rechteck mit $a = 3{,}5\,cm$ und $b = 2{,}5\,cm$; $h = 4{,}5\,cm$.

3. Berechne das Volumen der Pyramide.
a) G ist ein Quadrat mit $a = 17\,m$; $h = 24\,m$.
b) G ist ein Trapez mit $a = 28\,mm$, $c = 41\,mm$ und $h_{Trapez} = 14\,mm$; $h = 53\,mm$.

4. Ermittle die Höhe der Pyramide aus den gegebenen Maßen.
a) $V = 32\,dm^3$; G ist ein Rechteck mit $a = 2\,dm$ und $b = 5\,dm$.
b) $V = 13{,}2\,m^3$; G ist ein rechtwinkliges Dreieck mit $c = 3{,}6\,m$, $b = 4\,m$ und $\alpha = 90°$.

5. Berechne den Oberflächeninhalt des Kegels.
a) $r = 2\,cm$; $s = 3{,}6\,cm$ b) $r = 14\,mm$; $h = 40\,mm$ c) $r = 0{,}027\,m$; $h = 0{,}035\,m$

6. Berechne das Volumen des Kegels.
a) $r = 1\,m$; $h = 6\,m$ b) $d = 4\,dm$; $h = 50\,cm$ c) $r = 60{,}5\,mm$; $s = 134{,}4\,mm$

7. Von einem Kegel ist das Volumen V und eine der Größen r oder h bekannt.
Ermittle die unbekannte Größe r bzw. h.
a) $V = 6\,cm^3$; $r = 1\,cm$ b) $V = 14\,m^3$; $h = 3\,m$

8. Ein Glas hat oberhalb des Stiels die Form eines Kegels mit dem Grundflächendurchmesser $d = 5\,cm$ und der Höhe 10 cm.
a) Berechne das Volumen des Glases. Vergleiche mit dem Wert, wenn ein Getränk bis 1 cm unter den Rand eingefüllt wird.
b) Ermittle, wie viel Folie nötig ist, um das Glas von außen zu beschichten.

	Nord-turm	Süd-turm
Breite	12,05 m	11,5 m
Tiefe	13,6 m	12,95 m
Höhe	57,7 m	55,5 m

9. Der St.-Paulus-Dom zu Münster hat zwei ungefähr gleich hohe Türme. Ihre Grundfläche ist etwa identisch und lässt sich näherungsweise als Quadrat mit einer Kantenlänge von 12 m betrachten. Auf beiden Türmen thront ein pyramidenförmiges Dach mit einer Höhe von etwa 6 m. Die beiden Dächer wurden zwischen den Jahren 2009 und 2013 mit Kupferplatten neu eingedeckt.
a) Ermittle, wie viel m^2 Kupferblech für die Eindeckung der Turmdächer benötigt wurde.
b) Berechne die Materialkosten für die Eindeckung der Turmdächer, wenn $1\,m^2$ Kupferblech 98,03 € kostete.
c) Ermittle, wie hoch ein pyramidenförmiger Dachraum sein müsste, wenn er einen Raum von $720\,m^3$ umschließen soll.
d) In der Tabelle links sind die genauen Maße der Türme angegeben.
Beurteile die in a) verwendeten Näherungswerte.

10. Eine Zuckerpackung hat die Form einer quadratischen Pyramide mit einer Grundkantenlänge von 8 cm und einer Höhe von 15 cm.
a) Berechne das Volumen der Verpackung.
b) $1\,cm^3$ Zucker wiegt 1,6 g. Berechne die in der Packung maximal enthaltene Masse Zucker.

Grundwissen ↗ S. 25 Lösungen ↗ S. 140

11. Berechne das Volumen und den Oberflächeninhalt der Kugel mit dem gegebenen Maß.
a) $r = 4\,\text{cm}$ b) $d = 14{,}6\,\text{dm}$ c) $r = \frac{3}{4}\pi\,\text{m}$ d) $r = 2{,}71\,\text{mm}$ e) $d = \frac{3}{8}\,\text{cm}$ f) $r = 0{,}25\,\pi\,\text{cm}$

12. Ein kugelförmiger Gasbehälter mit einem Fassungsvermögen von etwa $4000\,\text{m}^3$ soll innen mit einer Schutzschicht versiegelt werden.
a) Berechne, wie groß der Innendurchmesser des Behälters ist.
b) Gib an, wie viel Quadratmeter Innenfläche zu versiegeln sind.

13. Berechne das Volumen und den Oberflächeninhalt der zusammengesetzten Körper. (Alle Angaben in cm.)

a)
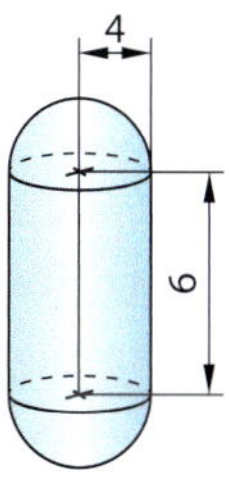

b)
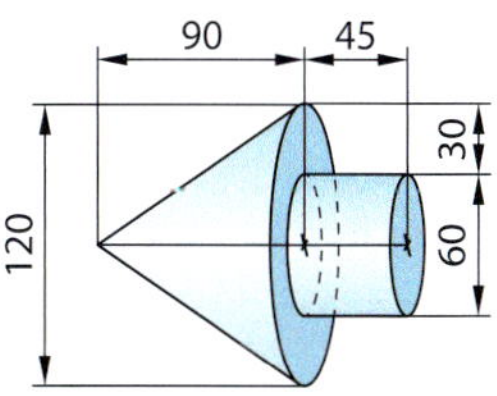

c)
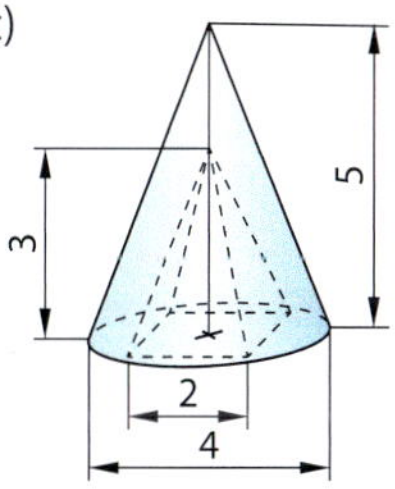

d)
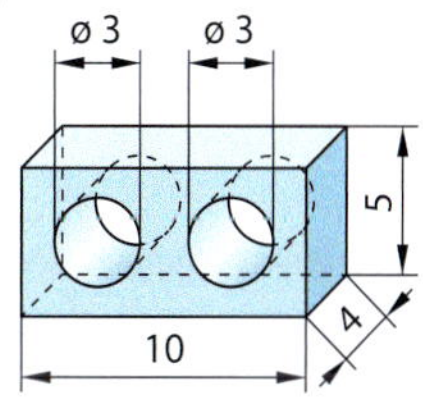

14. Ein Werkstück aus Stahl besteht aus einem Kegel, einem Zylinder und einer Halbkugel. Die Dichte von Stahl beträgt $7{,}85\,\frac{\text{g}}{\text{cm}^3}$.
a) Berechne, wie schwer ein solches Werkstück ist.
b) Schätze und begründe, ob du eine Kiste mit 100 solcher Werkstücke heben kannst.

Querschnitt: Maßangaben in Millimeter

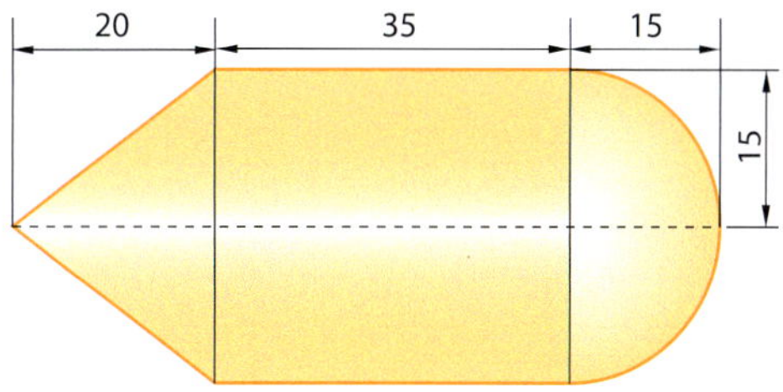

Wiederholungsaufgaben

1. Schreibe als Potenz und berechne ohne Taschenrechner.
a) $(-2)^4 \cdot (-2)^{-2}$ b) $48^{-3} : 16^{-3}$ c) $(4^3)^{-1}$

2. Gegeben ist der Graph einer Zuordnung. Prüfe, ob eine Funktion vorliegt.

a)
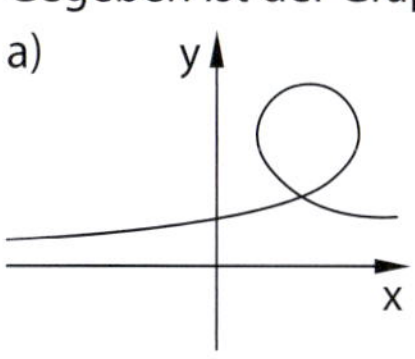

b)
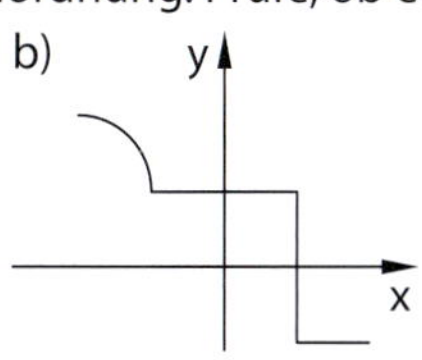

c)
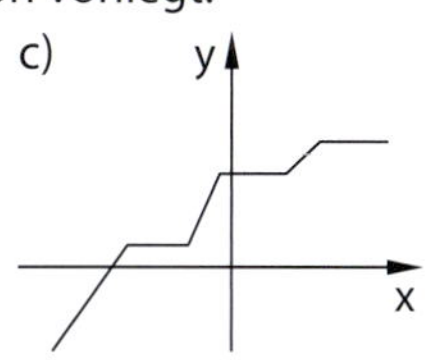

3. Entscheide ohne Taschenrechner, ob die Ergebnisse stimmen können.
a) $\sqrt{60} \approx 7{,}75$ b) $\sqrt{150} \approx 14{,}28$ c) $\sqrt{200} \approx 13{,}79$ d) $\sqrt{250} \approx 15{,}81$

4. In einer Urne liegen drei blaue und zwei rote Kugeln. Es werden nacheinander verdeckt zwei Kugeln ohne Zurücklegen gezogen.
a) Stelle den Zufallsversuch in einem Baumdiagramm dar.
b) Berechne die Wahrscheinlichkeit, dass die beiden roten Kugeln gezogen werden.

5. Berechne für das Dreieck ABC die fehlenden Winkel und Seitenlängen. Runde auf Zehntel.
a) $a = 4\,\text{cm};\ b = 2\,\text{cm};\ \gamma = 50°$ b) $a = 6\,\text{cm};\ \alpha = 45°;\ \beta = 55°$

Grundwissen ↗ S. 25 Lösungen ↗ S. 140

Daten

1. Ergänze die Tabelle im Heft.

a)

Gruppe	absolute Häufigkeit	relative Häufigkeit
A	5	
B	10	
C	25	
Gesamtzahl	40	

b)

Gruppe	absolute Häufigkeit	relative Häufigkeit
A		20 %
B		30 %
C		50 %
Gesamtzahl	60	

2. Die 16 Mädchen der Klasse 6 b wurden gefragt, wie sie zur Schule kommen. Ihre Antworten: zu Fuß, zu Fuß, zu Fuß, zu Fuß, Fahrrad, Fahrrad, Fahrrad, Fahrrad, Fahrrad, Fahrrad, Fahrrad, Fahrrad, Straßenbahn, Straßenbahn, Bus, Bus
Ermittle die relativen Häufigkeiten der Verkehrsmittel.

3. Bei einer Bewertung von Ärzten im Internet empfehlen 28 von 40 Patienten Dr. Messer weiter. Bei Dr. Spritze sind es 36 von 50 Patienten. Welcher Arzt ist bei den Patienten beliebter? Vergleiche die relativen Häufigkeiten.

4. Von 24 Schülern wurde der Klassensprecher gewählt. Jeder hat seine Stimme entweder Tanja, Paul oder Maria gegeben. Tanja bekam acht Stimmen, Paul zwölf und Maria die restlichen Stimmen.
Welches der Kreisdiagramme stellt den Sachverhalt richtig dar? Begründe.

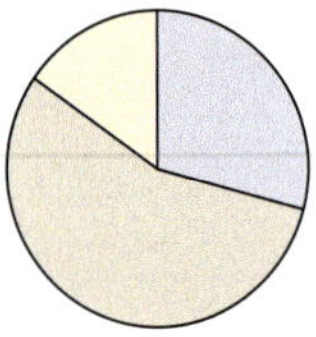
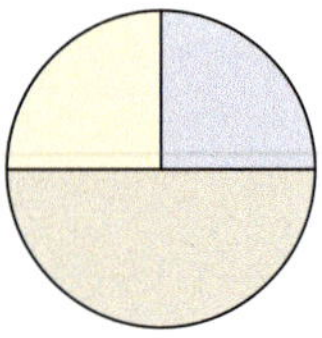
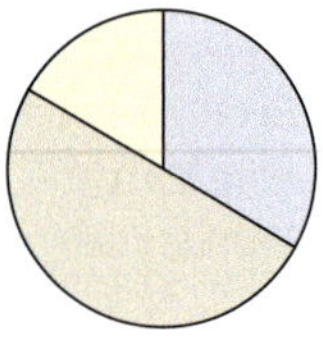

5. 180 Personen wurden gefragt: „Beeinflusst Werbung Ihr Kaufverhalten?“ Das Kreisdiagramm zeigt das Ergebnis der Umfrage.

a) Berechne die Anteile der Antworten in Prozent.

b) Berechne, wie viele Personen die einzelnen Antworten gegeben haben.

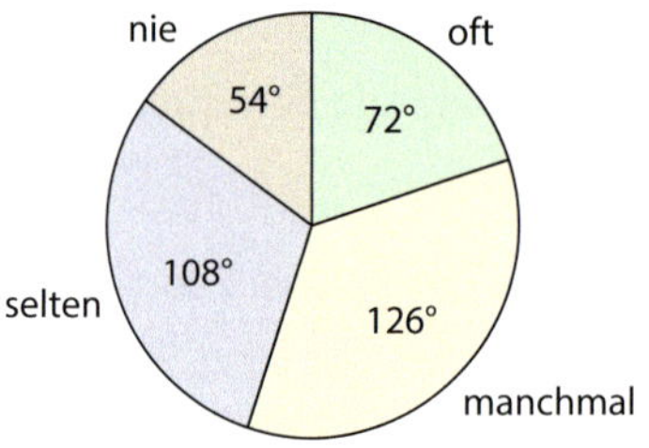

6. Bei der letzten Klassenarbeit wurden folgende Punktzahlen erreicht:
16, 14, 20, 21, 15, 16, 18, 22, 10, 24, 12, 8, 14, 6, 2, 16, 22, 13, 15, 19, 21, 24, 17, 18, 11, 5, 10, 14.
Die Mathematiklehrerin verwendet für die Notengebung die folgende Punkteeinteilung.

Note	1	2	3	4	5	6
Punkte	26 – 24	23 – 20	19 – 16	15 – 12	11 – 6	5 – 1

a) Stelle die absoluten Häufigkeiten der Noten in einer Tabelle dar.

b) Stelle die absoluten Häufigkeiten der Noten in einem Säulendiagramm dar.

7. Nur bei einer der beiden Datenlisten ist es sinnvoll, eine Klasseneinteilung vorzunehmen. Welche Datenliste ist das? Gib dafür eine passende Klasseneinteilung an.

a) Anzahl der Familienmitglieder: 2, 4, 3, 2, 5, 4, 4, 3, 5, 3, 4, 6, 3, 4, 4, 4, 3, 3, 4, 3, 3

b) Anzahl der gelesenen Bücher: 5, 12, 17, 11, 3, 6, 9, 5, 19, 14, 2, 8, 16, 14, 7, 10

Grundwissen ↗ S. 26 Lösungen ↗ S. 142

8. Bei einem Sportfest erreichten die Jungen der Klasse 6b beim Weitsprung die folgenden Ergebnisse:

Michael	Frank	Paul	Anton	Kay	Ernst	Max	Nils	Timo
3,10 m	3,75 m	3,37 m	2,95 m	3,78 m	3,72 m	2,76 m	4,05 m	3,95 m

a) Bestimme das Maximum und das Minimum der Weiten.
b) Wie viel Zentimeter Abstand liegen zwischen dem kürzesten Sprung und dem weitesten Sprung? Wie nennt man diesen Kennwert in der Mathematik (Fachbegriff)?

9. Bestimme das Maximum, das Minimum, die Spannweite, den Modalwert und das arithmetische Mittel.
a) 11, 19, 11, 10, 12, 9
b) 12, 11, 9, 12, 11, 10, 2, 11

10. Berechne das Durchschnittsalter der Schüler.

Alter der Schüler	10 Jahre	11 Jahre	12 Jahre	13 Jahre
Häufigkeit	1	8	9	2

11. Folgende Altersangaben sind über die Mitglieder einer Trainingsgruppe „Schwimmen" bekannt: Inka (15 Jahre), Marie (17 Jahre), Anna (17 Jahre), Lara (16 Jahre), Erdmute (17 Jahre), Ines (14 Jahre), Julia (15 Jahre), und Johanna (15 Jahre).
a) Ermittle das Durchschnittsalter in der Schwimmgruppe.
b) Wenn auch Anja in der Gruppe trainiert, hat die Trainingsgruppe einen Altersdurchschnitt von 16,0 Jahren. Wie alt ist Anja?

Wiederholungsaufgaben

1. Berechne.
a) $1 + \frac{1}{3} \cdot \frac{5}{7}$
b) $12 : 0{,}5$
c) $\frac{3}{4} + \frac{3}{2}$
d) $4{,}2 - \frac{2}{3}$
e) $4 - \frac{4}{5} : \frac{1}{3}$

2. „Das Konzert hörten dreiundsiebzigtausendundfünfzehn Menschen." Schreibe diese Zahl in Ziffern.

3. Gib $\frac{3}{8}$ in Prozent und als Dezimalzahl an.

4. In der Zeitung kann man Kleinanzeigen aufgeben. Eine umrahmte Anzeige kostet 5 € und darf bis zu acht Zeilen lang sein. Jede weitere Zeile kostet 2,20 €. Was haben die beiden Anzeigen gekostet?

Gut erhaltenes Kinder-Rad
grün, Firma Asthonia,
abzugeben. Kleine Schram-
men am Schutzblech. Güns-
tig abzugeben, VB 40 €.
Kontakt: __________

Suche Schüler, der mir bei
der Gartenarbeit hilft.
Aufgaben: Rasenmähen,
Hecke schneiden, Zaun
streichen sowie kleinere
Reparaturen an Garten-
geräten. Zahle 6 € pro
Stunde.
Kontakt: __________

Zufall und Wahrscheinlichkeit

1. Handelt es sich um ein Zufallsexperiment? Begründe deine Meinung.
   a) Jeder Schüler der Klasse 7c hat seinen Namen auf einen Zettel geschrieben. Die Zettel werden gemischt und ein Zettel wird gezogen.
   b) Eis schmilzt, wenn es über 0 °C erwärmt wird.

2. Ein Spielwürfel wird 500-mal geworfen. Es wird gezählt, wie häufig die Augenzahl 1 fällt.

Anzahl der Würfe	50	100	200	300	400	500
absolute Häufigkeit einer „Eins"	6	17	36	50	65	82

   a) Berechne die relativen Häufigkeiten und stelle sie in einem Diagramm dar.
   b) Beschreibe den Verlauf der relativen Häufigkeit. Entspricht er deinen Erwartungen?

3. Die Qualitätskontrolle von DVDs ergab:
   ① Von 750 DVDs der Sorte X-Plus waren 12 fehlerhaft.
   ② Von 500 DVDs der Sorte Y-Minus waren 11 fehlerhaft.
   ③ Von 800 DVDs der Sorte Z-Super waren 14 fehlerhaft.
   a) Berechne für jede Sorte die relative Häufigkeit der fehlerhaften DVDs.
   b) Gib jeweils einen Schätzwert für die Wahrscheinlichkeit eines Fehlers bei weiteren DVDs an.
   c) Berechne, wie viele fehlerhafte DVDs bei 10 000 Stück von jeder Sorte zu erwarten sind.

4. Bestimme für jede Farbe des Glücksrads die Wahrscheinlichkeit, mit der der Zeiger beim Drehen auf dieser Farbe stehen bleibt.

a) 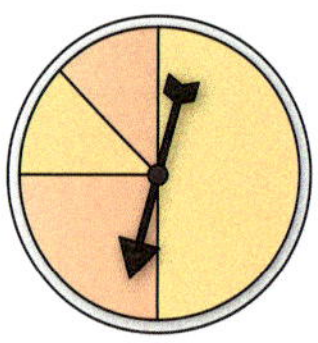

b) 

c) 

5. Bente und Svenja drehen das Glücksrad. Bente gewinnt, wenn eine Zahl gedreht wird, die größer als 5 ist, und Svenja gewinnt, wenn eine Zahl gedreht wird, die kleiner als 5 ist. Wer hat die größeren Gewinnchancen? Begründe deine Antwort.

6. Paul wirft eine 2-Euro-Münze. In drei aufeinanderfolgenden Würfen landet die Münze jeweils so, dass „Zahl" oben ist. Welche der folgenden drei Aussagen trifft für den vierten Wurf zu? Begründe deine Antwort.
   a) Es ist wahrscheinlicher, dass „Adler" oben liegt.
   b) Es ist wahrscheinlicher, dass „Zahl" oben liegt.
   c) Es ist gleich wahrscheinlich, dass „Zahl" oder „Adler" oben liegen.

7. Ein Glücksrad mit den Buchstaben A bis D auf den Feldern wird gedreht.
   a) Vervollständige die Tabelle im Heft.
   b) Bestimme die Wahrscheinlichkeit, dass ein Konsonant kommt.
   c) Zeichne das Glücksrad.

Buchstabe	A	B	C	D
Wahrscheinlichkeit	$\frac{3}{8}$	$\frac{1}{4}$	$\frac{1}{8}$	

Grundwissen ↗ S. 27 Lösungen ↗ S. 143

8. Auf den sechs Begrenzungsflächen eines Holzquaders befinden sich die sechs Buchstaben A, B, C, D, E, F. Der Quader wurde 800-mal geworfen. Aus der Tabelle kann entnommen werden, wie oft jede der Seitenflächen oben lag.

Seitenfläche	A	B	C	D	E	F
absolute Häufigkeit	101	23	279	275	24	98

a) Berechne die relativen Häufigkeiten der Ergebnisse.
b) Welche der Seitenflächen lagen sich wohl gegenüber?
c) Ordne jeder Seitenfläche eine Wahrscheinlichkeit zu. Begründe deine Wahl.

9. Handelt es sich hier um ein Laplace-Experiment? Begründe deine Entscheidung und bestimme bei den Laplace-Experimenten die Wahrscheinlichkeiten der möglichen Ergebnisse.
a) Es wird eine Karte aus einem Skat-Kartenspiel mit 32 Karten gezogen.
b) Eine Reißzwecke wird geworfen.
c) Es wird eine Kugel aus einer Kiste mit 3 weißen und 7 grünen Kugeln gezogen.

10. Aus der Schüssel wird mit verbundenen Augen eine Kugel gezogen. Berechne die Wahrscheinlichkeit dafür, dass
a) eine grüne Kugel gezogen wird,
b) keine grüne Kugel gezogen wird,
c) keine rote Kugel gezogen wird.

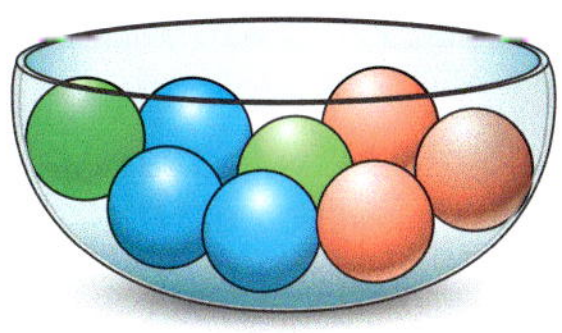

11. In einem Beutel sind 30 gleichartige Kugeln, die von 1 bis 30 nummeriert sind. Es wird genau eine Kugel gezogen. Berechne die Wahrscheinlichkeit für die folgenden Ereignisse.
a) Die Zahl auf der Kugel ist durch 7 teilbar.
b) Die Zahl auf der Kugel ist nicht durch 3 teilbar.
c) Die Zahl auf der Kugel ist durch 2 und 3 teilbar.

Wiederholungsaufgaben

1. Übertrage ins Heft und ersetze ▢ so, dass eine wahre Aussage entsteht: $4 \cdot (\square + 1) = 4$

2. Berechne Umfang und Flächeninhalt eines 2,5 cm langen und 4 cm breiten Rechtecks.

3. a) Gib die Koordinaten der Eckpunkte des Dreiecks OAB und die der Mittelpunkte der Dreieckseiten an.
b) Ermittle den Flächeninalt des Dreiecks für eine Kästchenlänge von 0,5 cm.

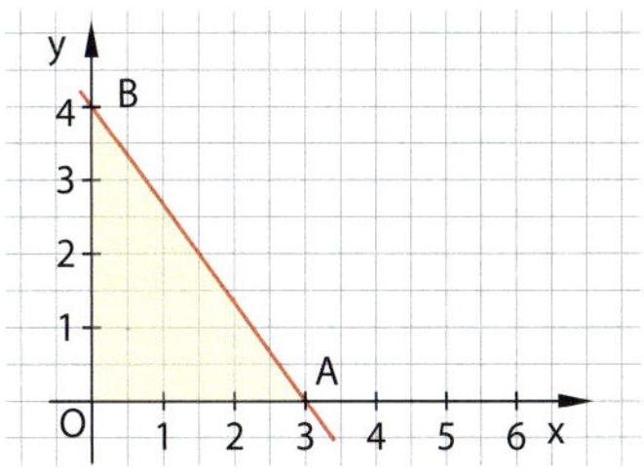

4. Peter erzählt seinem Freund: „In meiner Klasse sind 40 % Mädchen und 15 Jungen."
Berechne, wie viele Mädchen in Peters Klasse sind.

5. Zeichne ein Rechteck mit den Seitenlängen 2 cm und 5 cm und färbe dann:
a) 60 % der Fläche
b) $\frac{1}{4}$ der Fläche

6. Finde den Fehler und berichtige dann.
a) $\frac{2}{7} + \frac{3}{8} = \frac{5}{15}$
b) $\frac{4}{5} - \frac{1}{4} = \frac{3}{20}$
c) $\frac{8}{9} : \frac{2}{9} = \frac{4}{9}$
d) $5 \cdot \frac{2}{9} = \frac{10}{45}$

Grundwissen ↗ S. 27 Lösungen ↗ S. 143

Mehrstufige Zufallsexperimente

1. Ein Autohändler bietet einen Kleinwagen, eine Limousine, einen Kombi und ein SUV an. Jedes Modell ist in den Farben weiß, rot, grün, blau, silber und schwarz erhältlich.
   a) Frau Rubin möchte ein rotes Auto kaufen. Zwischen wie vielen Modellen kann sie wählen?
   b) Herr Groß interessiert sich für einen Kombi. Wie viele Wahlmöglichkeiten hat er?
   c) Wie viele Autos muss der Händler ausstellen, wenn jedes Modell in jeder Farbe zu sehen sein soll?

2. In einer Schale liegen vier Kugeln mit den Ziffern von 1 bis 4. Es wird eine Kugel gezogen und deren Ziffer notiert. Von den restlichen Kugeln wird eine zweite gezogen und deren Ziffer hinter die erste Ziffer geschrieben.
   Wie viele zweistellige Zahlen können dabei entstehen? Zeichne ein Baumdiagramm mit allen Möglichkeiten.

3. Herr Roward kauft zwei neue Glühlampen. Jede neue Glühlampe funktioniert zu 95 %, zu 5 % ist sie bereits defekt. Berechne die Wahrscheinlichkeit, dass beide Glühlampen defekt sind.

4. Ein Skatspiel enthält 32 Karten, unter denen acht Herz-Karten sind. Es wird dreimal zufällig eine Karte gezogen und gleich wieder in den Stapel zurückgesteckt.
   a) Zeichne ein dreistufiges Baumdiagramm.
   b) Berechne die Wahrscheinlichkeit, dass drei Herz-Karten gezogen werden.
   c) Berechne die Wahrscheinlichkeit, dass genau eine Herz-Karte gezogen wird.

5. In einem Gefäß befinden sich fünf gelbe und zwei rote Kugeln. Es werden nacheinander zufällig zwei Kugeln gezogen.
   a) Vervollständige das Baumdiagramm im Heft.
   b) Wird die erste gezogene Kugel wieder in das Gefäß zurückgelegt? Begründe.
   c) Berechne die Wahrscheinlichkeit, dass beide Kugeln verschiedenfarbig sind.

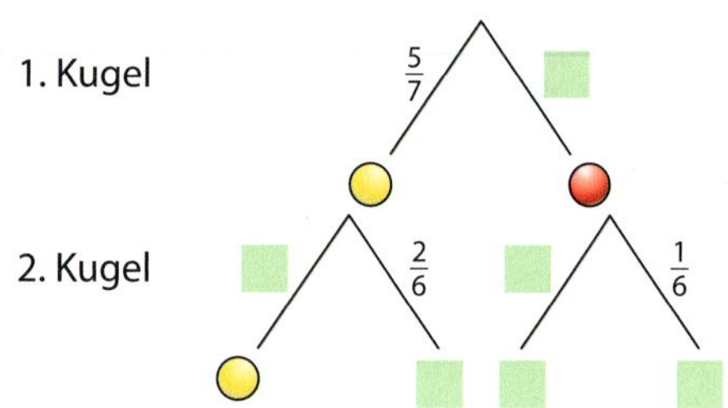

6. Berechne die Wahrscheinlichkeit, dass beim Werfen zweier Würfel die Augensumme mindestens 11 ist. Zeichne ein Baumdiagramm, das nur die Pfade enthält, die zum gesuchten Ereignis gehören.

7. Henri tippt beim Pferderennen den Sieger und den Zweitplatzierten. Da die zehn Pferde etwa gleich schnell sind, kann man annehmen, dass sie in zufälliger Reihenfolge ins Ziel kommen. Bestimme die Wahrscheinlichkeiten für folgende Ereignisse.
   a) Henri tippt den Sieger und den Zweitplatzierten richtig.
   b) Henri tippt nur den Sieger richtig.
   c) Henri tippt nur den Zweitplatzierten richtig.

Grundwissen ↗ S. 28 Lösungen ↗ S. 144

8. In einer Schublade liegen sechs blaue und sechs schwarze Socken. Xaver greift hinein und nimmt ohne hinzuschauen zufällig zwei Socken heraus. Wie groß ist die Wahrscheinlichkeit dafür, dass beide Socken die gleiche Farbe haben?

9. In einer Lostrommel befinden sich vier Lose, ein Gewinnlos und drei Nieten. Vier Kinder dürfen nacheinander je ein Los ziehen. Cansu behauptet: „Das erste Kind hat eine höhere Gewinnchance als alle anderen Kinder." Überprüfe dies mit einem Baumdiagramm.

10. Eine Münze wird dreimal geworfen. Berechne die Wahrscheinlichkeiten für die folgenden Ereignisse. Erläutere, wie du vorgegangen bist.
a) Man erhält mehr als zweimal Zahl.
b) Man erhält mindestens einmal Zahl.
c) Man erhält höchstens zweimal Kopf.
d) Man erhält genau einmal Kopf.

11. Mira bearbeitet einen Multiple-Choice-Test mit vier Fragen. Bei jeder Frage gibt es drei Antwortmöglichkeiten, von denen genau eine richtig ist. Da Mira die Antworten nicht weiß, kreuzt sie bei jeder Frage zufällig eine Antwort an.
Bestimme die Wahrscheinlichkeit dafür, dass Mira mindestens eine Frage falsch beantwortet.

12. Das Glücksrad wird mehrmals gedreht. Berechne die Wahrscheinlichkeit dafür, dass der Zeiger spätestens beim dritten Drehen auf Blau stehen bleibt.

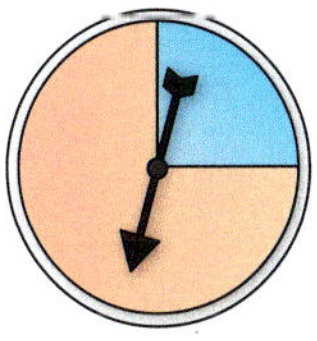

Wiederholungsaufgaben

1. Bestimme die Lösung der Gleichung $4 \cdot (x + 1) - 2 \cdot (x - 1) = 4$.

2. Gib die Funktionsgleichungen zu den Funktionsgraphen an.

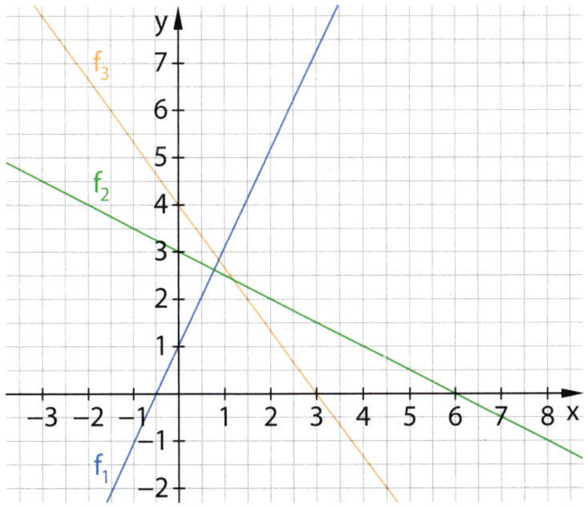

3. Peter erzählt seinem Freund: „In meinem Kurs sind 45 % Mädchen und 55 % Jungen." Ermittle, wie viele Mädchen in seinem Kurs sein können.

4. Zeichne ein Rechteck mit den Seitenlängen 2 cm und 5 cm und schraffiere darin
a) 25 % der Fläche,
b) $\frac{3}{5}$ der Fläche.

5. Berechne und ordne die Ergebnisse nach der Größe.
a) $\frac{1}{5} + \frac{3}{4}$
b) $\frac{1}{5} - \frac{3}{4}$
c) $\frac{1}{5} \cdot \frac{3}{4}$
d) $\frac{1}{5} : \frac{3}{4}$

Vierfeldertafeln

1. Vervollständige die Vierfeldertafeln im Heft.

a)

	mit Bus zur Schule		gesamt
	ja	nein	
Mädchen	6		14
Jungen		9	
gesamt			27

b)

	für neues Gesetz		gesamt
	ja	nein	
Partei A		20,8 %	
Partei B	9,7 %		
gesamt		84,0 %	100 %

2. Zu einer Fernsehserie wurden 123 unter 30-jährige und 177 über 30-jährige Zuschauer befragt. 216 von ihnen gefiel die Serie, darunter waren 85 der unter 30-Jährigen.

a) Erstelle eine Vierfeldertafel mit absoluten und eine mit relativen Häufigkeiten.

b) Berechne, welcher Anteil der unter 30-Jährigen (der über 30-Jährigen) die Serie gut fand.

3. Eine Schülerzeitung hat 74 Schülerinnen und 58 Schüler gefragt, ob sie ein Handy in die Schule mitnehmen. 65 Schülerinnen und 50 Schüler bejahten dies. Daraufhin titelte die Zeitung „Mädchen nehmen öfter ein Handy mit in die Schule als Jungen".

a) Erstelle aus den Daten eine Vierfeldertafel und vervollständige sie.

b) Beurteile die Überschrift des Artikels. Gib selbst eine angemessene Überschrift an.

4. Im Jahr 2013 wurden in Deutschland 291 050 Verkehrsunfälle mit einem Personenschaden registriert, 12 % davon unter Alkoholeinfluss. 76 % der Unfälle ohne Alkoholeinfluss ereigneten sich tagsüber, 72 % der Unfälle unter Alkoholeinfluss nachts.

a) Erstelle hierzu eine Vierfeldertafel mit relativen Häufigkeiten.

b) Ermittle den prozentualen Anteil der Unfälle, die sich nachts unter Alkoholeinfluss ereigneten, an der Gesamtzahl der Verkehrsunfälle mit Personenschaden.

c) Berechne, wie viele der Verkehrsunfälle sich nachts ereigneten.

5. Eine Urne enthält 100 Kugeln. 70 dieser Kugeln bestehen aus Plastik und 30 aus Holz. Von den Plastikkugeln sind 25 rot und 45 grün. Von den Holzkugeln sind 10 rot und 20 grün. Aus der Urne wird zufällig eine Kugel gezogen.
Berechne mithilfe einer Vierfeldertafel die Wahrscheinlichkeit,

a) dass es eine grüne Plastikkugel ist,

b) dass es eine rote Kugel ist,

c) dass es eine Holzkugel ist, wenn man schon weiß, dass sie rot ist.

6. Die Tabelle gibt an, wie viele Jungen und Mädchen einer Schulklasse Karten spielen bzw. nicht Karten spielen.

	spielt Karten	
	ja	nein
Jungen	8	7
Mädchen	4	9

a) Ergänze im Heft die Vierfeldertafel um die Summen.

b) Berechne jeweils die Wahrscheinlichkeit für das Ereignis.

① Ein zufällig ausgewähltes Mitglied der Klasse ist ein Mädchen.

② Ein zufällig ausgewähltes Mitglied der Klasse ist ein Junge und spielt Karten.

③ Ein zufällig ausgewählter Junge aus der Klasse spielt Karten.

④ Ein zufällig ausgewähltes Karten spielendes Mitglied der Klasse ist ein Junge.

Grundwissen ↗ S. 29 Lösungen ↗ S. 145

7. Ein Gymnasium hat 800 Schülerinnen und Schüler. 40 % sind Jungen. 70 % der Mädchen und 80 % der Jungen essen im Durchschnitt jeden Tag in der Schulmensa. Eine Person der Schülerschaft wird zufällig ausgewählt.
   a) Erstelle ein Baumdiagramm mit Wahrscheinlichkeiten.
   b) Erstelle zu dem Baumdiagramm eine Vierfeldertafel mit relativen Häufigkeiten.
   c) Bestimme die Wahrscheinlichkeit, dass die ausgewählte Person ein Mädchen ist, welches nicht täglich in der Mensa isst.
   d) Berechne, wie viele Schülerinnen und Schüler täglich in der Mensa essen.

8. Die Firma „Elolux" stellt Energiesparlampen her. In der Endkontrolle werden 5 von 100 Lampen aussortiert, obwohl sie eigentlich funktionieren. Hingegen werden 2 von 100 Lampen nicht aussortiert, obwohl sie fehlerhaft sind. 97 % der hergestellten Lampen sind fehlerfrei.
   a) Erstelle hierzu ein Baumdiagramm und das umgekehrte Baumdiagramm mit Wahrscheinlichkeiten.
   b) Gib die Wahrscheinlichkeit an, dass eine nicht aussortierte Lampe einwandfrei ist.
   c) Gib die Wahrscheinlichkeit an, dass eine aussortierte Lampe fehlerhaft ist.

9. Ein Arzt setzt zur Diagnose einer bestimmten Krankheit einen Test ein, der in 94 % der Fälle negativ ausfällt, wenn ein Patient gesund ist. Falls ein Patient tatsächlich erkrankt ist, fällt das Verfahren in 96 % aller Fälle positiv aus. Aus statistischen Erhebungen ist bekannt, dass im Durchschnitt von 145 Patienten einer unter der Krankheit leidet.
   a) Berechne die Wahrscheinlichkeit, dass ein Patient tatsächlich erkrankt ist, wenn das Diagnoseverfahren zu einem positiven Befund geführt hat.
   b) Berechne die Wahrscheinlichkeit, dass ein Patient erkrankt ist, obwohl das Diagnoseverfahren zu einem negativen Befund geführt hat.

Wiederholungsaufgaben

1. Berechne.
   a) 14 % von 200 €   b) 150 % von 30 kg   c) 40 % von 2 h

2. Berechne ohne Taschenrechner.
   a) $-25 \cdot (-38 - 2)$ b) $-25 - (-38 - 2)$ c) $(-25 - 38) \cdot (-2)$

3. Berechne für ein Dreieck ABC mit $\gamma = 90°$ jeweils die nicht angegebene Größe. Runde auf Zehntel.

	a	b	c
a)	4 cm	7 cm	
b)		10 cm	12 cm
c)	3 m		9 m

4. a) Multipliziere $3a^2b \cdot (4ab - 2ab^2)$ aus.   b) Klammere den Faktor x^2 bei $12x^2 - 5x^3$ aus.

5. Johannes hat ein Modellauto im Maßstab 1 : 25. Er misst, dass es 13,6 cm lang ist. Bestimme die Länge des Originals.

Prozent- und Zinsrechnung

1. Übertrage die Tabelle ins Heft und fülle sie aus.

Grundwert	350 t	900 kg	7890 g		450 kg		6,60 €	
Prozentwert		99 kg		2,30 €	550 kg	60 m		250 €
Prozentsatz	1,8 %		10 %	2 %		2,5 %	110 %	115 %

2. Die 125 Schüler einer Jahrgangsstufe 7 nehmen an verschiedenen Arbeitsgemeinschaften ihrer Schule teil, 8 % an einer Tischtennis-AG, 24 % an einer Theater-AG, 28 % an einer Mathe-AG und 12 % an einer Streitschlichter-AG. 40 % nehmen an keiner AG teil.

a) Wie viele Schüler sind das jeweils?

b) Beim Addieren ergeben sich mehr als 125 Schüler.
Entscheide, ob das stimmen kann, und begründe deine Antwort.

3. Lea hat zum Geburtstag Geld geschenkt bekommen. Davon zahlt sie 48 €, das sind 60 % des Gesamtbetrages, aufs Sparbuch ein. Wie viel Euro hat Lea bekommen?

4. Berechne, wie viel Prozent es sind.

a) 0,3 mℓ von 150 mℓ

b) 2 mm von 2 m

5. Markiere auf einer Geraden g eine 10 cm lange Strecke $\overline{AB}$ sowie einen Punkt C und einen Punkt D so, dass folgende Bedingung erfüllt ist:

a) $\overline{AC}$ entspricht 30 % von $\overline{AB}$

b) $\overline{AD}$ entspricht 120 % von $\overline{AB}$

6. Berechne den Nettopreis vom gegebenen Bruttopreis für den in Klammern stehenden Mehrwertsteuersatz. Runde auf Cent.

a) 39 € (19 %)

b) 118 € (19 %)

c) 19 € (7 %)

d) 8,50 € (7%)

7. Herr Kluge hat für seinen Tablet-Computer 360,64 € mit 2,5 % Skonto bezahlt. Berechne, wie viel Euro der Tablet-Computer (ohne Skonto) gekostet hat.

8. Bei einem Schlussverkauf wird ein Rabatt von 30 % gewährt.

a) Ermittle den Preis einer Hose, die ursprünglich 89,00 € gekostet hat.

b) Ermittle den ursprünglichen Preis eines Hemdes, das im Schlussverkauf 21,70 € kostet.

9. Die Mitgliederzahl eines Sportvereins erhöhte sich von 350 Mitgliedern im Jahr 2012 auf 110 % im Jahre 2013. Im folgenden Jahr erhöhte sich die Mitgliederzahl erneut um 35. Berechne, auf wie viel Prozent die Mitgliederzahl seit 2012 stieg.

10. In A-Stadt kostete eine Kurzstrecken-Karte für den Bus 1,50 €. Inzwischen wurde der Fahrpreis zweimal erhöht, das erste Mal um 10 % und das zweite Mal um 15 %. Wie viel Euro kostet eine Kurzstrecken-Karte nach dieser zweimaligen Preiserhöhung?

11. Bei der Bürgermeisterwahl waren 9610 Personen wahlberechtigt. Von den abgegebenen 4500 Stimmen erhielt Frau Müller 2295, Herr Schmidt 1215, Frau Funke 765 und 5 % waren ungültig. Stelle das Wahlergebnis sowohl bezogen auf die abgegebenen Stimmen als auch bezogen auf die Gesamtzahl der Wahlberechtigten in einem Säulendiagramm dar.

Grundwissen ↗ S. 31 Lösungen ↗ S. 147

12. Herr Müller hat bei seiner Bank bei 3 % Zinsen nach einem Jahr 10 815 € auf seinem Konto. Wie viel Euro hatte Herr Müller angelegt?

13. Übertrage die Tabelle ins Heft und fülle sie aus.

Kapital	5000 €		3000 €	45000 €	4900 €
Zinssatz	2 % p.a.	1,4 % p.a.			
Zinsen für 1 Jahr		7,00 €	17,40 €		

14. Frau Franke legt 4000 € für fünf Jahre mit einem Zinssatz von 2,2 % an.
a) Berechne, wie viel Euro Zinsen sie in den gesamten fünf Jahren erhält, wenn sie die Zinsen jährlich abhebt.
b) Berechne den gesamten Auszahlungsbetrag mit Zinseszinsen nach fünf Jahren.

15. Lisa möchte gern 500 € für fünf Jahre anlegen. Ihre Bank bietet ihr einen Zinssatz von 2,7 % p.a. an. Fülle den Sparplan zu Lisas Anlage vollständig aus. Verdopple erst den Zinssatz und dann das Startkapital und erstelle jeweils einen neuen Sparplan. Beschreibe, wie sich das Kapital nach fünf Jahren in beiden Fällen verändert.

Jahr	Zinsen	Kapital
1		
2		
3		
4		
5		

Wiederholungsaufgaben

1. Das Bild zeigt das Flugzeug A380 (Länge 73 m) sowie das Kreuzfahrtschiff „Oasis of the seas“, das 2007 erstmals in See stach. Ermittle die ungefähre Länge des Schiffes, wenn Flugzeug und Schiff im selben Maßstab verkleinert wurden.

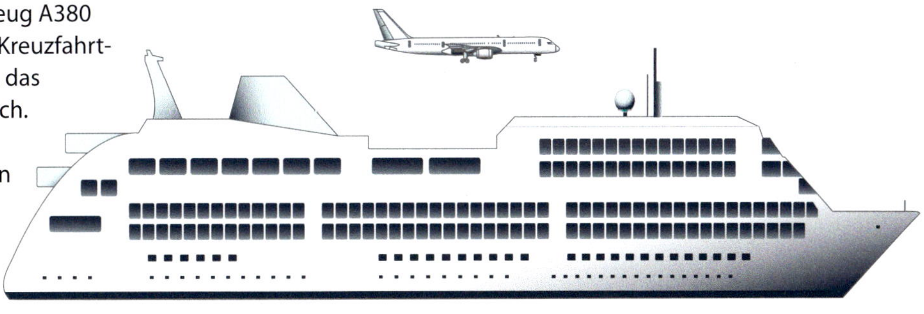

2. Alina ist 1,45 m groß, Bea bringt es auf 1,54 m, Christin auf 1,52 m. Zusammen mit der Körpergröße von Dora ergibt sich eine durchschnittliche Körpergröße von 1,49 m. Ermittle die Größe von Dora.

3. Berechne im Kopf und gib das Ergebnis in der nächstgrößeren Einheit an.

a) 20 ct : 4 b) $500\ \text{cm}^2 \cdot 10$ c) 12 min · 15 d) 8544 g : 4

4. Berechne und kürze, falls möglich.

a) $\frac{3}{4} + \frac{7}{8}$ b) $\frac{3}{5} \cdot \frac{15}{18}$ c) $\frac{3}{4} : 2\frac{1}{4}$ d) $\frac{5}{7} - \frac{1}{4}$

Gleichungen

1. Setze die angegebenen Zahlen in den Term ein und berechne den Wert des Terms.
a) $a = 7$ in $8 - 3a$ b) $b = -2$ in $(9 + 2b) \cdot b$ c) $a = -1$ und $b = 1{,}5$ in $a \cdot b - a$

2. Ordne den folgenden Aussagen den passenden Term zu und gib die Bedeutung der Variablen an.
a) Frau Meier sagt: „An jedem Werktag arbeite ich acht Stunden."
b) Herr Schulz sagt: „Ich schneide von einem 400 cm langen Holzbrett ein Stück ab."
c) Frau Müller sagt: „Eine Anzeige in einer Zeitung kostet 4 €, dazu jede Zeile 80 Cent."
① $400 - x$ ② $400 + 80x$ ③ $8x$ ④ $400 - 80x$ ⑤ $400 + x$ ⑥ $\frac{1}{8}x$

3. An einer Schule spendet ein Sponsor bei einem Sponsorenlauf 100 € und für jeden gelaufenen Kilometer zusätzlich 50 Cent.
a) Wie groß ist die Spende, wenn 182 km gelaufen werden?
b) Stelle einen Term für das gespendete Geld auf, wenn x Kilometer gelaufen werden.

4. Prüfe, ob die beiden Terme äquivalent sind. Begründe.
a) $2 \cdot (a + 2)$ und $4 + a + 1$ b) $-6b$ und $5b - 11b$ c) $3a - b$ und $(b - a) \cdot 3$

5. Vereinfache den Term so weit wie möglich.
a) $15a - 6a$ b) $3b + 2b + 7b$ c) $x - \frac{1}{2}x$ d) $4{,}5y - y + 5y$
e) $3x + 4 + 3x$ f) $-2a + 7 + 7a$ g) $y + 1 - 3y - 4$ h) $-9x + \frac{1}{2}x - 5 + 9x$

6. Je zwei Terme sind äquivalent. Ordne richtig zu.
① $x + 2x + x$ ③ $8x - 4x$ ⑤ $-x - 1 + 5x$ ⑦ $4x - 1$
② $4x - 4$ ④ $-4x$ ⑥ $4 \cdot (x - 1)$ ⑧ $4x - 8x$

7. Prüfe, welche ganzen Zahlen von −3 bis 3 Lösungen der Gleichung sind.
a) $5x + 12 = 2$ b) $a = a \cdot a$ c) $4b - 7 = 5 - 2b$ d) $x \cdot x - 3 = 2x$

8. Löse die Gleichung durch Rückwärtsrechnen. Mache hinterher die Probe.
a) $x + 19 = 61$ b) $8a - 1 = -9$ c) $y \cdot (-5) - 22 = 8$ d) $(x - 3) \cdot (-3) = -12$

9. Vervollständige die Rechnung im Heft und löse die Gleichung.
a) $10x + 65 = 5 \quad | -65$
$\_\_\_\_ = \_\_\_\_ \quad | :10$
b) $-13 = -3x - 4 \quad | +4$
$\_\_\_\_ = \_\_\_\_ \quad | :(-3)$
c) $3a = -a + 6 \quad | +a$
$\_\_\_\_ = \_\_\_\_ \quad | :4$

10. Löse die Gleichung durch Äquivalenzumformungen. Mache hinterher die Probe.
a) $x + 7 = 19$ b) $2s + 3 = 5$ c) $5w + 10 = 7w$
d) $x + 2x + 3 = 4x - 1$ e) $3a - 6 = 8a + 10$ f) $-21 = 3 \cdot (2x - 1)$

11. Bestimme die Lösungsmenge der Gleichung.
a) $t + 2 = 2t - 1$ b) $x + 5 = x - 5$ c) $2t + 8t + 7 = 4t + 6t - 5$
d) $3x + 2 = x + 2x + 2$ e) $3x + 2x + 1 = 2x - 1$ f) $2b + 5b + 18 = 7 \cdot (b + 2) + 1$

12. Von einem 185 m langen Brett werden fünf gleich lange Bretter abgesägt.
Ein 35 cm langes Stück bleibt übrig. Wie lang ist jedes der fünf abgesägten Stücke?

Grundwissen ↗ S. 32 Lösungen ↗ S. 149

13. Mona ist doppelt so alt wie Tom. Wenn man von Monas Alter 10 subtrahiert, erhält man dasselbe Ergebnis, wie wenn man zu Toms Alter 3 addiert. Wie alt ist Tom?

14. Für welche Zahl x haben die Figuren denselben Umfang?

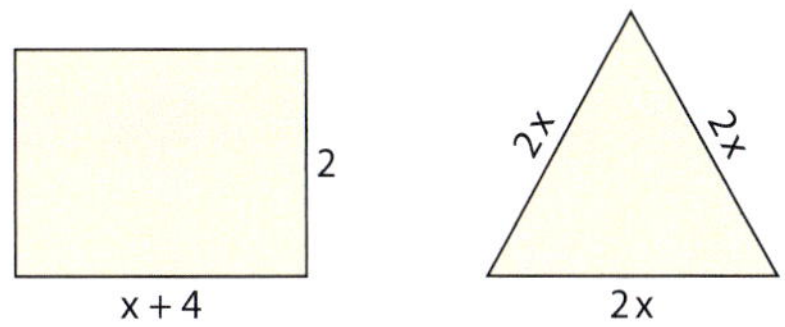

15. Ein gleichseitiges Dreieck wird zu einem gleichschenkligen Dreieck, indem man zwei Seiten um jeweils 6 cm verlängert. Das gleichschenklige Dreieck hat einen Umfang von 24 cm. Berechne die Seitenlänge des gleichseitigen Dreiecks.

16. Für einen Kiba werden Bananen- und Kirschnektar im Verhältnis 3 : 2 gemischt. Der Kiba enthält 160 mℓ Kirschnektar. Wie viel Milliliter Bananennektar enthält er?

17. Die Abbildung zeigt die ersten drei Figuren einer Figurenfolge.

a) Erkläre, dass der Term $3n + (n - 1)$ die Anzahl der Punkte in Figur n angibt.

b) Vereinfache den Term aus a).

c) Berechne die Anzahl der Punkte in Figur 10.

d) Gibt es eine Figur mit 89 Punkten? Begründe.

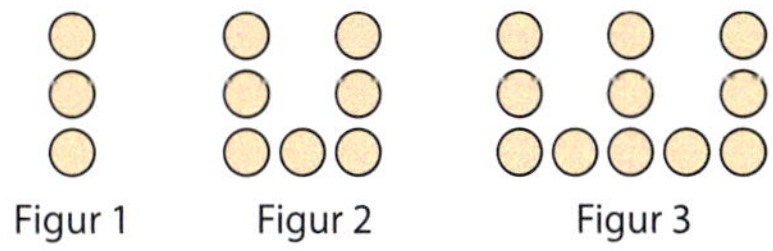

Wiederholungsaufgaben

1. „Wofür verwendet ihr den größten Anteil eures Taschengeldes?" fragte die Klasse 7a auf dem Schulhof. Das Ergebnis ihrer Umfrage: Für Süßigkeiten und Getränke sagten 50 %, für „Klamotten" 25 %, für das Kino 15 % und 10 % sparten den größten Anteil.

a) Stelle das Ergebnis in einem Säulendiagramm dar.

b) Es wurden 200 Schüler gefragt. Bestimme, wie viele jeweils die einzelnen Antworten gaben.

2. Ein Auflauf wird um 10:51 in den Ofen geschoben und soll dort eine Stunde und 20 Minuten bleiben. Wann muss der Auflauf aus dem Ofen geholt werden?

3. Bestimme den Umfang und den Flächeninhalt des Rechtecks.

4. Bestimme die Anzahl der Symmetrieachsen der Figur.

Terme

1. Ein Bahnunternehmen kombiniert seine Züge aus Wagen, die entweder ausschließlich Plätze der ersten oder der zweiten Klasse enthalten. Ein Wagen der ersten Wagenklasse hat 60 Plätze, ein Wagen der zweiten Wagenklasse hat 90 Plätze. Gib einen Term an, mit dem man die Anzahl der Sitzplätze in einem Zug ermitteln kann.

2. Gib jeweils einen Term an, mit dem man
a) den Umfang der Figuren,
b) den Flächeninhalt der Figuren ermitteln kann.

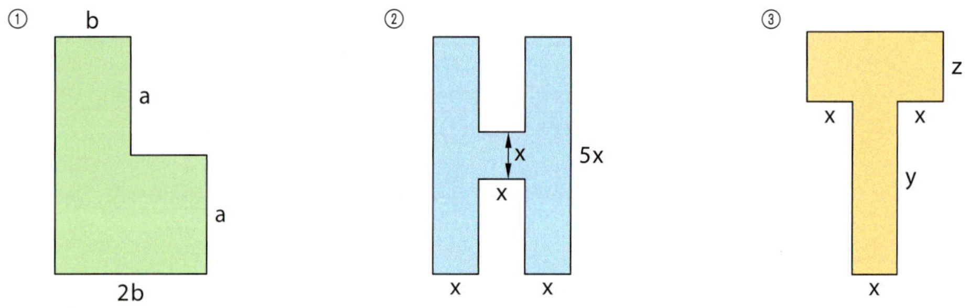

3. Fasse zusammen.

a) $2a + b + a - 5b$ b) $2m + n + m + n$ c) $10r^2 + 3s + r^2 + s$ d) $4xy^2 + x^2y - 3xy^2$
e) $5x + (6y - 4x)$ f) $b - (2a + 2b)$ g) $a^2 - (a^2 - a)$ h) $-3xy - (-2x^2 + xy)$

4. Vereinfache.

a) $14 \cdot 3x$ b) $2r \cdot 5 \cdot 3r$ c) $-4u \cdot (-4)$ d) $\frac{1}{2}x \cdot \frac{1}{4}y$
e) $0{,}2xy^2 \cdot 10x$ f) $8st^2 : 4$ g) $(-3x)^2$ h) $a : 2 \cdot b\,(2a^2)$

5. Berechne für $a = 3$ und $b = 2$ den Wert des Terms. Vereinfache zuerst den Term – falls möglich.

a) $3a + 2b - a$ b) $4a - 2b + a - b$ c) $ab + ab \cdot (-6)$ d) $5a \cdot \frac{1}{2}b \cdot b$
e) $2 \cdot (-a) + b + b^2$ f) $a\,(9b + 6b : 3)$ g) $b - b \cdot (a^2 + a^2)$ h) $ab - (ab)^2 \cdot (-1)$

6. Multipliziere die Klammern aus.

a) $3\,(2a - 2b)$ b) $(5 + 4x) \cdot 7$ c) $\frac{1}{2}(2a - 10)$ d) $(3 - x) \cdot (-1)$
e) $-2m\,(5m - 2n)$ f) $2x\,(4x - 2y + 3z)$ g) $3a\,(0{,}2a - 0{,}3b)$ h) $\left(\frac{2}{5}x - \frac{1}{3}y\right) \cdot 15xy$

7. Klammere alle gemeinsamen Faktoren aus.

a) $6x + 6y$ b) $2uv + 16uw$ c) $9uvw - 3vw$ d) $28m - 7n$
e) $10ab - 5b + 10b$ f) $0{,}3a + 1{,}5b + 3{,}6c$ g) $x^2y^2z + xy$ h) $x^2yz + xz - x^2y$

8. Multipliziere die Klammern aus und vereinfache so weit wie möglich.

a) $(x + 1)(x + 2)$ b) $(a + b)(4 - b)$ c) $\left(-\frac{1}{2} - y\right)(8x + 2)$ d) $(-2r + 3s)(r - 4)$

9. Stelle einen Term für den Flächeninhalt der Figur auf und vereinfache diesen.

a)
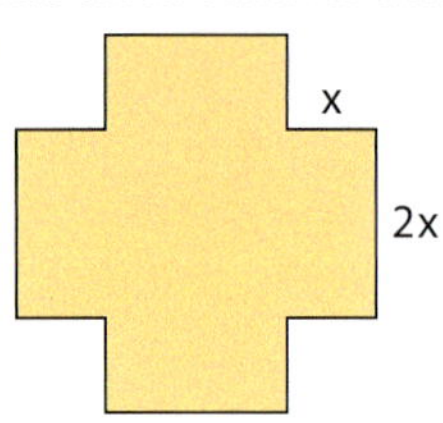

b)
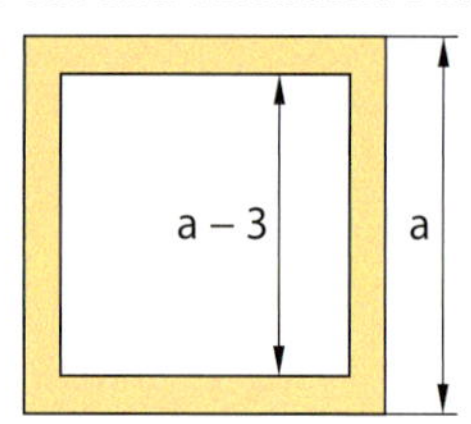

10. Finde Terme, die äquivalent sind. Einige Terme bleiben übrig.

$(a+2)^2$ | $5a^2$ | $2a \cdot (-2a)$ | $(2+a^2+2a) \cdot 2$ | a^2+5a | $a(4+a+1)$ | a^2+2a+4 | $4+a^2+4a$ | $(1-2a)(1+2a)-1$

11. Wende die 1. binomische Formel an. Multipliziere aus oder schreibe als Produkt.

a) $(3+u)^2$ b) $(5a+1)^2$ c) $(3x+2y)^2$ d) $\left(\frac{1}{3}x+\frac{2}{5}y\right)^2$

e) $x^2+8x+16$ f) $25u^2+20uv+4v^2$ g) $\frac{1}{4}+y+y^2$ h) $\frac{1}{64}a^2+\frac{1}{12}ab+\frac{1}{9}b^2$

12. Wende die 2. binomische Formel an. Multipliziere aus oder schreibe als Produkt.

a) $(x-7)^2$ b) $(3b-1)^2$ c) $(-0{,}1u-0{,}5v)^2$ d) $\left(\frac{1}{4}x-\frac{1}{2}y\right)^2$

e) x^2-6x+9 f) $25a^2-10ab+b^2$ g) $\frac{1}{9}x^2-\frac{4}{3}x+4$ h) $\frac{1}{16}-\frac{9}{2}u+81u^2$

13. Wende die 3. binomische Formel an. Multipliziere aus oder schreibe als Produkt.

a) $(x+5)(x-5)$ b) $(2-3y)(2+3y)$ c) $\left(\frac{1}{3}a-\frac{3}{2}\right)\left(\frac{1}{3}a+\frac{3}{2}\right)$ d) $\left(-\frac{1}{4}+a\right)\left(\frac{1}{4}+a\right)$

e) a^2-9 f) $4x^2-y^2$ g) $-16x^2+100$ h) $-\frac{25}{9}a^2+\frac{16}{25}b^2$

14. Löse alle Klammern auf und fasse so weit wie möglich zusammen.

a) $6(a+2b)+4a \cdot (-2)$ b) $2x(3x+4y-7)+(x+y-xy) \cdot 8$

c) $(u+2v)^2-(u^2+2v^2)$ d) $(x^2-x+5) \cdot x+(x+1)^2$

e) $-a(3b-a)-(a+b)(a-b)$ f) $xy-0{,}25y^2+\left(\frac{1}{2}y-2x\right)^2+yx+x \cdot (-4x)$

Wiederholungsaufgaben

1. Wenn es 5 Uhr ist, bilden der Stundenzeiger und der Minutenzeiger einen stumpfen Winkel.
a) Gib die Größe dieses Winkels in Grad an.
b) Gib ebenso die Winkel zwischen den beiden Zeigern zu den Uhrzeiten 3 Uhr, 8 Uhr und 11 Uhr an.

2. Zeichne ein Säulendiagramm für die Niederschlagsmenge (in mm gemessen) in Düsseldorf im Jahr 2013.

Jan.	Febr.	März	April	Mai	Juni	Juni	Aug.	Sept.	Okt.	Nov.	Dez.
39	41	33	18	100	61	21	28	75	68	62	61

3. Bei einer Tombola für ein Schulfest verkaufen zwei Klassen Lose. Dabei befinden sich unter den 400 Losen der Klasse 8a insgesamt 170 Gewinnlose, unter den 350 Losen der Klasse 8b insgesamt 140 Gewinnlose. Beide Klassen werben mit dem Spruch: „Bei uns gibt es mehr Gewinnlose!" Was meinst du dazu?

4. Berechne.

a) $126 \cdot 0{,}783$ b) $0{,}024 \cdot 405$

5. Konstruiere ein Dreieck mit den Maßen a = 3 cm, b = 5 cm sowie c = 4 cm und miss anschließend die Größe der drei Innenwinkel.

Lineare Funktionen

1. Prüfe, ob die Zuordnung eine Funktion ist.
a) *Sprunghöhe beim Hochsprung → Schüler, die diese Höhe gesprungen sind*
b) *Anzahl Eiskugeln → Preis*

2. Stelle für die Funktion eine Wertetabelle für $x = -2$ bis $x = 4$ auf und zeichne den Funktionsgraphen.
a) $f(x) = 1{,}5x + 1$ b) $f(x) = -2x + 1$ c) $g(x) = 0{,}5x - 1$

3. Bestimme die Steigung und eine Funktionsgleichung des Graphen.

a) 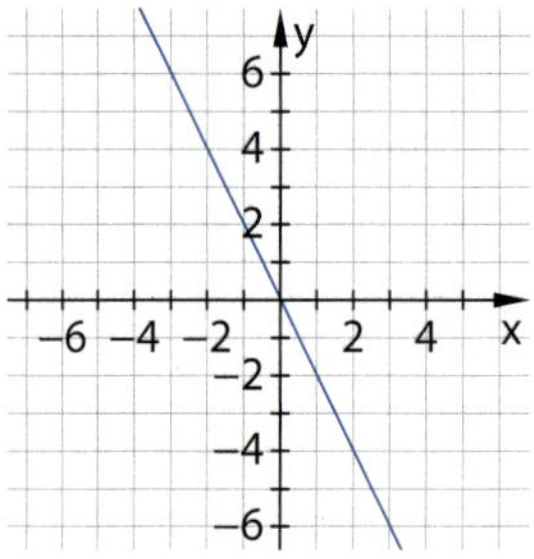

b) 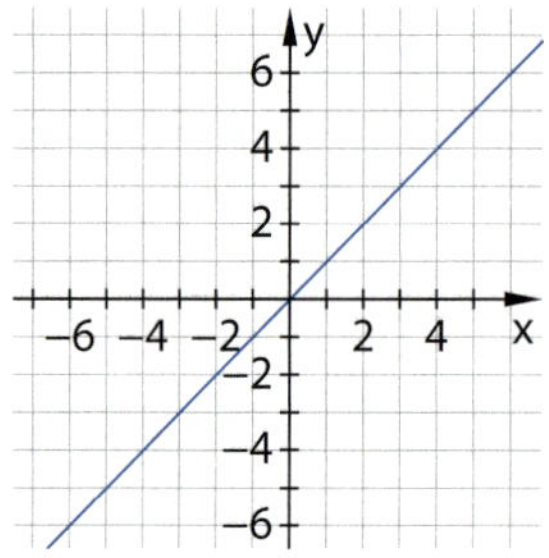

c) 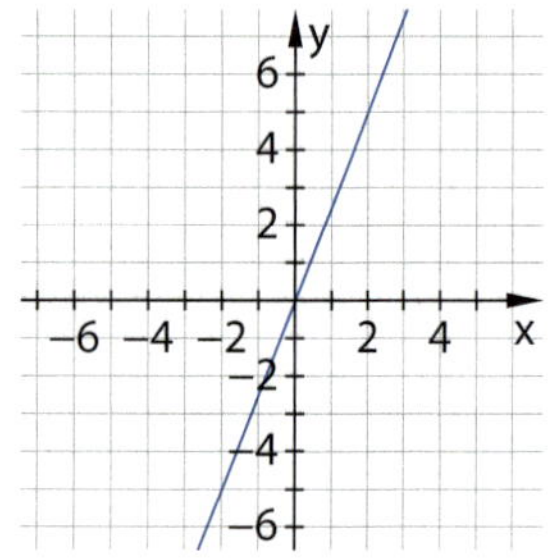

4. Zeichne den Graphen der proportionalen Funktion mit der angegebenen Funktionsgleichung.
a) $y = 4x$ b) $y = 2x$ c) $y = 0{,}4x$ d) $y = -0{,}3x$ e) $v(t) = -\frac{7}{9}t$

5. Drei unterschiedliche Autos haben auf der Autobahn folgenden durchschnittlichen Benzinverbrauch:
– 7 Liter Benzin auf 100 km
– 8 Liter Benzin auf 100 km
– 9 Liter Benzin auf 100 km
Die Tabelle und der Graph stellen jeweils den Benzinverbrauch eines dieser Autos dar.

Strecke in km	Verbrauch in Litern
50	4,0
80	6,4
200	16,0
250	20,0
300	24,0
360	28,8

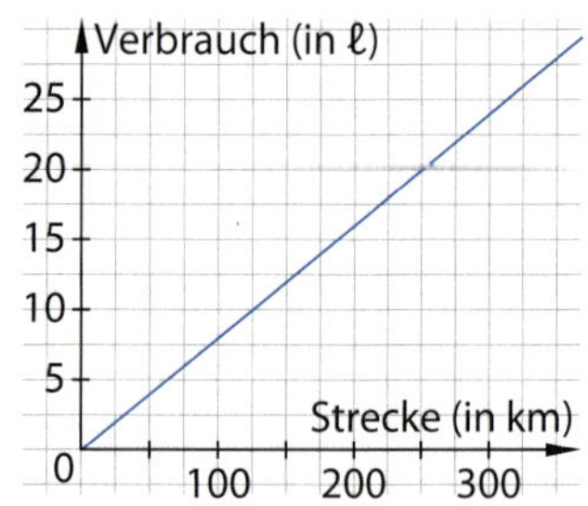

a) Gib an, zu welchem Auto die Tabelle passt. Begründe deine Antwort.
b) Gib an, zu welchem Auto der Graph passt. Begründe deine Antwort.

6. Zeichne den Graphen zur Funktionsgleichung.
a) $y = 2x - 3$ b) $y = -\frac{1}{2}x + 2$ c) $y = -3x + 9$ d) $y = \frac{1}{4}x + \frac{1}{2}$

7. Bestimme eine passende Funktionsgleichung zum Graphen.

a) 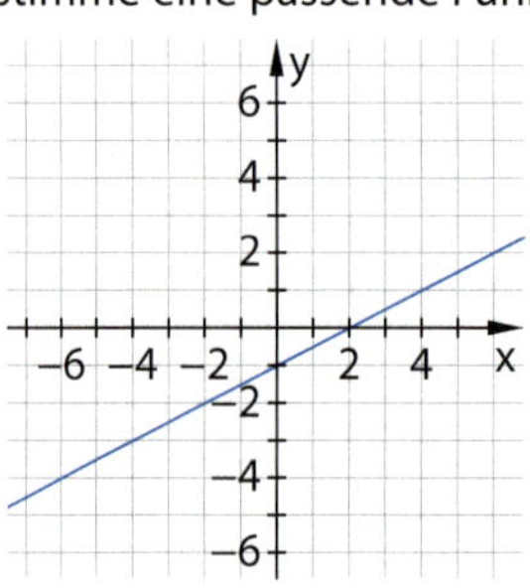

b) 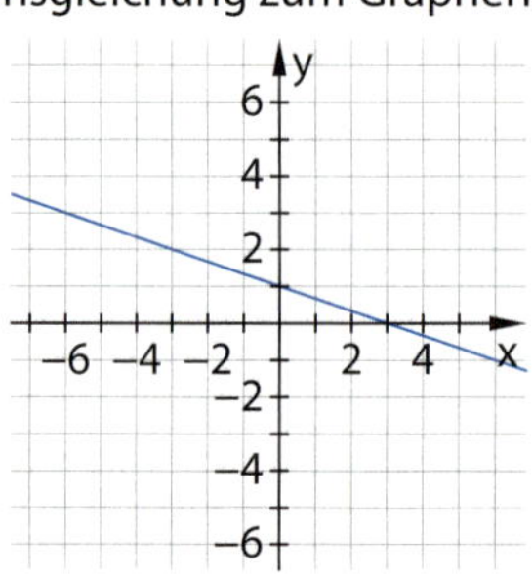

c) 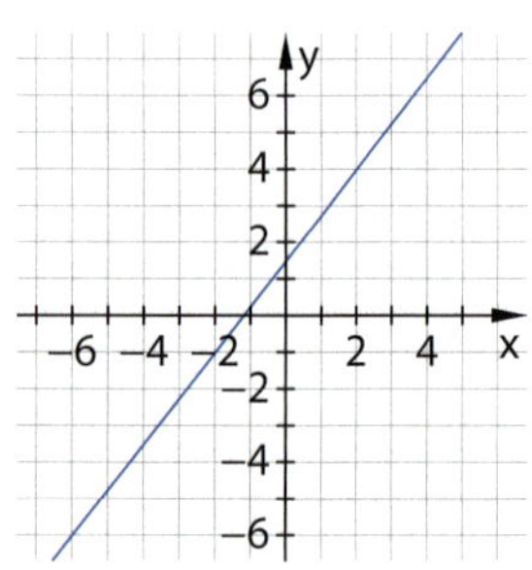

8. Bestimme eine Funktionsgleichung der Geraden, auf der die Punkte A und B liegen.
a) A(−6|0); B(2|4)   b) A(−6|−4); B(6|1)   c) A(−3|7); B(3|−9)   d) A(0|−23); B(−10|3)

Grundwissen ↗ S. 34   Lösungen ↗ S. 150

9. Bestimme sowohl grafisch als auch rechnerisch die Nullstelle der Funktion f.
a) $f(x) = \frac{1}{3}x - 1{,}5$ b) $f(x) = \frac{5}{3}x + 5$ c) $f(x) = 0{,}875x - 3{,}5$ d) $f(x) = \frac{1}{6}x + \frac{1}{3}$

Hinweis zu 9:
Die Ergebnisse können mit einem **Funktionenplotter** überprüft werden.

10. Bestimme sowohl grafisch als auch rechnerisch den x-Wert, an dem die Funktion den gegebenen y-Wert annimmt.
a) $f(x) = 2x + 1;\ y = 7$ b) $f(x) = -\frac{1}{5}x - 1;\ y = -2$
c) $f(x) = 2{,}5x + 2{,}5;\ y = -2{,}5$ d) $f(x) = 0{,}75x - 1\frac{1}{2};\ y = 3$

11. Beim Fotoanbieter A kostet ein Abzug 12 ct. zzgl. 2,95 € Versandkosten.
Beim Anbieter B kostet ein Abzug 17 Cent ohne Versandkosten.
Stelle dar, welcher Anbieter in Abhängigkeit von der Anzahl der Fotos der günstigere ist.

12. Die Funktion $h(x) = -200x + 12\,000$ beschreibt die sich verringernde Flughöhe (in Meter) eines Passagierjets im Landeanflug auf einen Flughafen, wobei x die vergangenen Minuten seit Beginn des Sinkfluges angibt.
a) Berechne die Nullstelle der Funktion. Interpretiere das Ergebnis.
b) Wie viele Minuten vor der Landung befindet sich das Flugzeug in 1000 m Höhe?

13. Petra hat mit einem Funktionenplotter $x = -1$ als Nullstelle der Funktion $f(x) = \frac{99}{100}x + \frac{100}{99}$ bestimmt. Beschreibe, wie Petra dabei vorgegangen sein könnte.
Überprüfe das Ergebnis rechnerisch.

Wiederholungsaufgaben

1. Runde die Zahl auf die angegebene Stelle.
a) Hundertstel: 43 856 b) Zehntel: 108,025 c) Tausendstel: 4,789789

2. Birgit findet im Atlas eine Karte mit dem Maßstab 1 : 2 500 000. Dieser Maßstab bedeutet, dass 1 cm in der Karte 2 500 000 cm in der Wirklichkeit entspricht.
Birgit misst auf der Karte den Abstand zwischen Frankfurt und München. Er beträgt 12 cm.
Berechne mithilfe des Maßstabs, wie weit Frankfurt von München in der Wirklichkeit (Luftlinie) entfernt ist. Gib dein Ergebnis in Kilometer an.

3. Zeichne in ein Koordinatensystem die Punkte A(0|0), B(8|0) und C(4|3). Zeichne das Dreieck ABC. Bestimme seinen Flächeninhalt und seinen Umfang.

4. Berechne.
a) $\frac{5}{6} + \frac{3}{5}$ b) $\frac{5}{6} - \frac{3}{5}$ c) $\frac{5}{6} \cdot \frac{3}{5}$ d) $\frac{5}{6} : \frac{3}{5}$

5. Fasse den Term $3 \cdot x + 7 \cdot y - 4 + 3 \cdot y - 2 \cdot x + 2$ zusammen und vereinfache.

6. In einer Schülergruppe wurden die folgenden Größen gemessen (in cm):

160	176	157	183	176	161	176	177	178	176

Bestimme zu diesen Daten die Kennwerte arithmetisches Mittel, Maximum, Minimum, Spannweite und Modalwert.

7. Bestimme x: a) $-2x = -8$ b) $3x = -4$ c) $\frac{1}{2}x = \frac{1}{3}$ d) $4x + 1 = -7$

Lineare Gleichungssysteme

1. In der Kasse der Klasse 7c befinden sich 40 €. Davon wollen die Schülerinnen und Schüler Getränke und Gebäck für ein Klassenfest kaufen. Ein Getränk kostet im Einkauf 1 €, ein Beutel Gebäck 2 €.

a) Beschreibe den Sachverhalt mit einer linearen Gleichung mit zwei Variablen.
b) Gib alle Möglichkeiten für den Einkauf an Getränken und Beuteln mit Gebäck an.
c) Überprüfe, ob $(20|10)$; $(10|20)$; $(36|2)$ Lösungen sind.

2. Mara kauft vier Dinkelbrötchen und drei Roggenbrötchen für 4,65 €, Ronja zahlt für vier Roggenbrötchen und zwei Dinkelbrötchen 3,70 €.

a) Begründe, welche der linearen Gleichungssysteme zu dieser Situation passen.

① $\left| \begin{array}{l} 4d + 3s = 4{,}65 \\ 2d + 4s = 3{,}70 \end{array} \right|$ ② $\left| \begin{array}{l} 2d + 4s = 3{,}70 \\ 4d + 3s = 4{,}65 \end{array} \right|$ ③ $\left| \begin{array}{l} 4x + 3y = 4{,}65 \\ 2y + 4x = 3{,}70 \end{array} \right|$ ④ $\left| \begin{array}{l} 4x + 3y = 4{,}65 \\ 2x + 4y = 3{,}70 \end{array} \right|$

b) Begründe, dass $L = \{(1{,}35|-0{,}25)\}$ keine Lösung sein kann.

3. Zeichne in ein Koordinatensystem eine Gerade, auf der die Lösungen der linearen Gleichung liegen, und bestimme aus der Zeichnung drei Lösungen der Gleichung.

a) $2x + 2y = 4$ b) $9x - 6y = 12$ c) $-10x + 5y = 40$ d) $-0{,}5x + 0{,}25y = 0{,}75$

4. Gib ein Gleichungssystem mit zwei linearen Gleichungen an, das den folgenden Sachverhalt beschreibt: Addiert man zu einer Zahl das Doppelte einer anderen Zahl, so erhält man 5. Subtrahiert man vom Dreifachen der ersten Zahl die zweite Zahl, so erhält man 1.

5. Ermittle grafisch eine Lösung des linearen Gleichungssystems.

a) $\left| \begin{array}{r} -2x + y = 1 \\ x + y = 1 \end{array} \right|$ b) $\left| \begin{array}{r} -3x + y = -2 \\ x - y = -2 \end{array} \right|$ c) $\left| \begin{array}{l} -3x + y = 5 \\ 2x - 2y = -2 \end{array} \right|$ d) $\left| \begin{array}{l} -a + 2b = 1 \\ 5a - 3b = 2 \end{array} \right|$

6. Ermittle eine Lösung des linearen Gleichungssystems. Begründe, für welches Verfahren du dich entscheidest.

a) $\left| \begin{array}{l} y = 4x - 1 \\ y = 2x + 1 \end{array} \right|$ b) $\left| \begin{array}{r} 5y = 5x + 25 \\ -2y = 5x + 4 \end{array} \right|$ c) $\left| \begin{array}{r} -10x - 3y = 15 \\ 5x + 5y = 10 \end{array} \right|$ d) $\left| \begin{array}{l} 0{,}5x + y = 1{,}5 \\ 2x + 3y = 4 \end{array} \right|$

e) $\left| \begin{array}{r} x + y = 4 \\ y = 2x - 2 \end{array} \right|$ f) $\left| \begin{array}{l} x - 2y = 5 \\ 3x - y = 10 \end{array} \right|$ g) $\left| \begin{array}{l} 2x + y = 2 \\ -x + y = 5 \end{array} \right|$ h) $\left| \begin{array}{l} \frac{1}{3}a + b = 2 \\ a + \frac{1}{2}b = 6 \end{array} \right|$

7. Gib an, ob das Gleichungssystem eine, keine oder unendlich viele Lösungen hat.

a) $\left| \begin{array}{r} x + y = 1 \\ 2y - 2 = -2x \end{array} \right|$ b) $\left| \begin{array}{l} 3x + 2y = 4 \\ 6x + 4y = 16 \end{array} \right|$ c) $\left| \begin{array}{l} \frac{1}{5}x + \frac{1}{2}y = \frac{1}{3} \\ \frac{2}{10}x + \frac{3}{6}y = \frac{5}{20} \end{array} \right|$ d) $\left| \begin{array}{r} y = -0{,}2x + 1 \\ 0{,}5y = -0{,}1x + 0{,}5 \end{array} \right|$

8. Löse das lineare Gleichungssystem und mache die Probe. Gib das gewählte Lösungsverfahren an und begründe, wieso du dich für dieses entschieden hast.

a) $\left| \begin{array}{r} x + y = 2 \\ 2x - y = 1 \end{array} \right|$ b) $\left| \begin{array}{l} 2x + 3y = 4 \\ 4x = 24 - 6y \end{array} \right|$ c) $\left| \begin{array}{l} u - 3v = 16 \\ v = 2u + 8 \end{array} \right|$ d) $\left| \begin{array}{l} \frac{1}{2}x + \frac{1}{3}y = \frac{1}{4} \\ y = -\frac{3}{2}x + 3 \end{array} \right|$

e) $\left| \begin{array}{r} x - 3y = 6 \\ 2x + 4y = 20 \end{array} \right|$ f) $\left| \begin{array}{r} 4a + b = 4 \\ 2a - 3b = -40 \end{array} \right|$ g) $\left| \begin{array}{l} 5y - 2x = 10 \\ y = \frac{2}{5}x + 2 \end{array} \right|$ h) $\left| \begin{array}{l} \frac{7}{6}x + 2y = 4 \\ \frac{1}{4}x + \frac{3}{2}y = -\frac{9}{2} \end{array} \right|$

9. Ein rechteckiges, 810 m^2 großes Grundstück wird von einem 122 m langen Zaun und einem 4 m breiten Tor begrenzt. Wie lang und wie breit ist das Grundstück?

Grundwissen ↗ S. 35 Lösungen ↗ S. 154

10. Löse die Zahlenrätsel.
a) Die Summe zweier Zahlen ist 50, ihre Differenz ist 42.
b) Addiert man zum Produkt zweier Zahlen 14, so erhält man 150. Das 39-fache der ersten Zahl minus 12 ist 300.
c) Das 3-fache der Summe zweier Zahlen ist 69. Das Quadrat der Summe der beiden Zahlen ist 529.

11. Tobias hat eine 1,80 m lange Holzleiste. Er möchte daraus einen Bilderrahmen anfertigen, bei dem die längeren Seiten 1,5-mal so lang sind wie die kürzeren Seiten.

12. Familie Schmidts Stromrechnung betrug in diesem Monat 39,16 € bei einem Verbrauch von 203 kWh. Im letzten Monat waren es 49,40 € bei 267 kWh. Wie hoch ist die Grundgebühr und wie hoch der Preis pro kWh?

Wiederholungsaufgaben

1. Gib das Ergebnis in der vorgegebenen Maßeinheit an.
a) ein Drittel von 6 km in m
b) das Doppelte von 1 m³ in ℓ
c) der zehnte Teil von 48,7 kg in t

2. Rechts siehst du eine Figur.
a) Stelle einen Term zur Berechnung ihres Umfangs auf.
b) Berechne den Umfang, wenn a = 12 cm und b = 7 cm sind.

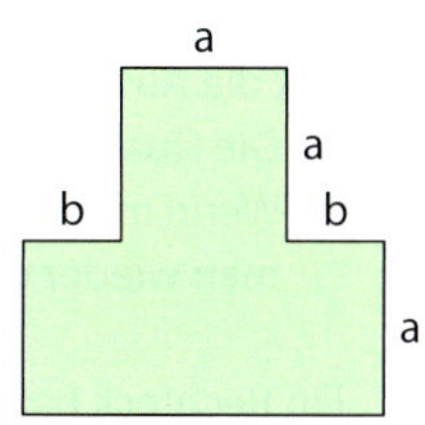

3. Welche Brüche gehören zu den Punkten A, B, C und D?

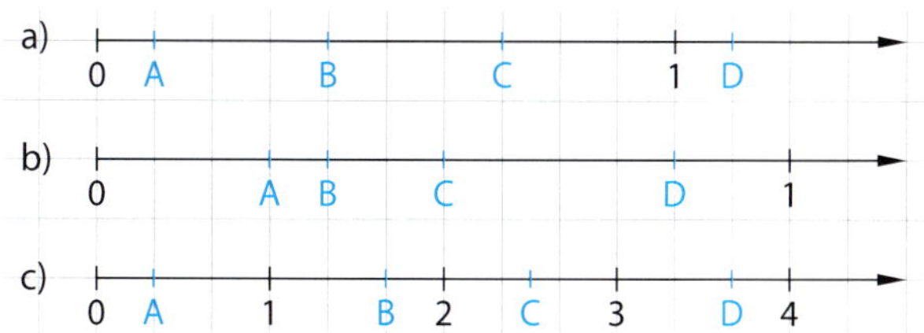

4. Die beiden Geraden g und h sind parallel. Gib die Größe der Winkel α_1 bis α_5 an.

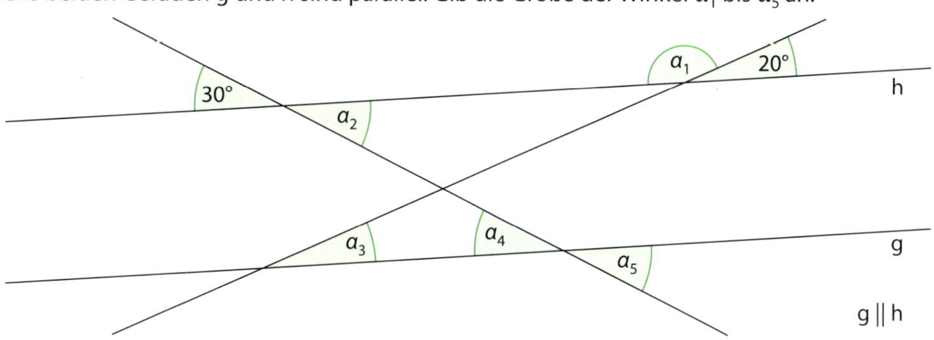

5. Berechne.
a) −4,5 + 5,4 b) −4,5 − 5,4 c) −4,5 · 5,4 d) −4,5 : 5,4

Quadratische Funktionen und Gleichungen

1. Der Punkt P liegt auf der Normalparabel. Bestimme fehlende Werte, soweit möglich.
a) $P(3{,}5|■)$ b) $P(■|1{,}96)$ c) $P(■|0)$ d) $P(0|■)$ e) $P(■|-1)$

2. Zeichne den Graphen der Funktion mithilfe einer Wertetabelle.
a) $f(x) = x^2$ b) $g(x) = 3x^2$ c) $h(x) = -0{,}5x^2$ d) $k(x) = -2x^2$ e) $l(x) = 0{,}2x^2$

3. Beschreibe die Verschiebung gegenüber der Normalparabel, gib den Scheitelpunkt an und zeichne den Graphen der Funktion.
a) $f(x) = x^2 + 2$ b) $g(x) = (x + 1)^2$ c) $h(x) = (x - 2)^2 - 1$ d) $k(x) = \left(x + \frac{1}{2}\right)^2 - \frac{9}{4}$

4. a) Bestimme jeweils die Funktionsgleichung der verschobenen Normalparabel.
① Verschiebung der Normalparabel um 4 Einheiten nach unten und 7 Einheiten nach links
② Der Scheitelpunkt liegt bei $S(-1{,}5|3{,}5)$.
③ Der Graph enthält die Punkte $P(-2|-5{,}25)$, $Q(-1|-6{,}25)$ und $R(0|-5{,}25)$.
b) Bestimme die Nullstellen der Funktionen aus a).

5. Zeichne den Graphen der Funktion. Gib zuerst die Koordinaten des Scheitelpunkts an.
a) $f(x) = 2(x - 2)^2 + 1$ b) $g(x) = -(x - 1)^2 - 1$ c) $h(x) = 0{,}25(x - 4)^2 - 2$

6. a) Gib die Funktionsgleichung zu der abgebildeten Parabel an.
b) Berechne die x-Werte, bei denen die Parabel den Funktionswert 11,25 hat.

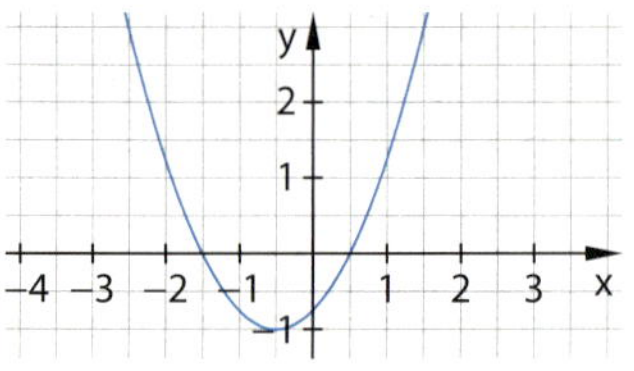

7. Auf dem Graphen einer quadratischen Funktion liegen der Scheitelpunkt S und Punkt P. Bestimme die Nullstellen der Funktion.
a) $S(0|-2)$ und $P(2|0)$ b) $S(3|-2)$ und $P(7|0)$ c) $S(2|12)$ und $P(1|9)$

8. Der Brückenbogen mit den gegebenen Maßen hat die Form einer Parabel.
a) Bestimme eine Funktionsgleichung der Parabel, wenn der Koordinatenursprung ① im Scheitelpunkt, ② links unten am Beginn des Bogens liegt.
b) Berechne die Länge der Stützen, die 29 m vom Scheitelpunkt entfernt beginnen.

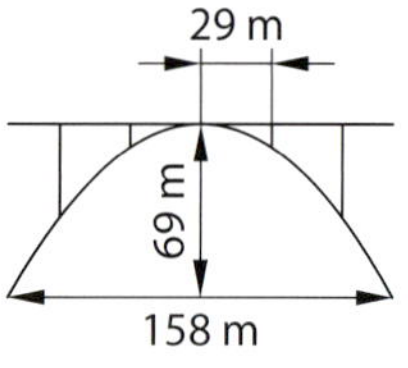

9. Bestimme die Funktionsgleichung jeweils in der Scheitelpunktform, in der allgemeinen Form und in der faktorisierten Form.
a) $f(x) = 2(x - 1)^2 - 18$ b) $g(x) = x^2 - 14x + 45$ c) $h(x) = -3(x + 4)(x - 2)$

10. Bestimme a so, dass die Gleichung $(x - 1)^2 + a = 3$ keine, eine oder zwei Lösungen hat.

11. Löse die Gleichung rechnerisch. Überprüfe grafisch mit dem Taschenrechner.
a) $x^2 - 0{,}04 = 0$ b) $9x^2 - 225 = 0$ c) $7x^2 + 7x = 0$ d) $3x^2 + 6 = 33$

12. Die Funktion f mit $f(x) = -0{,}002x^2 + 0{,}6x$ beschreibt die Flugbahn eines Golfballs.
a) Bestimme, wie weit der Golfball fliegt.
b) Bestimme die maximale Höhe des Golfballs während des Flugs.

Grundwissen ↗ S. 37 Lösungen ↗ S. 157

13. Die Gleichung wird mit der p-q-Formel gelöst. Vervollständige die Lücken im Heft.

a) $x^2 - 6x + 8 = 0;\ x_{1,2} = 3 \pm \sqrt{(-3)^2 - \square}$
b) $x^2 - 12x + 32 = 0;\ x_{1,2} = \square \pm \sqrt{(-6)^2 - \square}$
c) $x^2 + 6x + 8 = 0;\ x_{1,2} = \square 3 \pm \sqrt{3^2 - \square}$
d) $x^2 - x - \frac{3}{4} = 0;\ x_{1,2} = \square \pm \sqrt{\square^2 - \square}$

14. Bestimme die Lösungen der Gleichung rechnerisch.

a) $x^2 + 4x + 3 = 0$
b) $x^2 + 6x + 11 = 0$
c) $0{,}5x^2 - 3x + 2{,}5 = 0$
d) $2x^2 - 28x + 96 = 0$
e) $\frac{1}{3}x^2 - \frac{8}{3}x + 5 = 0$
f) $0{,}25x^2 + 1{,}5x + 1{,}75 = 0$

15. Ein Rechteck hat die Seiten a = 6 cm und b = 4 cm. Beide Seiten werden um die Länge x verlängert, sodass sich der Flächeninhalt des Rechtecks verdoppelt. Bestimme x mithilfe einer Gleichung.

16. Ein Quadrat hat den Flächeninhalt 100 cm². Nun wird eine Seite des Quadrats um eine Länge x verkürzt, die andere Seite wird um das Doppelte der Länge x verlängert, sodass ein Rechteck entsteht.

a) Bestimme x so, dass der Flächeninhalt des Rechtecks so groß wie möglich wird.
b) Wie ändert sich das Ergebnis in a), wenn eine Seite des Quadrats um eine Länge x verkürzt und die andere Seite um das Fünffache der Länge x verlängert wird?

17. a) Bestimme, welche quadratische Gleichung in der Abbildung grafisch gelöst wird.
b) Lies die Lösung ab und mache eine rechnerische Probe.

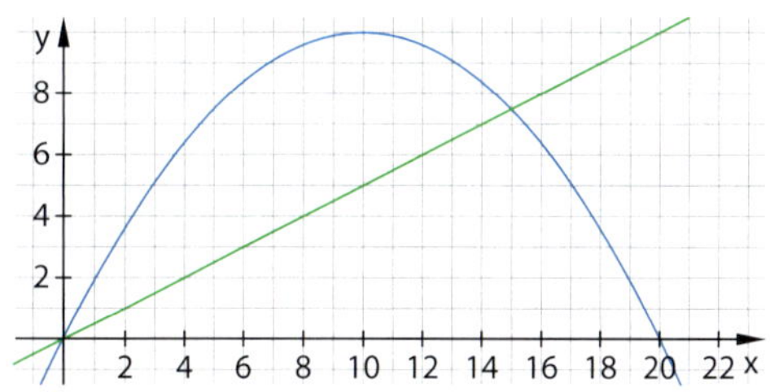

18. Bestimme die Schnittpunkte der Graphen von f und g rechnerisch. Kontrolliere deine Ergebnisse im Grafikmenü des Grafiktaschenrechners.

a) $f(x) = x^2 + 2x + 1;\ g(x) = 4$
b) $f(x) = x^2 + 2x + 1;\ g(x) = -x^2 + 2x + 1$
c) $f(x) = x^2 - 2x + 1;\ g(x) = -x + 1$
d) $f(x) = -2x^2 + x - 1;\ g(x) = -x^2 + 1$

Wiederholungsaufgaben

1. Ein Energieversorgungsunternehmen verlangt von seinen Gaskunden 3,50 € als Grundgebühr im Monat und 7,3 ct pro verbrauchte KWh. Berechne, wie hoch die Gasrechnung im Monat Dezember ist, in dem 280 KWh verbraucht wurden.

2. Bestimme die Lösungsmenge des Gleichungssystems.
$$\left| \begin{array}{l} 2x - 6y = 1 \\ x - \ \ y = 1 \end{array} \right|$$

3. Im Dreieck ABC ist $\gamma = 90°$, w_β ist die Winkelhalbierende von β. Berechne die Größe der Winkel α und β.

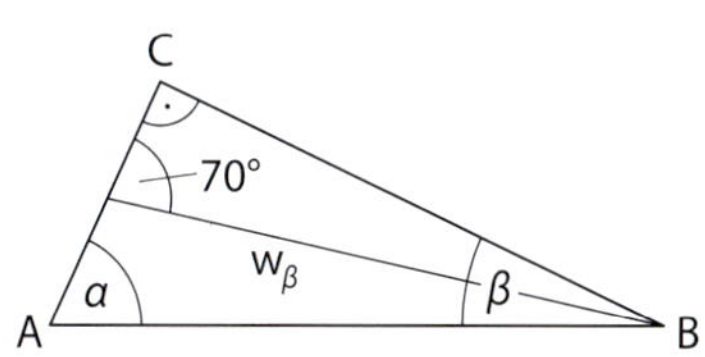

4. Beim Kauf eines Gebrauchtwagens werden 30 % angezahlt. Dies sind 4 200 €. Berechne den Kaufpreis des Fahrzeugs.

Zahlbereiche und Grenzprozesse

1. a) Erkläre die Regel, nach der die Zahl 0,101 001 000 100 001… gebildet ist.
Setze die Ziffernfolge fort.
b) Begründe, dass es sich bei der Zahl in a) um eine irrationale Zahl handelt.
c) Erfinde eigene Regeln und bilde damit irrationale Zahlen.

2. Bestimme ohne Taschenrechner, welche Zahl größer ist.
a) $\sqrt{2}$ oder $1{,}414\overline{2}$ b) $\sqrt{5}$ oder 2,230 679 91 c) $\sqrt{8}$ oder $\frac{31}{11}$ d) $\sqrt{2}$ oder $\frac{17}{12}$

3. Frank behauptet, dass 1,414 213 562 der genaue Wert von $\sqrt{2}$ ist, denn sein Taschenrechner zeigt diesen Wert ja an. Nadine meint, dass das nicht stimmen kann, denn die Endziffer von $1{,}414\,213\,562^2$ ist 4.
Wer hat recht? Begründe deine Antwort.

4. Gib drei Zahlen an, die zwischen 0 und 1 liegen und die folgenden Bedingungen erfüllen.
- Die erste Zahl soll ein endlicher Dezimalbruch sein.
- Die zweite Zahl soll ein periodischer Dezimalbruch sein.
- Die dritte Zahl soll irrational sein.

5. Entscheide, welche Gleichungen richtig sind.
a) $\frac{1}{9} \approx 0{,}111$ b) $\frac{1}{9} = 0{,}111$ c) $\frac{1}{9} = 0{,}\overline{1}$ d) $\frac{9}{9} = 1$ e) $0{,}\overline{9} = 1$

6. Übertrage die Tabelle in dein Heft und ergänze sie.
Begründe deine Entscheidungen.

Zahlenbereich	0,125	$4{,}\overline{6}$	$\sqrt{16+9}$	$\sqrt{3}$	$8{,}20\overline{3}$	$-\sqrt{81}$	−0,121 121 112 111 12…
Natürliche Zahlen $\mathbb{N}$	nein						
Ganze Zahlen $\mathbb{Z}$	nein						
Rationale Zahlen $\mathbb{Q}$	ja						
Irrationale Zahlen $\mathbb{I}$	nein						
Reelle Zahlen $\mathbb{R}$	ja						

7. Ordne die folgenden Zahlen den Mengen $\mathbb{N}$, $\mathbb{Z}$, $\mathbb{Q}$ und $\mathbb{R}$ zu.
0,4; −8; 5,13; −0,4; $-0{,}\overline{7}$; $\frac{4}{9}$; $\sqrt{7}$; $-\sqrt{11}$; 0,5; $0{,}134\overline{5}$

8. Entscheide, ob die Aussagen richtig sind.
a) Jede positive ganze Zahl gehört auch zur Menge der natürlichen Zahlen.
b) Jede natürliche Zahl gehört auch zur Menge der reellen Zahlen.
c) Die rationalen Zahlen gehören nicht zur Menge der reellen Zahlen, denn die reellen Zahlen sind alle irrational.

9. a) Gib an, zwischen welchen beiden natürlichen Zahlen $\sqrt{15}$ auf der Zahlengeraden liegt.
b) Ermittle $\sqrt{15}$ durch eine Intervallschachtelung auf zwei Stellen nach dem Komma genau.
c) Quadriere dein Ergebnis aus b). Berechne die Abweichung zu 15 als Dezimalzahl und in Prozent von $\sqrt{15}$.

10. a) Ermittle $\sqrt{15}$ mit dem Heron-Verfahren auf zwei Stellen nach dem Komma genau
b) Gib an, wie viele Schritte du dafür brauchst.
Vergleiche mit der Anzahl der Schritte bei Verwendung einer Intervallschachtelung (siehe Aufgabe 9).

Grundwissen ↗ S. 42 Lösungen ↗ S. 162

11. Beschreibe anhand der Abbildung den Verlauf des Graphen der Funktion f mit $f(x) = \frac{1}{x}$ und $x \neq 0$ in der Umgebung der y-Achse.

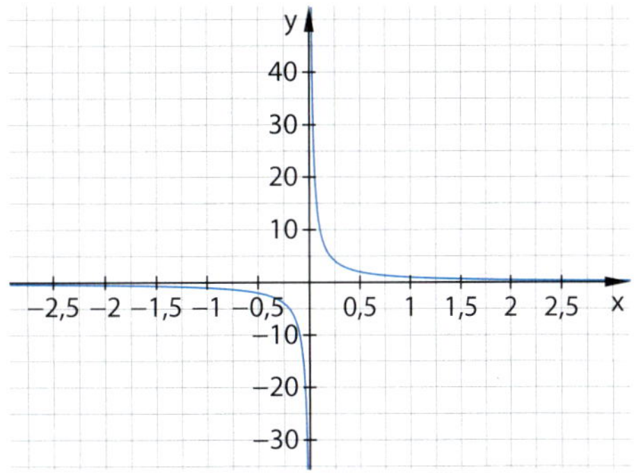

12. Untersuche, wie sich der Graph der Funktion f mit $f(x) = 3 + \frac{1}{x}$ verhält, …

a) wenn $x > 0$ ist und x immer größer wird,
b) wenn $x < 0$ ist und x immer kleiner wird,
c) wenn $x > 0$ ist und sich der Null annähert,
d) wenn $x < 0$ ist und sich der Null annähert.

13. a) Gib die Gleichungen von zwei Funktionen an, deren Graphen sich für $x > 0$ und immer größer werdendes x an die Gerade mit der Gleichung $y = 3$ annähern.
b) Gib die Gleichungen von zwei Funktionen an, deren Graphen sich für $x < 0$ und immer kleiner werdendes x an die Gerade mit der Gleichung $y = -1$ annähern.

14. a) Berechne die ersten acht Folgeglieder der Zahlenfolge $a_n = \frac{2}{(n+1)^2}$.
b) Stelle die Zahlenfolge in einem Koordinatensystem grafisch dar.
c) Lies aus dem Graphen eine Vermutung für den Grenzwert der Zahlenfolge bei $n \to \infty$ ab.

15. a) Ordne den Zahlenfolgen die passenden Darstellungen zu. Gib anhand der Graphen jeweils eine Vermutung für den Grenzwert an. Eine Gleichung bleibt übrig.

① $a_n = -\frac{1}{n}$ ② $a_n = 3 - \frac{1}{n}$
③ $a_n = 4 + \frac{1}{n+1}$ ④ $a_n = \frac{3}{n}$

b) Überprüfe deine Vermutungen aus a) anhand der Bildungsvorschriften.

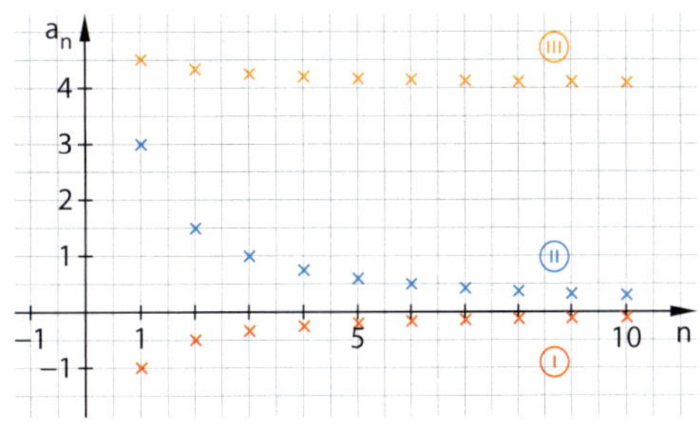

16. Gib die ersten fünf Folgeglieder an. Bestimme den Grenzwert für $n \to \infty$.

a) $a_n = 5 - \frac{1}{n}$ b) $a_n = -\left(\frac{1}{n}\right)^2$ c) $a_n = \left(\frac{4}{n}\right)^2$ d) $a_n = \frac{1}{n+3}$ e) $a_n = \frac{(-1)^n}{(n+1)}$

Wiederholungsaufgaben

1. a) Begründe, warum man eine ebene Wand lückenlos mit gleich großen regelmäßigen Sechsecken bedecken kann.
b) Im Bild rechts wurde eine Wand teilweise mit gleich großen regelmäßigen Sechsecken bedeckt. Schätze anhand von Vergleichsgrößen deren Seitenlänge.

2. a) Berechne den Flächeninhalt eines regelmäßigen Sechsecks mit der Seitenlänge 4 m.
b) Begründe: „Alle regelmäßigen Sechsecke sind zueinander ähnlich."

Anhang

Auf den Seiten mit orangen Überschriften findet man die **Lösungen** zu allen Aufgaben.

Die Lösungen sind nach Themen und Seitenzahlen geordnet, sodass du die Lösung zu deiner Aufgabe schnell finden kannst. Wenn die Aufgabe schwierig ist, dann steht dort auch eine kurze Erklärung oder ein Rechenweg.

Das Stichwortverzeichnis enthält Begriffe aus dem Grundwissen. Mithilfe der Seitenangaben findest du passende Stellen zum Nachlesen.

S. 48, 6.
a) Die Quersumme von 57 ist 12, also ist 57 durch 3 teilbar.
b) Die Quersumme von 83 ist 11, also ist 83 nicht durch 3 teilbar.
c) Die Quersumme von 679 ist 22, also ist 679 nicht durch 3 teilbar.
d) Die Quersumme von 789 ist 24, also ist 789 durch 3 teilbar.
e) Die Quersumme von 1332 ist 9, also ist 1332 durch 3 teilbar.
f) Die Quersumme von 8562 ist 21, also ist 8562 durch 3 teilbar.

S. 48, 7.
a) 0, 2, 4, 6 und 8 b) 2, 5 und 8
c) 0 und 5 d) 2 und 8

S. 48, 8.
a) 144 : 16 = 9; 144 : 6 = 24
b) $1001 = 7 \cdot 11 \cdot 13$; $1003 = 17 \cdot 59$; $1005 = 3 \cdot 5 \cdot 67$; $1007 = 19 \cdot 53$
c) 17 – 2 = 15

S. 48, 9.
a) Richtig, wenn eine Zahl durch Vervielfachung mit 8 entsteht, ist sie auch durch 8 teilbar.
b) Falsch, dies gilt nur für Zahlen, die mit geradem Ergebnis durch 9 teilbar sind. Beispielsweise ist 27 : 9 = 3; 27 ist aber nicht durch 18 teilbar.
c) Richtig, Zahlen sind durch 10 teilbar, wenn die letzte Ziffer 0 ist, solche Zahlen sind auch durch 5 teilbar.
d) Richtig, die letzte Ziffer von geraden Zahlen, die durch 5 teilbar sind, ist 0.

S. 48, 10.
Nein, da 1311 eine ungerade Zahl und nicht durch 2 teilbar ist.

S. 48, 11.
a) 12 cm und 16 cm
b) Sofia braucht 8 Bretter mit der Breite 12 cm oder 6 Bretter mit der Breite 16 cm.

S. 48, 12.
a) 3, 6, 12, 24, 48, 96
b) 14, 15, 19, 20, 24, 25

S. 49, 13.
a) 25, 31, 37, 43, 49, 55, 61, 67: Es wird immer 6 addiert.
b) 1, 3, 9, 27, 81, 243, 729: Es wird immer mit 3 multipliziert.
c) 2, 3, 5, 8, 12, 17, 23, 30, 38: Es wird eine Zahl addiert, die um 1 größer ist als die im vorherigen Schritt addierte.
d) 10, 9, 19, 18, 28, 27, 37, 36, 46: Es wird abwechselnd 1 subtrahiert und 10 addiert.

S. 49, 14.
a) 4, 7, 10, 13, 16, 19, 22, 25: Es wird immer 3 addiert.
b) Die Rechenausdrücke sind richtig.
c) 100. Zahl: $3 \cdot 100 + 1 = 301$

S. 49, 15.
a) Samuel und Katharina joggen jeden 12. Tag zusammen, also z. B. am 1., 13. und 25. eines Monats. 30 : 12 = 2 Rest 6, es passen also 3 angefangene Perioden von 12 Tagen in einen Monat. Da am Anfang jeder Periode zusammen gejoggt wird, ergibt dies 3 gemeinsame Tage.
b) Ein Jahr hat 365 Tage, 365 : 12 = 30 Rest 5. Sie können also an 31 Tagen zusammen joggen.

Wiederholungsaufgaben (S. 49)

S. 49, 1.
a) 12 + 88 = 100 b) 100 : 5 = 20
c) 48 – 19 = 29

S. 49, 2.
a) 1 Liter entspricht 1 dm^3; also 1 dm^3 = 1000 cm^3.
b) 1 m = 100 cm
c) Ein Tag hat 24 Stunden, also $24 \cdot 60 = 1440$ Minuten.

S. 49, 3.
In 4 Busse passen nur 200 Schüler, man braucht also 5 Busse.

S. 49, 4.
a) Geschenkbänder, dicke Bundstifte, Griffe von Bestecken
b) 2500 kg = 2,5 t: Kleinlaster, Elefantenkuh, mögliche Zuladung auf viele PKW-Anhänger
c) Nachrichtenbeiträge; 3 durchschnittliche Werbespots
d) 1000 cm^3 sind ein Liter: Milchpackungen, Getränkeflaschen

S. 49, 5.
Zeichenübung

Brüche und Dezimalzahlen

S. 50, 1.
a) $\frac{1}{3}$ b) $\frac{5}{6}$ c) $\frac{4}{7}$ d) $\frac{3}{8}$

S. 50, 2.
a) 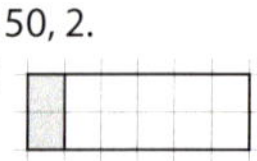 b) 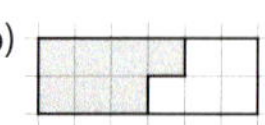 c) 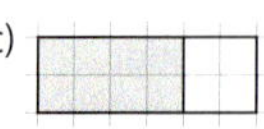

S. 50, 3.
a) $\frac{13}{2}$ b) $\frac{6}{5}$ c) $\frac{8}{3}$ d) $\frac{73}{10}$
e) $\frac{35}{17}$ f) $\frac{58}{11}$

S. 50, 4.
a) $1\frac{1}{3}$ b) $1\frac{1}{5}$ c) $9\frac{1}{2}$ d) $4\frac{1}{4}$
e) $2\frac{9}{10}$ f) $6\frac{2}{7}$

S. 50, 5.
a) $\frac{6}{10}; \frac{15}{25}; \frac{24}{40}$ b) $\frac{3}{4}; \frac{9}{12}; \frac{12}{16}; \frac{18}{24}$

S. 50, 6.
a) $\frac{2}{7}$ b) $\frac{1}{2}$ c) $\frac{5}{4}$
d) $\frac{5}{3}$ e) $\frac{9}{80}$ f) $\frac{3}{4}$

S. 50, 7.

a) $\frac{6}{16} > \frac{5}{16}$ b) $\frac{3}{4} < \frac{4}{5}$

c) $\frac{7}{12} < \frac{11}{16}$ d) $3\frac{7}{10} > 3\frac{1}{2}$

S. 50, 8.

a) Jedes Kind bekommt $2\frac{1}{4}$ Pfannkuchen.

b) Jedes Kind erhält $5\frac{1}{2}$ Donuts.

c) Für jeden gibt es $\frac{1}{3}$ Pizza.

S. 50, 9.

a) 21 € b) 140 g c) 50 s d) 6 mm

S. 50, 10.

a) $\frac{40}{100} = \frac{2}{5}$ b) $\frac{14}{21} = \frac{2}{3}$ c) $\frac{5}{60} = \frac{1}{12}$ d) $\frac{250}{2000} = \frac{1}{8}$

S. 50, 11.

a) $\frac{1}{10}$ kg = 100 g b) $\frac{1}{2}$ g = 500 mg

c) $\frac{2}{5}$ dm = 4 cm d) $\frac{3}{8}$ ℓ = 375 mℓ

e) $5\frac{1}{2}$ km = 5500 m f) $2\frac{3}{4}$ h = 165 min

S. 50, 12.

Peters Anteil beträgt $\frac{1}{10}$, Maries $\frac{1}{5}$. Maries Anteil ist also höher, sie trifft öfter.

S. 50, 13.

a) $\frac{9}{10}$ b) $\frac{6}{100} = \frac{3}{50}$ c) $1\frac{1}{10}$

d) $20\frac{5}{10} = 20\frac{1}{2}$ e) $5\frac{23}{100}$ f) $\frac{175}{1000} = \frac{7}{40}$

S. 50, 14.

a) 0,39 b) 0,002 c) 61,3

d) 4,25 e) 2,08 f) 0,6

S. 51, 15.

a) 2,7 > 2,3 b) 1,77 > 0,79 c) 0,081 < 0,18

d) $0,15 < \frac{1}{5}$

S. 51, 16.

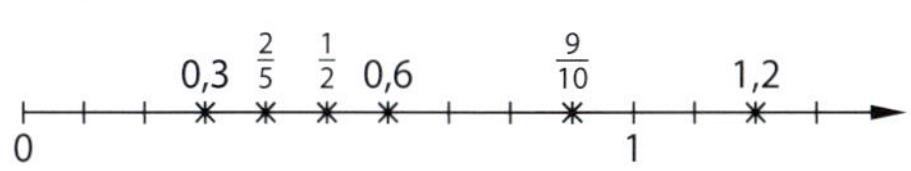

S. 51, 17.

a) 0,875 b) $0,\overline{1}$ c) 1,7

d) $0,\overline{63}$ e) $0,0\overline{6}$ f) $13,\overline{3}$

S. 51, 18.

a) 76 % b) 30 % c) 0,1 %

d) 19 % e) 55 % f) 20 %

S. 51, 19.

a) 12 € b) 90 g c) 3 mm

S. 51, 20.

Der Anteil beträgt $\frac{15}{50} = \frac{30}{100}$, das sind 30 %, also mehr als 20 %.

S. 51, 21.

a) In die 5a gehen 15 Mädchen, in der 5b sind es 11 Mädchen.

b) In der 5a sind 40 % der Kinder Jungen, in der 5b sind es 56 %.

S. 51, 22.

$\frac{24}{40} = \frac{600}{1000} = 60\,\%$; $0,\overline{6} = \frac{16}{24} = \frac{2}{3}$; $1,6 = \frac{16}{10} = 1\frac{3}{5}$

Wiederholungsaufgaben (S. 51)

S. 51, 1.

3 · 25 kg + 2 · 15 kg = 105 kg

S. 51, 2

a) z. B. 15 = 5 · 3 b) 31

S. 51, 3.

a) $2\,m^2 = 200\,dm^2$ b) $4\,dm \cdot 3\,cm = 120\,cm^2$

c) 9 cm = 90 mm

S. 51, 4.

a) … alle seine Seiten gleich lang sind.

b) … lange Seiten.

S. 51, 5.

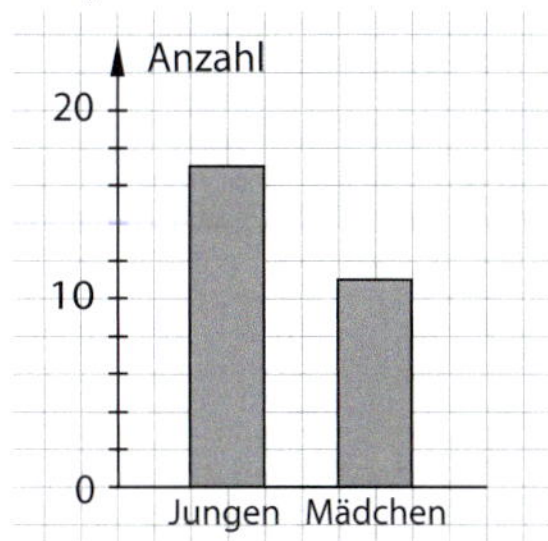

Brüche und Dezimalzahlen addieren und subtrahieren

S. 52, 1.

$\frac{1}{6} + \frac{4}{6} = \frac{5}{6}$

S. 52, 2.

a) $\frac{8}{9} - \frac{4}{9} = \frac{4}{9}$ b) $\frac{4}{7} + \frac{5}{7} = \frac{9}{7}$ c) $\frac{1}{10} + \frac{3}{5} = \frac{1}{10} + \frac{6}{10} = \frac{7}{10}$

d) $\frac{2}{3} + \frac{3}{4} = \frac{8}{12} + \frac{9}{12} = \frac{17}{12}$ e) $\frac{3}{16} - \frac{1}{12} = \frac{9}{48} - \frac{4}{48} = \frac{5}{48}$

S. 52, 3.

a) $\frac{9}{10} + \frac{6}{10} = \frac{15}{10} = \frac{3}{2}$ b) $\frac{6}{12} - \frac{2}{5} = \frac{5}{10} - \frac{4}{10} = \frac{1}{10}$

c) $\frac{3}{9} + \frac{2}{12} = \frac{2}{6} + \frac{1}{6} = \frac{3}{6} = \frac{1}{2}$ d) $\frac{5}{6} - \frac{14}{36} = \frac{30}{36} - \frac{14}{36} = \frac{16}{36} = \frac{4}{9}$

e) $\frac{19}{20} + \frac{10}{25} = \frac{95}{100} + \frac{40}{100} = \frac{135}{100} = \frac{27}{20}$

S. 52, 4.

a) 9 b) $1\frac{17}{28}$ c) $5\frac{1}{2}$ d) $5\frac{1}{2}$ e) $1\frac{7}{9}$

S. 52, 5.

a) $\frac{2}{3} + \frac{2}{3} + \frac{2}{3} = 2$ b) $\frac{5}{4} - \frac{7}{8} = \frac{3}{8}$ c) $\frac{1}{2} - \frac{2}{5} = \frac{1}{10}$

S. 52, 6.

a) 2,4 b) 1,13 c) 1,32 d) 1,380

S. 52, 7

Aufgabe	Überschlags-rechnung	Über-schlagser-gebnis	Genaues Ergebnis
0,47 + 1,238	0,5 + 1,2	1,7	1,708
15,91 – 7,28	16 – 7	9	8,63
34,873 + 53,234	35 + 53	88	88,107
0,107 – 0,0543	0,11 – 0,05	0,06	0,0527

S. 52, 8.
a) Überschlag: 1,1 + 0,8 = 1,9
   Ergebnis: 1,93
b) Überschlag: 7 – 5,5 = 1,5
   Ergebnis: 1,55
c) Überschlag: 35 – 16 = 19
   Ergebnis: 18,617
d) Überschlag: 2 + 3 = 5
   Ergebnis: 5,1482

S. 52, 9.
a) richtig   b) $\frac{11}{30} - \frac{4}{20} = \frac{22}{60} - \frac{12}{60} = \frac{10}{60} = \frac{1}{6}$
c) 12,6 + 3 = 15,6   d) 6,15 – 2,8 = 3,35

S. 52, 10.
a) $\frac{2}{3}$ b) $\frac{77}{30} = 2\frac{17}{30}$ c) 1,8   d) 4,424

S. 52, 11.
a)

$\frac{5}{9}$	$\frac{4}{9}$	1
$\frac{10}{9}$	$\frac{2}{3}$	$\frac{2}{9}$
$\frac{1}{3}$	$\frac{8}{9}$	$\frac{7}{9}$

b)

0,85	1,2	0,95
1,1	1	0,9
1,05	0,8	1,15

S. 53, 12.
$3\frac{1}{2} - \frac{1}{2} - \frac{3}{4} = 2\frac{1}{4}$
Es können noch $2\frac{1}{4}$ Torten verkauft werden.

S. 53, 13.
Ausgaben:
Überschlag 5 € + 25 € + 9 € + 1,50 € = 40,50 €,
genaues Ergebnis: 40,52 €
Mona hat genau 40,52 € ausgegeben, kann also noch 100 € – 40,52 € = 59,48 € sparen.

Wiederholungsaufgaben (S. 53)

S. 53, 1.

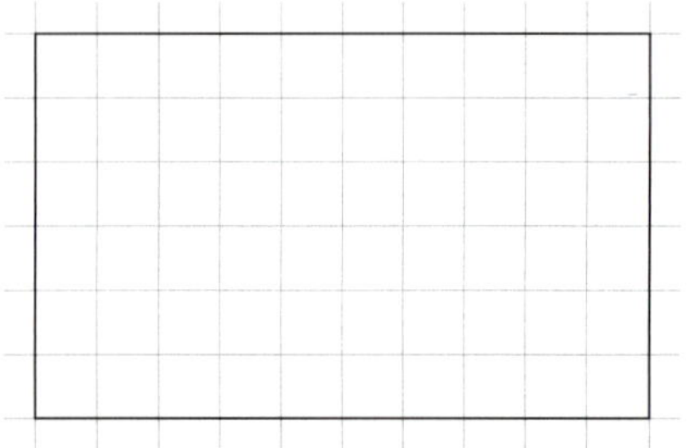

S. 53, 2
a) Kleintransporter; Parkplatz für Pkw
b) 1 Liter Milch; Würfel mit 1 dm Kantenlänge
c) Spielfeld für Feldhockey; kleines Fußballfeld
d) Dauer einer Schulstunde; Dauer einer Halbzeit bei einem Fußballspiel
e) große Tüte Katzentrockenfutter; 4 Liter Wasser

S. 53, 3.

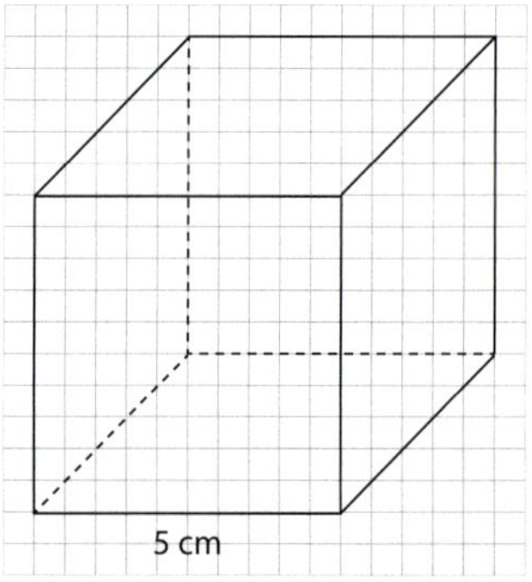

$V = 125\,cm^3$

S. 53, 4.
a) u = 2 cm + 3 cm + 4 cm = 9 cm
b) u = 4 cm + 2 cm + 2,5 cm = 8,5 cm

S. 53, 5.
a) Nudeln mit Tomatensoße 13-mal; Schnitzel und Pommes 19-mal
b) 9 Portionen

Brüche und Dezimalzahlen multiplizieren und dividieren

S. 54, 1.
a) $\frac{9}{4} = 2\frac{1}{4}$ b) $\frac{5}{2} = 2\frac{1}{2}$ c) $\frac{3}{2} = 1\frac{1}{2}$
d) $\frac{4}{3} = 1\frac{1}{3}$ e) $\frac{5}{36}$

S. 54, 2.
a) $\frac{1}{40}$ b) $\frac{5}{24}$ c) $\frac{6}{35}$ d) $\frac{6}{5}$
e) $\frac{63}{100}$

S. 54, 3.
a) $\frac{3}{4}$ b) 2   c) $\frac{4}{11}$ d) $\frac{21}{2}$ e) $\frac{4}{15}$
f) $\frac{1}{4}$ g) $\frac{1}{10}$ h) $\frac{1}{18}$ i) 42   j) $\frac{16}{15}$

S. 54, 4.
a) $\frac{1}{5}$ b) $\frac{4}{21}$ c) $\frac{1}{20}$ kg = 50 g   d) $\frac{1}{4}$ mm
e) $\frac{3}{5}$ ℓ = 600 mℓ

S. 54, 5.
a) $\frac{1}{6}$ der Schüler spielt im Verein.
b) Das sind 4 Kinder.

S. 54, 6.
a) $\frac{25}{3} = 8\frac{1}{3}$ b) $\frac{77}{8} = 9\frac{5}{8}$ c) $\frac{11}{20}$
d) $\frac{45}{2} = 22\frac{1}{2}$ e) 3

S. 54, 7.
40 Tage

S. 54, 8.
Nina $\frac{5}{2}$ h = $\frac{10}{4}$ h; Kathrin $\frac{9}{4}$ h; Mathias $\frac{7}{4}$ h
Nina verbringt die meiste Zeit im Internet.

S.54, 9.
a) 7,261 km b) 21,23 cm c) 17,5 cm d) 23 920 g

S.54, 10.
a) $0{,}033 \cdot 100 = 3{,}3$; $0{,}033 : 100 = 0{,}00033$
b) $1{,}562 \cdot 100 = 156{,}2$; $1{,}562 : 100 = 0{,}01562$
c) $0{,}862 \cdot 100 = 86{,}2$; $0{,}862 : 100 = 0{,}00862$
d) $13{,}9 \cdot 100 = 1390$; $13{,}9 : 100 = 0{,}139$
e) $440{,}8 \cdot 100 = 44080$; $440{,}8 : 100 = 4{,}408$

S.54, 11.
a) 1,6 b) 6,9 c) 0,63 d) 5 e) 0,04
f) 0,3 g) 0,4 h) 3 i) 0,02 j) 100

S.54, 12.
a) Überschlag $2{,}5 \cdot 2 = 5$; Ergebnis 4,42
b) Überschlag $3{,}5 \cdot 2 = 7$; Ergebnis 7,245
c) Überschlag $6 \cdot 0{,}2 = 1{,}2$; Ergebnis 1,054
d) Überschlag $10 \cdot 5 = 50$; Ergebnis 48,64
e) Überschlag $15 \cdot 10 = 150$; Ergebnis 159,2265
f) Überschlag $24 : 4 = 6$; Ergebnis 5,8
g) Überschlag $45 : 5 = 9$; Ergebnis 9,19
h) Überschlag $13 : 1 = 13$; Ergebnis 12
i) Überschlag $40 : 0{,}8 = 50$; Ergebnis 53,75
j) Überschlag $24 : 1{,}2 = 20$; Ergebnis 22,6

S.55, 13.
a) $0{,}35 \cdot 1000 = 350$ b) $0{,}006 \cdot 100 = 0{,}6$
c) $5 \cdot 0{,}1 = 0{,}5$ d) $0{,}3 \cdot 7 = 2{,}1$
e) $1{,}2 : 10 = 0{,}12$ f) $27\,200 : 1000 = 27{,}2$
g) $8 : 0{,}1 = 80$ h) $0{,}6 : 2 = 0{,}3$

S.55, 14.
etwa 252 Dollar

S.55, 15.
rund 17 Kilometer pro Stunde

S.55, 16.
a) $9 : (\frac{3}{5} + \frac{3}{10}) = 9 : \frac{9}{10} = 10$
b) $(0{,}1 + 0{,}05) \cdot (2 - 1{,}6) = 0{,}15 \cdot 0{,}4 = 0{,}06$

S.55, 17.
a) $\frac{7}{2} = 3\frac{1}{2}$ b) 3 c) 16,8 d) 1,38

S.55, 18.
a) $\frac{5}{12}$ b) 12,7 c) $\frac{3}{13}$ d) 33
e) 53 f) 26,4 g) 0,9 h) 125

Wiederholungsaufgaben (S.55)

S.55, 1.
Figur ① ist ein Würfel- und damit auch ein Quadernetz.
Figur ② ist kein Quadernetz.
Figur ③ ist ein Quadernetz.

S.55, 2.
$12 \cdot 50\,000 \text{ cm} = 600\,000 \text{ cm} = 6000 \text{ m}$

S.55, 3.
a) 40 km b) 2,5 Stunden

S.55, 4.
a) 12 Kästchen b) $\frac{6}{16} = \frac{3}{8}$

Rationale Zahlen

S.56, 1.
a)

x	−0,2	0,6	−5	$-\frac{3}{4}$	3,3
|x|	0,2	0,6	5	$\frac{3}{4}$	3,3
−x	0,2	−0,6	5	$\frac{3}{4}$	−3,3
|−x|	0,2	0,6	5	$\frac{3}{4}$	3,3

x	$\frac{10}{3}$	−0,6	$1\frac{1}{3}$	0	3,33
|x|	$\frac{10}{3}$	0,6	$1\frac{1}{3}$	0	3,33
−x	$-\frac{10}{3}$	0,6	$-1\frac{1}{3}$	0	−3,33
|−x|	$\frac{10}{3}$	0,6	$1\frac{1}{3}$	0	3,33

Gebrochene Zahlen sind:
0,6; 3,3; 0,2; 5; $-\frac{3}{4}$; $\frac{10}{3}$; $1\frac{1}{3}$; 0; 3,33

b) −5; $-\frac{3}{4}$; −0,6; −0,2; 0; 0,6; $1\frac{1}{3}$; 3,3; 3,33; $\frac{10}{3}$

S.56, 2.
$\frac{1}{4}$, $-\frac{1}{4}$ und −0,25 haben den Abstand 0,25 zur Null
$-\frac{3}{5}$ und 0,6 haben den Abstand 0,6 zur Null
0,4 und $-\frac{2}{5}$ haben den Abstand 0,4 zur Null

S.56, 3.
a)
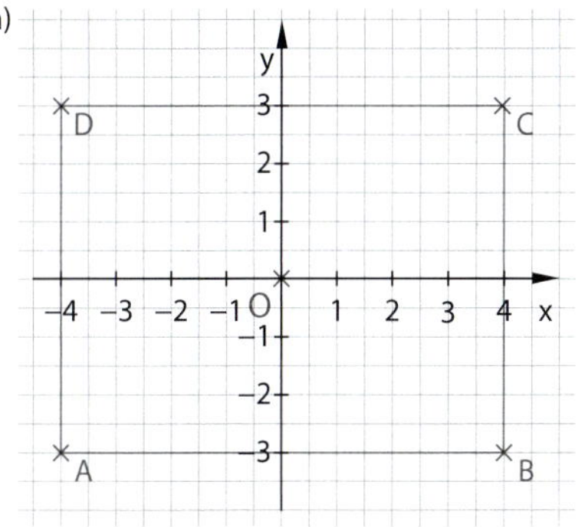

b) Punkt A liegt im dritten Quadranten.
Punkt B liegt im vierten Quadranten.
Punkt C liegt im ersten Quadranten.
Punkt D liegt im zweiten Quadranten.

c) Mittelpunkt von $\overline{AB}$; Punkt mit Koordinaten (0|−3)
Mittelpunkt von $\overline{BC}$; Punkt mit Koordinaten (4|0)
Mittelpunkt von $\overline{CD}$; Punkt mit Koordinaten (0|3)
Mittelpunkt von $\overline{AD}$; Punkt mit Koordinaten (−4|0)
Schnittpunkt der Diagonalen: O(0|0)

S.56, 4.
a) −7 b) −0,4 c) −100 d) $-\frac{8}{13}$
e) 0,3 f) 0 g) −72 h) 0
i) $-\frac{1}{7}$ j) −0,023 k) 0 l) $-\frac{2}{3}$
m) 2 n) −1 o) $-\frac{1}{4}$ p) $-\frac{1}{4}$
q) −0,6 r) 33 s) −20 t) 2

S. 56, 5.

a)

3
−0,2 | −3,2
$\frac{1}{2}$ | 0,7 | 3,9

Subtraktion

3
−0,2 | 3,2
$\frac{1}{2}$ | −0,7 | 3,9

Addition

3
−0,2 | −15
$\frac{1}{2}$ | −0,4 | 37,5

Multiplikation

b)

1,7
$\frac{3}{10}$ | −1,4
$\frac{1}{2}$ | $\frac{1}{5}$ | 1,6

Subtraktion

1,7
$\frac{3}{10}$ | $\frac{3}{17}$
$\frac{1}{2}$ | $\frac{5}{3}$ | $\frac{85}{9}$

Division

S. 56, 6.

a) $-\frac{4}{3}$ b) $\frac{9}{8}$ c) 0 d) −23
e) 0,5 f) −6 g) 0 h) 0

S. 56, 7.

a) −50 b) 10 c) −5 d) −74
e) 40 f) 1 g) 50 h) −0,5

S. 56, 8.

a) 3 b) $-\frac{4}{3}$ c) $-\frac{1}{3}$
d) $-\frac{17829}{475} = -41\frac{354}{475}$ e) −1,5
f) $\frac{20}{77}$ g) $\frac{467}{310} = 1\frac{157}{310}$ h) $\frac{297863}{300} = 99{,}287\overline{6}$

Die Aufgaben d), g) und h) sollten mit einem Taschenrechner gelöst werden, sonst schriftlich.

S. 56, 9.

a) $6 + 13 + 4 = 23$ b) $-2(1 - 2 - 3) = 8$
c) $-3 + 2 + 5 = 4$

S. 57, 10.

x	y	z	$x \cdot (y - z)$	$x \cdot y - z$	$x \cdot (y - 2z)$
−3	−1	1	6	2	9
−3,5	−1,2	$\frac{1}{3}$	5,37	≈ 3,87	≈ 6,53

x	y	z	$\frac{x}{y - 2z}$	$x + y \cdot z^3$	$\frac{x + y \cdot z}{z - y}$
−3	−1	1	1	−4	−2
−3,5	−1,2	$\frac{1}{3}$	≈ 1,88	−3,54	−2,54

S. 57, 11.

Sparguthaben: 500,00 €; 482,20 €; 379,10 €; 529,10 €

S. 57, 12.

a) Temperaturunterschiede (morgens zu abends):
Mo: +1,7 °C Di: +6,5 °C Mi: +2,6 °C Do: +6,1 °C
Fr: −1,5 °C Sa: −4 °C So: −3,0 °C

b) Am Dienstag veränderte sich die Temperatur am meisten und am Freitag am wenigsten.

Wiederholungsaufgaben (S. 57)

S. 57, 1.

a) 1,4 b) $-\frac{1}{40}$ c) 9

S. 57, 2.

a) dm^3 oder Liter b) km^2 c) mm oder cm
d) m oder cm e) t f) ml

S. 57, 3.

a) 180,75 b) ≈ 75,7 % c) 300
d) wahre Aussage e) 230 f) wahre Aussage

S. 57, 4.

a) 10 Tage b) 2 €

Grundbegriffe der Geometrie

S. 58, 1.
a) e und f sind zueinander senkrecht.
b) g und h sind zueinander parallel.

S. 58, 2.

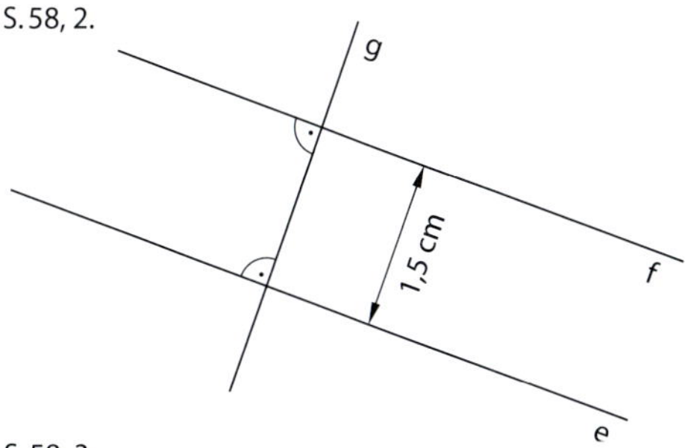

S. 58, 3.

a)

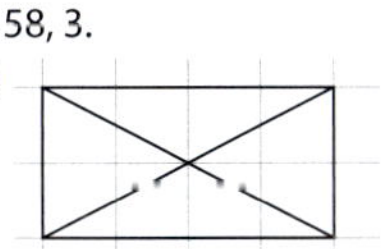

b)

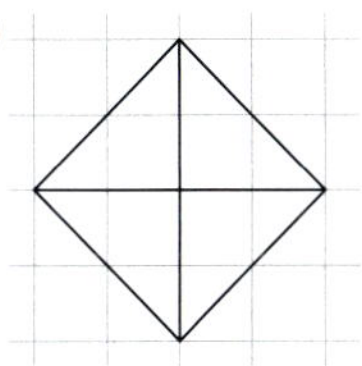

c)

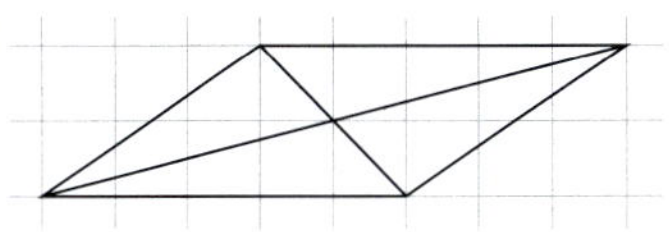

d)

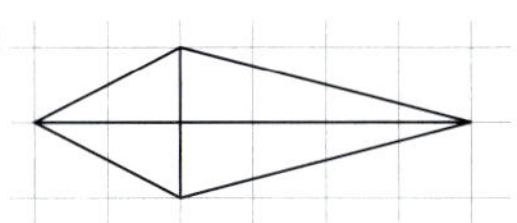

e)

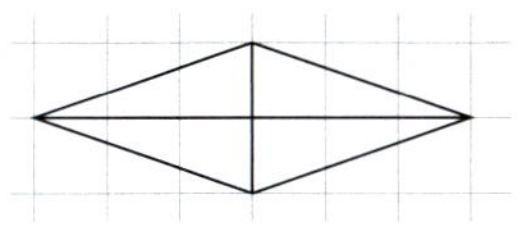

S. 58, 4.

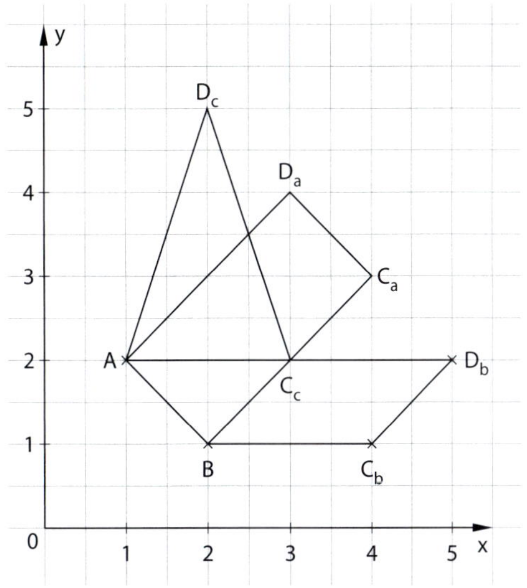

Mögliche Lösungen:
a) $C_a(4|3)$ und $D_a(3|4)$
b) $C_b(4|1)$ und $D_b(5|2)$
c) $C_c(3|2)$ und $D_c(2|5)$

S. 58, 5.
a) Rechteck und Quadrat
b) Quadrat und Raute
c) Quadrat
d) Trapez
e) Rechteck, Quadrat, Parallelogramm, Raute

S. 58, 6.

	a) Ecken	Kanten	b) Flächen
(1)	8	12	6 Quadrate
(2)	8	12	2 Quadrate und 4 Rechtecke
(3)	5	8	1 Quadrat und 4 Dreiecke
(4)	12	18	2 Sechsecke und 6 Rechtecke

S. 59, 7.
Zusammenstoßende Kanten haben die gleiche Ziffer.

a)

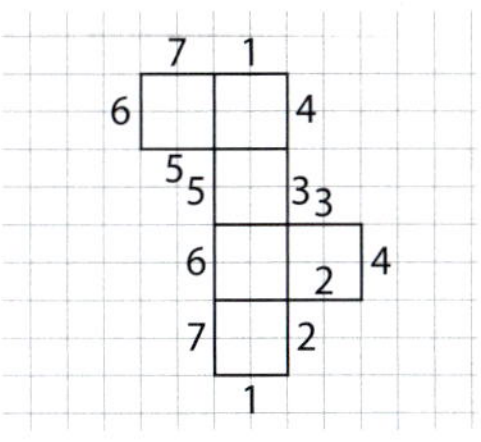

b) kein Würfelnetz

c)

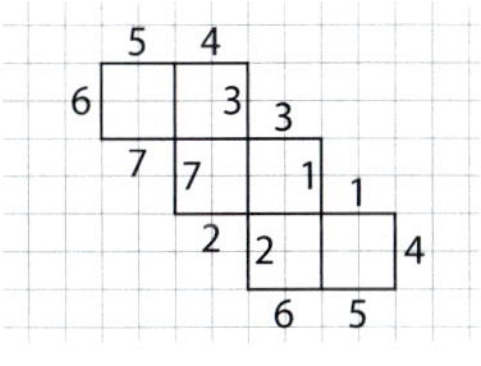

d)

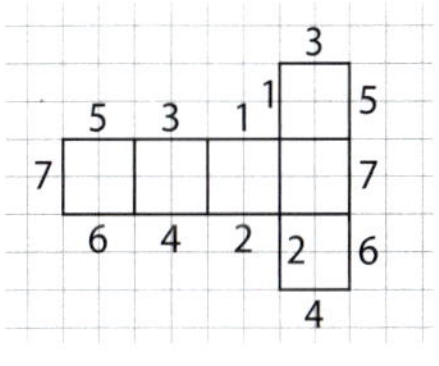

S. 59, 8.

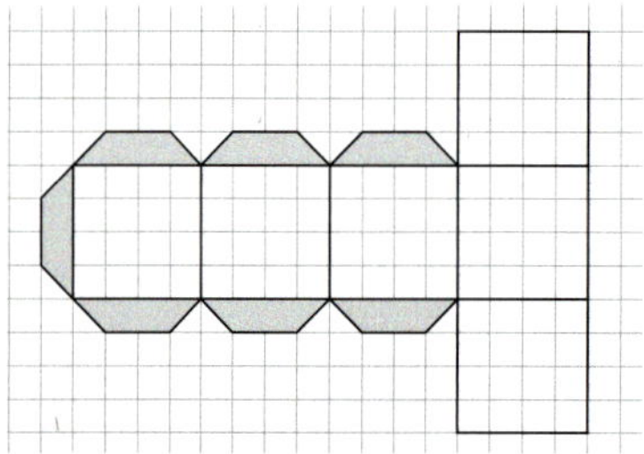

S. 59, 9.

a)

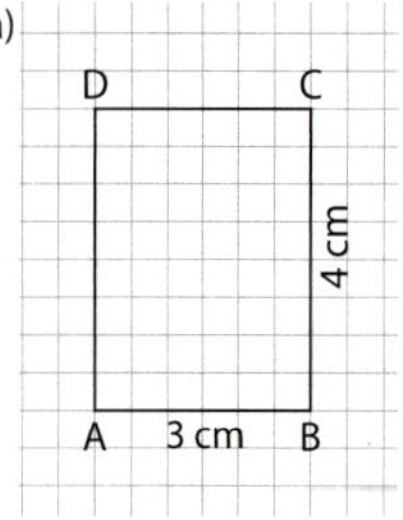

b)

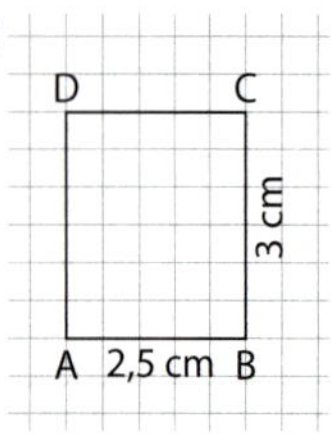

c)

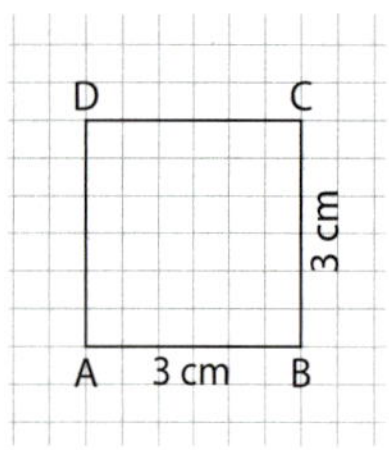

S. 59, 10.

a)

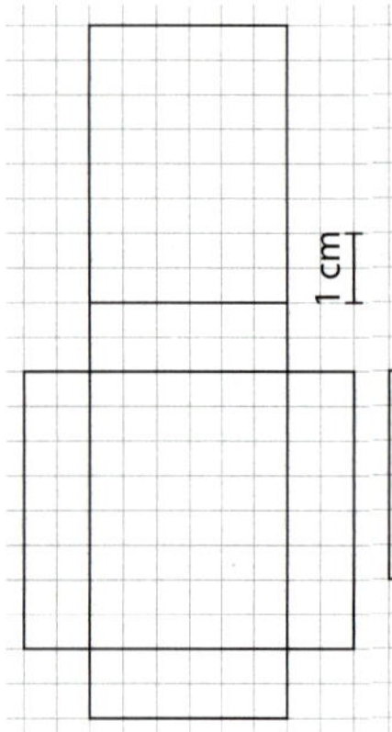

b)

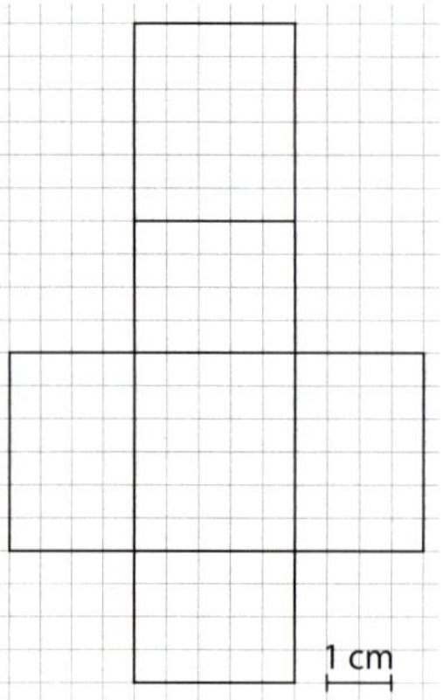

c)

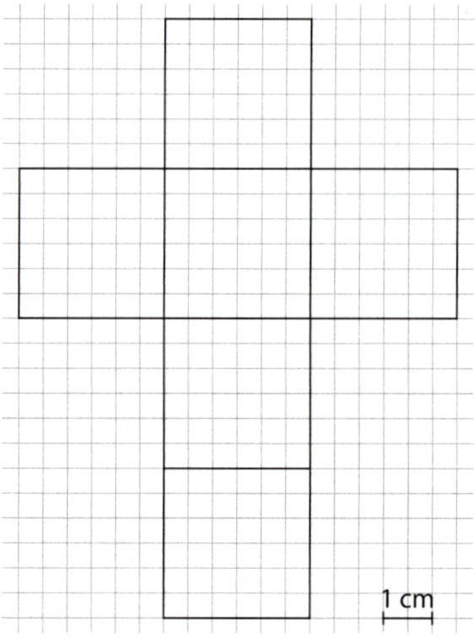

S. 59, 11.

a)

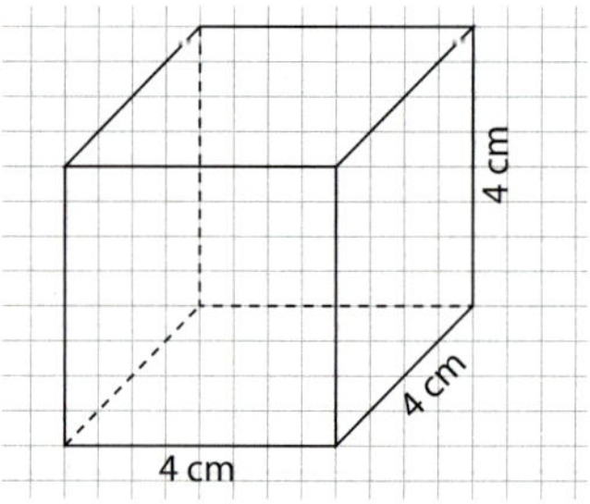

b)

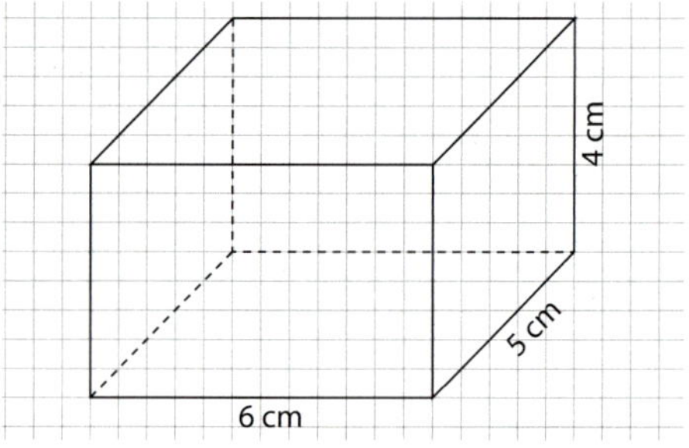

S. 59, 12.

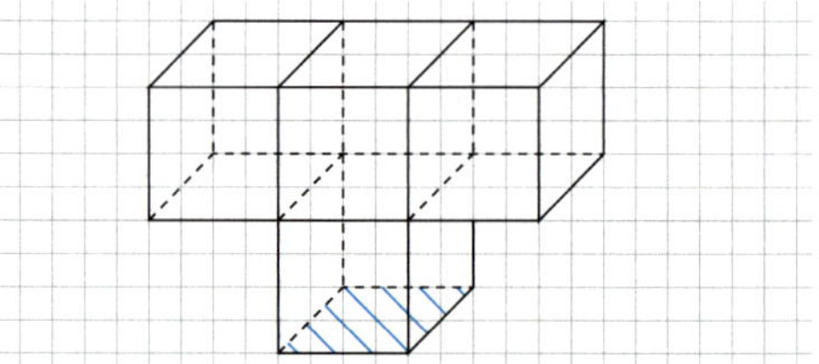

Wiederholungsaufgaben (S. 59)

S. 59, 1.

a) $31 > 13$ b) $6 + 6 = 11$ c) $735 > 99$

S. 59, 2.

a) $5 < 29 < 30 < 32 < 35$

b) $18 < 19 < 205 < 250 < 502$

S. 59, 3.
4 h 40 min, also 280 Minuten.

S. 59, 4.
a) 1000 mm   b) 3000 g   c) 42 cm

Flächeninhalt und Umfang

S. 60, 1.
①: 16 ②: 10 ③: 10 ④: 12 ⑤: 9,5
a) Figur ①
b) Figur ⑤
c) Figuren ② und ③

S. 60, 2.
Umfang in Kästchenlängen:
①: 24 ②: 16 ③: 18 ④: 16
a) Figur ①
b) Figur ②
c) Figuren ② und ④

S. 60, 3.
a) $20\,000\ cm^2$ b) $3\ dm^2$ c) $10\,000\ m^2$
d) 2 a

S. 60, 4.
$50\,000\ mm^2 < 20\ dm^2 < 4000\ cm^2 < 1\ m^2 < 300\ dm^2$

S. 60, 5.

	a)	b)	c)
Flächeninhalt A	$48\ cm^2$	$81\ mm^2$	$3\ m^2$
Umfang u	32 cm	36 mm	7 m

S. 60, 6.

	a)	b)	c)	d)
Breite	3 m	4 cm	2 cm	2 dm
Länge	5 m	4 cm	4 cm	5 dm
Flächeninhalt A	$15\ m^2$	$16\ cm^2$	$8\ cm^2$	$1000\ cm^2$
Umfang u	16 m	16 cm	120 mm	14 dm

S. 60, 7.
Individuelle Lösungen

S. 60, 8.
a) Nein, Niedersachsen ist etwa 500-mal so groß.
b) Kann stimmen.
c) Nein, eine Ein-Zimmer-Wohnung ist etwa 10-mal so groß.
d) Kann stimmen.

S. 61, 9.
a) Der Umfang vergrößert sich um 12 cm.
$u = a + 3 + b + 3 + a + 3 + b + 3$
$= a + b + a + b + 12$
b) Der Flächeninhalt vervierfacht sich.
$A = (a \cdot 2) \cdot (a \cdot 2) = a^2 \cdot 4$

S. 61, 10.
a) Flächeninhalt: ①: $4800\ m^2$ ②: $2400\ m^2$
b) Umfang: ①: größer als 320 m
②: 320 m
Grundriss ① hat den größeren Umfang.

S. 61, 11.
a) $18\ m^2$ Teppich werden benötigt.
b) u = 22 m
Es müssen für 19 m und 60 cm Fußbodenleisten besorgt werden.
c) Familie Knettel kann einmal 5 m x 2 m und einmal 4 m x 2 m kaufen. Dann bleibt kein Rest übrig und die Familie kauft nicht mehr Teppich, als nötig.

Wiederholungsaufgaben (S. 61)

S. 61, 1.
a) 350   b) 310   c) 111   d) 240

S. 61, 2.
Individuelle Lösungen

S. 61, 3.
1,8 cm

S. 61, 4.
1 Hunderter im Übertrag fehlt: 208 + 692 = 900

S. 61, 5.
250 006

Volumen und Oberflächeninhalt

S. 62, 1.
a) Das größte Volumen hat Körper ③.
b) Die Körper ①, ② und ④ sind alle gleich groß.

S. 62, 2.
a) $20\,000\ mm^3$ b) $6000\ cm^3$
c) $15\ m^3$ d) $3\,000\,000\ mm^3$
e) $30\,000\,000\ mm^3$ f) $6\,000\,000\ cm^3$
g) $15\,000\,000\,000\ mm^3$ h) 3 ℓ

S. 62, 3.
1000 ℓ = 1 000 000 ml, 1 000 000 : 200 = 5000
Die Riesen-Dose reicht für 5000 Gläser.

S. 62, 4.
a) $48\ m^3$ b) $48\ cm^3$ c) $18\ dm^3$

S. 62, 5.
a) $V = 32\ cm^3$; $O = 88\ cm^2$ b) $V = 60\ cm^3$; $O = 104\ cm^2$
c) $V = 135\ cm^3$; $O = 198\ cm^2$
d) $V = 729\ cm^3$; $O = 486\ cm^2$

S. 62, 6.
Grundfläche: $4\ cm \cdot 3\ cm = 12\ cm^2$;
Höhe: $132\ cm^3 : 12\ cm^2 = 11\ cm$

S. 62, 7.
$V = 1\ m \cdot 1\ m \cdot 3\ mm = 1000\ mm \cdot 1000\ mm \cdot 3\ mm$
$= 3\,000\,000\ mm^3 = 3\ dm^3 = 3$ ℓ

S. 62, 8.
Ein Buch im DIN-A4-Format ist 21 cm breit und knapp 30 cm lang. Auf den Boden des Kartons passen also 3 solcher Bücher. Ein Schulbuch ist etwa 1,5 cm bis 2 cm hoch, es passen also 30 bis 40 Lagen Bücher übereinander. Das ergibt insgesamt 90 bis 120 Bücher – je nach Dicke der Bücher können durchaus über 100 Bücher in den Karton passen.

S. 63, 9.
a) $V = 5 \cdot 2\,cm \cdot 2\,cm \cdot 2\,cm = 40\,cm^3$;
$O = 20 \cdot 2\,cm \cdot 2\,cm = 80\,cm^2$
b) Der Körper ② besteht ebenfalls aus 5 Würfeln, sein Volumen ist also gleich. Die Oberfläche ist größer, da 22 Würfelflächen zu sehen sind.
($V = 40\,cm^3$; $O = 22 \cdot 2\,cm \cdot 2\,cm = 88\,cm^2$)

S. 63, 10.
a) $V = (12\,m \cdot 3\,m + 6\,m \cdot 3\,m) \cdot 4\,m = 216\,m^3$
b) $O = 2 \cdot (12\,m \cdot 3\,m + 6\,m \cdot 3\,m) + 6 \cdot (3\,m \cdot 4\,m) + 6\,m \cdot 4\,m + 12\,m \cdot 4\,m = 252\,m^2$

S. 63, 11.
a) Richtig, das ist die Definition des Volumens.
b) Falsch, sie ist sechsmal so groß.
c) Richtig, die beiden Größen sind identisch.
d) So allgemein falsch, das Volumen hängt auch von der Grundfläche ab.
e) Falsch, bei unterschiedlichen Seitenlängen ergeben sich unterschiedliche Oberflächen.

Wiederholungsaufgaben (S. 63)

S. 63, 1.
a) 22 257 b) 2382 c) 17 631 d) 228

S. 63, 2.

$$\begin{array}{r} 566 \\ -\ 323 \\ \hline 243 \end{array}$$

S. 63, 3.
a) 75 dm b) 1400 g c) 9250 m d) 225 mm

S. 63, 4.
a) $36\,cm^2$ b) 9 cm.

Kreis und Winkel

S. 64, 1
a) Zeichnung verkleinert:

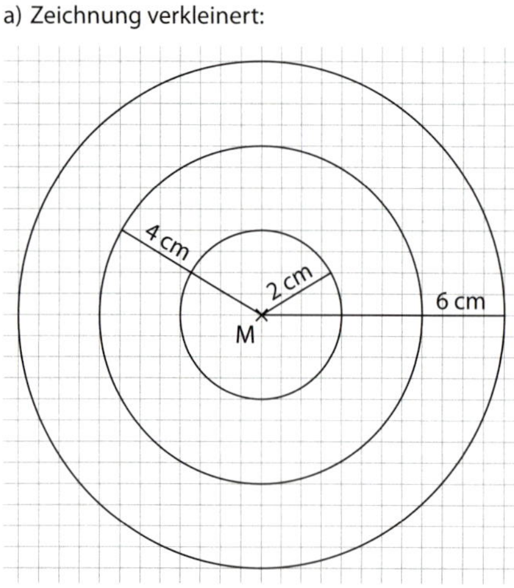

b) Der Kreis mit dem Durchmesser 8 cm stimmt mit dem Kreis mit dem Radius 4 cm bei a) überein.

S. 64, 2.
Zeichnung verkleinert:

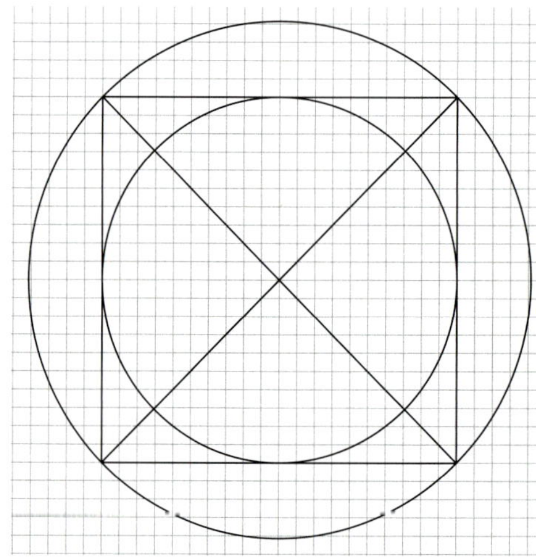

äußerer Kreis: $r \approx 7{,}1$ cm; $d \approx 14{,}1$ cm
innerer Kreis: $r = 5$ cm; $d = 10$ cm

S. 64, 3.
a) $\alpha = \sphericalangle ab = \sphericalangle ASB$; $\beta = \sphericalangle ca = \sphericalangle CSA$
b) $\gamma = \sphericalangle gh = \sphericalangle PQR$; $\delta = \sphericalangle hg = \sphericalangle RQP$

S. 64, 4.
a) α: stumpfer Winkel; β: gestreckter Winkel; γ: rechter Winkel; δ: spitzer Winkel
b) $\alpha = 132°$; $\beta = 180°$; $\gamma = 90°$; $\delta = 60°$

S. 64, 5.
$\alpha = 166°$; $\beta = 14°$; $\gamma = 189°$; $\delta = 80°$

S. 64, 6.

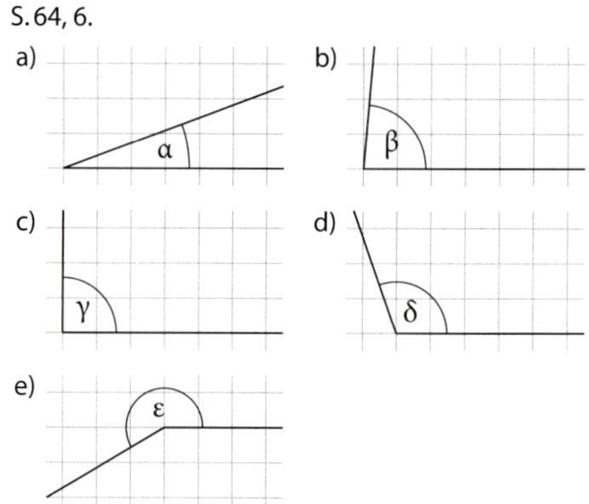

S.64, 7.

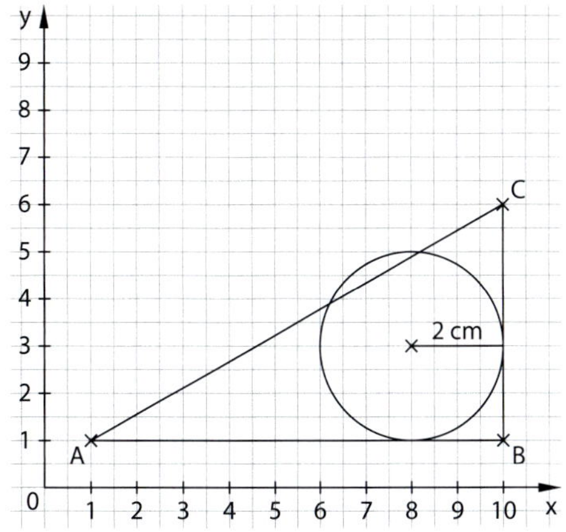

a) $\sphericalangle CBA = 90°$; $\sphericalangle ACB \approx 61°$; $\sphericalangle BAC \approx 29°$
b) Ein Kreis mit dem Radius 2 cm passt nicht in das Dreieck.

S.65, 8.
a) $\alpha = 360° - 160° = 200°$
b) $\alpha = 360° - 170° - 90° = 100°$
c) $\alpha = 360° : 8 = 45°$

S.65, 9.
a) Ja, wie man der Zeichnung entnehmen kann, erreichen die Signale das gesamte Gelände.

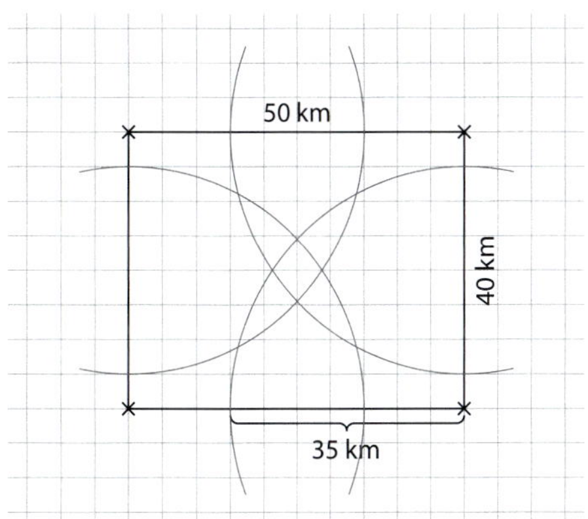

b) Nora hat recht: Wenn man die Antenne in der Mitte des Geländes aufstellt, reicht ihr Signal über die gesamte Fläche.

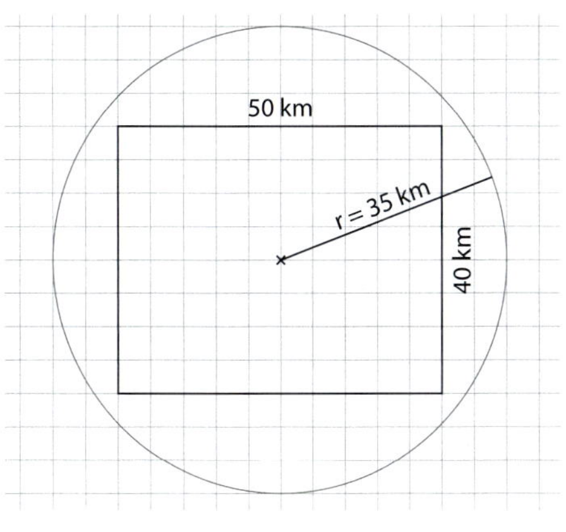

Wiederholungsaufgaben (S.65)

S.65, 1.
a) $1 + 4 + 9 + 16 = 30$
b) $1 + 4 + 9 + 16 + 25 + 36 + 49 = 140$

S.65, 2.
a) In Gebäude 2 in der 1. Etage in Raum 24 b) 1412

S.65, 3.
a) $25 \cdot 5 \cdot 15 \cdot 4 = 25 \cdot 4 \cdot 15 \cdot 5 = 100 \cdot 75 = 7500$
b) $9837 + 8379 + 3 + 60 + 100 = 9837 + 3 + 60 + 100 + 8379 = 9840 + 160 + 8379 = 10\,000 + 8379 = 18\,379$
c) $99 \cdot 35 = 100 \cdot 35 - 1 \cdot 35 = 3500 - 35 = 3465$

S.65, 4.
Tag 1: 72 km Tag 2: 43 km Tag 3: 60 km
Tag 4: 58 km Tag 5: 82 km
Insgesamt: 315 km

Symmetrie

S. 66, 1.
Die Figuren a) bis d) sind achsensymmetrisch.
a) Eine Symmetrieachse b) Drei Symmetrieachsen
c) Eine Symmetrieachse d) Vier Symmetrieachsen
e) Keine Symmetrieachse

S. 66, 2.
a)

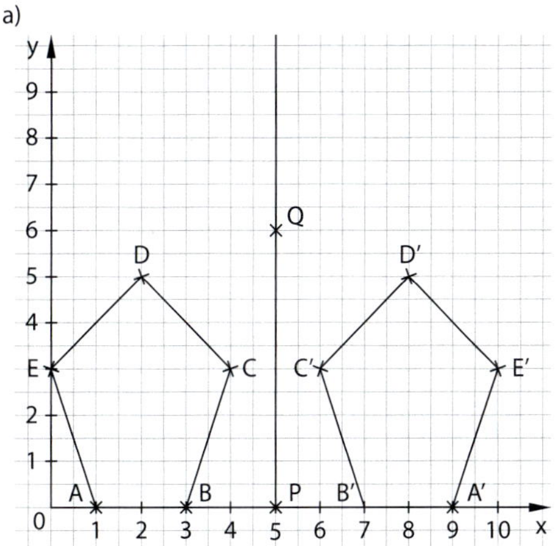

b)

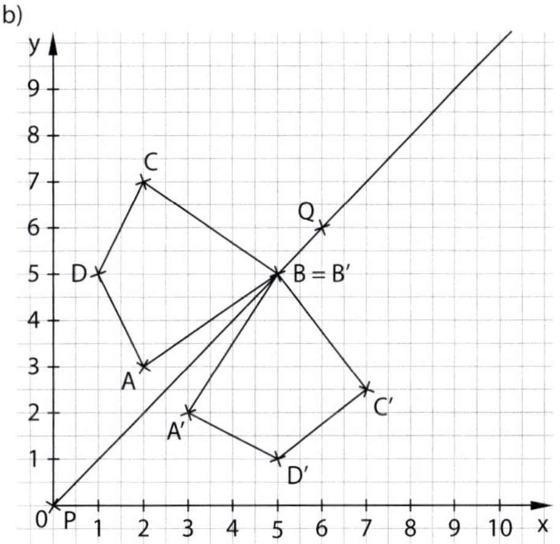

S. 66, 3.

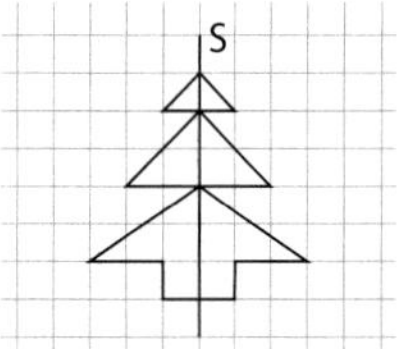

S. 66, 4.

a)

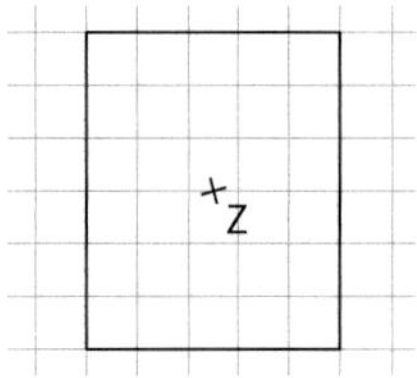

c)

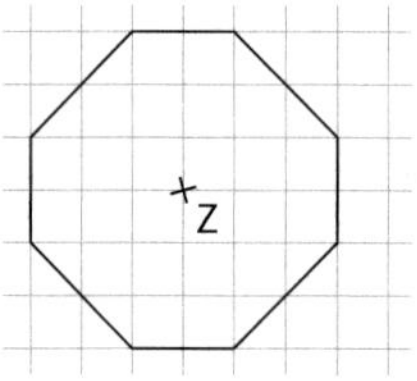

d)

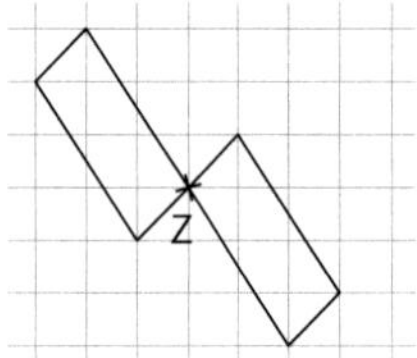

b) Die Figur ist nicht punktsymmetrisch.

S. 66, 5.

a)

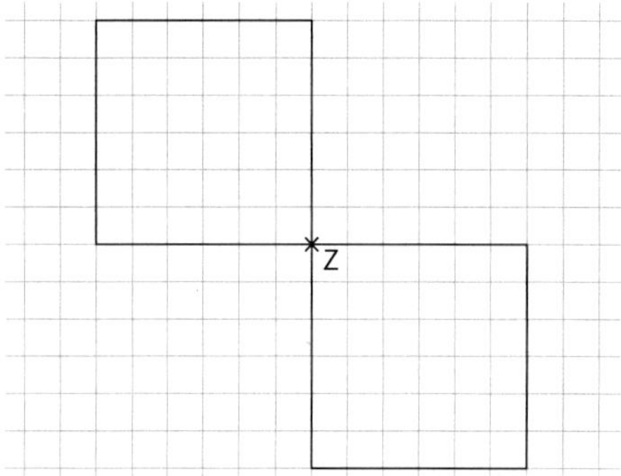

b)

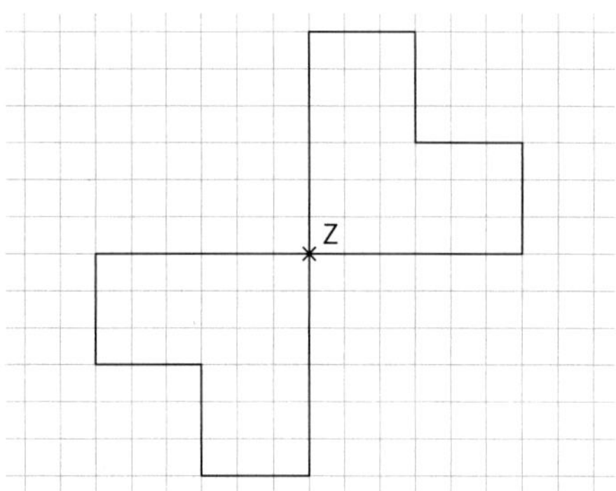

c)

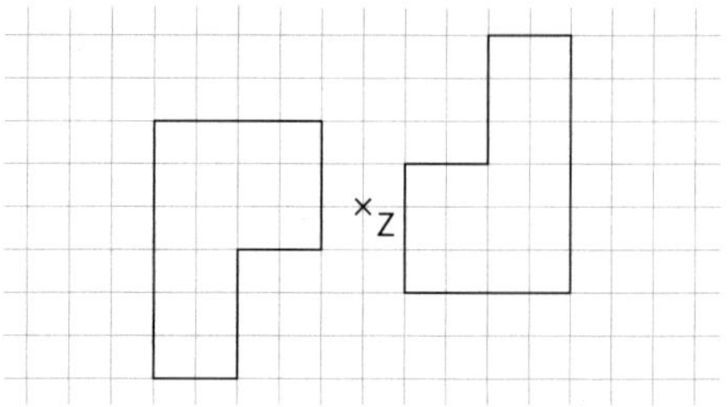

d)

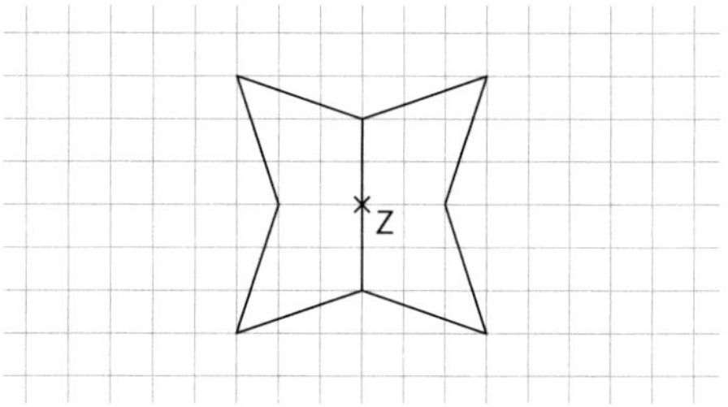

S. 66, 6.

a) Die Figur ist drehsymmetrisch, mögliche Drehwinkel: 60°, 120°, 180°, 240°; 300°
b) Die Figur ist drehsymmetrisch, mögliche Drehwinkel: 90°, 180°, 270°
c) Die Figur ist drehsymmetrisch, mögliche Drehwinkel: 120°, 240°
d) Die Figur ist nicht drehsymmetrisch.
e) Die Figur ist drehsymmetrisch, mögliche Drehwinkel: 120°, 240°

S. 66, 7.

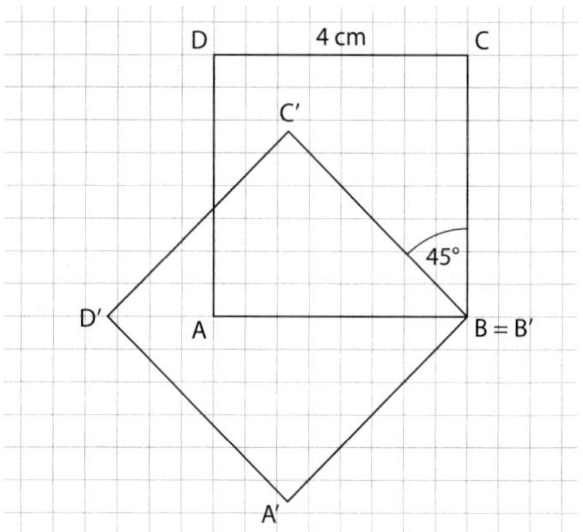

S. 67, 8.

a) Achsenspiegelung
b) Punktspiegelung
c) Achsenspiegelung
d) Achsenspiegelung
e) Drehung

S. 67, 9.

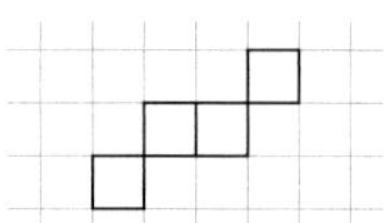

S. 67, 10.
a) Genau eine Symmetrieebene
b) Zwei Symmetrieebenen
c) Vier Symmetrieebenen
d) nicht ebenensymmetrisch

Wiederholungsaufgaben (S. 67)

S. 67, 1.
$A = 5$ cm; $\alpha = 20°$

S. 67, 2.
a) Überschlag 8500 + 13 500 = 22 000; falsche Größenordnung
Richtiges Ergebnis 21 986
b) Überschlag 14 000 : 20 = 700; richtige Größenordnung
Das Ergebnis ist falsch; richtiges Ergebnis 658
c) Überschlag: 515 000 – 470 000 = 45 000, richtige Größenordnung
Das Ergebnis ist richtig.

S. 67, 3.
Turm: Quader, Pyramide (Dach)
Einfamilienhaus: Quader (Erdgeschoss), Dreiecksprisma (Dach)
Hochhaus: Dreiecksprisma

Winkel- und Symmetriebetrachtungen

S. 68, 1.
a) $\beta = 106°$ $\gamma = 74°$
b) $\beta = 102°$ $\delta = 137°$ $\varepsilon = 43°$

S. 68, 2.
a) Scheitelwinkelpaare sind β, γ sowie δ, ε.
b) Nebenwinkelpaare sind α, β sowie α, γ.
c) Stufenwinkelpaare sind β, ε sowie γ, δ.
d) Wechselwinkelpaare sind β, δ sowie γ, ε.

S. 68, 3.
a) $\delta = 125°$ (Nebenwinkel); $\alpha = 55°$ (Stufenwinkel);
$\gamma = 55°$ (Wechselwinkel);
$\beta = 125°$ (Wechselwinkel zu δ oder Nebenwinkel zu α)
b) $\delta = 120°$ (Wechselwinkel);
$\varepsilon = 60°$ (Nebenwinkel zu δ);
$\gamma = 60°$ (Stufenwinkel)

S. 68, 4.
a) $\gamma = 70°$ b) $\alpha = 61°$ c) $\beta = 101°$

S. 68, 5.
a) $\delta = 90°$ b) $\alpha = 135°$ c) $\beta = 99°$

S. 68, 6.
a) $\alpha = 95°$ b) $\alpha = 79°$

S. 68, 7.
$\alpha = 48°$

S. 69, 8.
90°; 45°; 45°

S. 69, 9.
a) Richtig, die beiden Basiswinkel sind gleich groß nach dem Basiswinkelsatz.
b) Falsch, denn dann müsste nach dem Winkelsummensatz der dritte Winkel 0° groß sein und es ergäbe sich kein Dreieck.
c) Falsch, ein gleichseitiges Dreieck hat 3 Symmetrieachsen.

S. 69, 10.
$\alpha = 110°$; $\beta = 70°$, $\gamma = 110°$, $\delta = 70°$

S. 69, 11.
a) achsensymmetrisch b) achsensymmetrisch

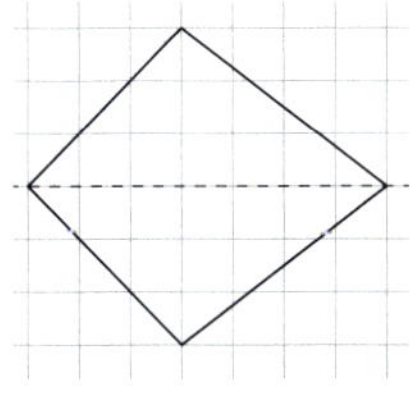

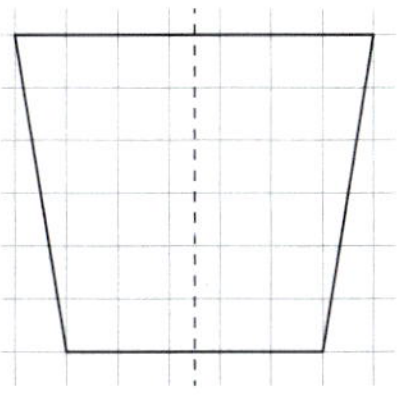

c) achsen- und punktsymmetrisch

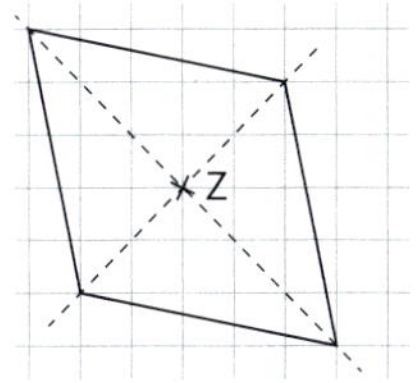

S. 69, 12.
a) Parallelogramm b) gleichschenkliges Trapez

Wiederholungsaufgaben (S.69)

S. 69, 1.
a) 25 cm b) 3,2 km c) 8 h d) 8,40 €

S. 69, 2.

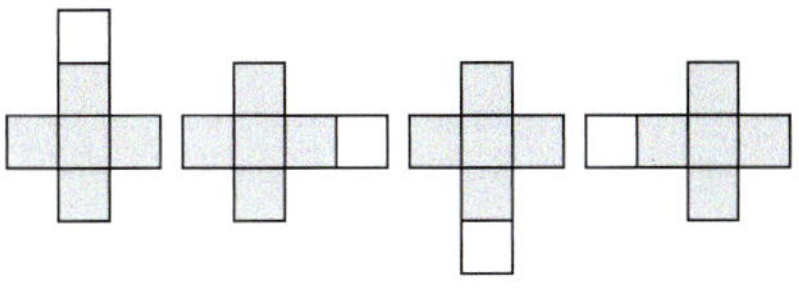

S. 69, 3.
70 Personen (27 + 15 + 5 + 23 = 70)

Kongruente Figuren

S. 70, 1.
Folgende Figuren sind zueinander kongruent, weil sie in Form und Größe übereinstimmen:
$A \cong G$; $B \cong H$; $C \cong I$; $E \cong F$

S. 70, 2.

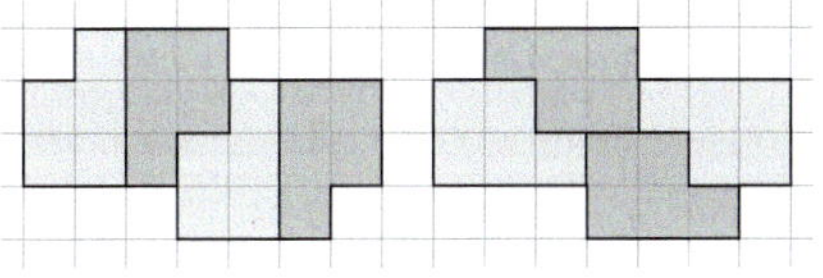

S. 70, 3.
Dreiecke DEF und GIH: Sie haben beide einen rechten Winkel und stimmen in den beiden Seiten überein, die den rechten Winkel einschließen (sws).
Dreiecke ABC und LJK: Sie stimmen in allen Seiten überein (sss).

S. 70, 4.
a) Ja, da sie in einer S. und den anliegenden Winkeln übereinstimmen (wsw).
b) Nein, da die Bedingungen für den Kongruenzsatz Ssw nicht erfüllt sind.
c) Ja, da sie in einer S. und den anliegenden Winkeln übereinstimmen (wsw).

S. 70, 5.
Die Dreiecke ③ und ④ nach Kongruenzsatz sws.

S. 71, 6.
a) Zeichne eine Strecke $\overline{AB} = c = 3{,}5$ cm.
Zeichne um A und B Kreise mit $r = 3{,}5$ cm.
Verbinde Schnittpunkt C der Kreise mit A und B zum gesuchten Dreieck.
b) Zeichne Winkel $\beta = 38°$ mit dem Scheitelpunkt B.
Zeichne um B zwei Kreise mit $r_1 = 5{,}3$ cm und $r_2 = 6{,}5$ cm. Die Kreise schneiden je einen Schenkel des Winkels in den Punkten A und C. Verbinde A und C zum Dreieck ABC
c) Zeichne Winkel $\beta = 110°$ mit dem Scheitelpunkt B.
Zeichne um B einen Kreis mit $r = 3{,}8$ cm. Der Kreis schneidet einen Schenkel des Winkels im Punkt A.
Zeichne um A einen Kreis mit $r = 4{,}6$ cm. Der Kreis schneidet den anderen Schenkel des Winkels im Punkt C des gesuchten Dreiecks.
d) Zeichne eine Strecke $\overline{AC} = b = 4{,}5$ cm und trage in A den Winkel $\alpha = 65°$ an AC an. Trage am freien Schenkel von α den Winkel $\beta = 80°$ an.
Verschiebe den freien Winkel von β durch C und bezeichne das Dreieck ABC.

S. 71, 7.
a) Das Dreieck ist nicht eindeutig konstruierbar:
$a = 4{,}1$ cm oder $a = 8$ cm
b) ① Das Dreieck ist eindeutig konstruierbar, da der angegebene Winkel gegenüber der längeren S. liegt.
② Das Dreieck ist nicht eindeutig konstruierbar, da c nicht die längere S. ist. Es entstehen zwei verschiedene Dreiecke.
③ Das Dreieck ist nicht eindeutig konstruierbar, da a nicht die längere S. ist. Es entsteht kein Dreieck.
④ Das Dreieck ist eindeutig konstruierbar, da der angegebene Winkel zwischen den beiden Seiten liegt.

S. 71, 8.

	a	b	c	α	β	γ
1	3,6 cm	5,2 cm	6,4 cm	34°	54°	92°
2	8,3 cm	5 cm	7 cm	86°	37°	57°
3	3,6 cm	5,2 cm	6,4 cm	34°	54°	92°

S. 71, 9.
Das Fahrzeug legt ungefähr 101,1 m zurück.

Wiederholungsaufgaben (S. 71)

S. 71, 1.
a) $\frac{5}{8}$ b) 1,1 c) $\frac{73}{30}$ d) 0,45

S. 71, 2.
79 503

S. 71, 3.
a) $x = 4$ b) $x = 3$ c) $x = 8$

S. 71, 4.
Zeichnen der beiden Quadrate und des Kreises (mit dem äußeren Quadrat beginnend). Die Seitenmittelpunkte des äußeren Quadrates sind die Eckpunkte des inneren Quadrates. Kreis um Schnittpunkt der Diagonalen durch die Eckpunkte des inneren Quadrates.

S. 71, 5.
a) Der Tank ist zu $\frac{3}{4}$ gefüllt.
b)

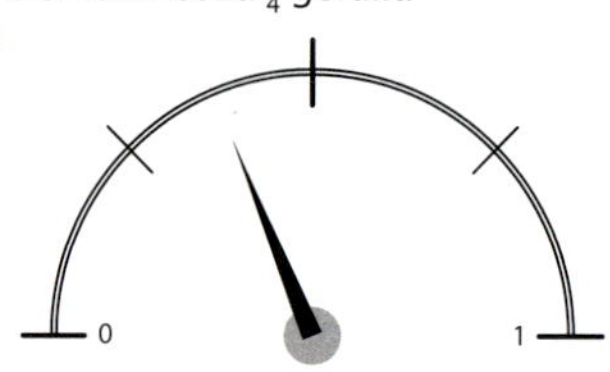

Geometrische Konstruktionen

S. 72, 1.
a)

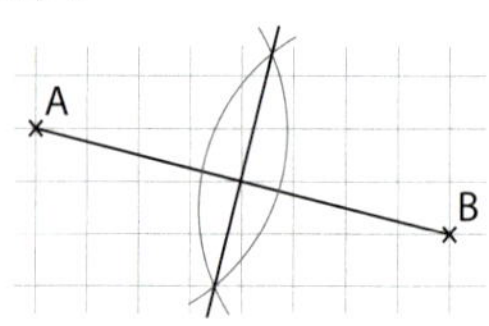

b)

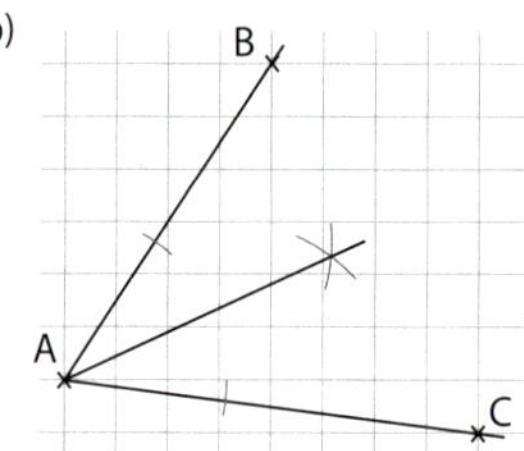

S. 72, 2.
a)

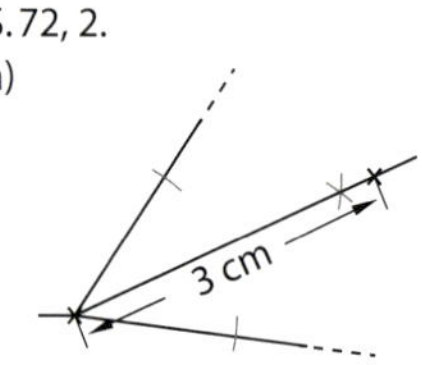

S. 72, 3.

a)

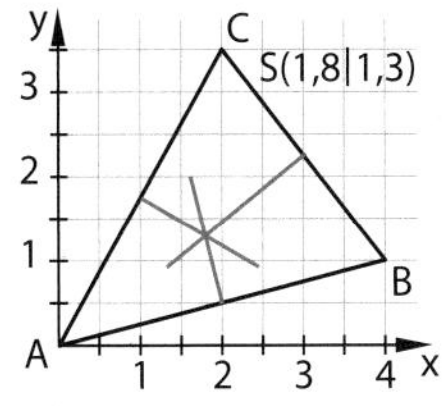

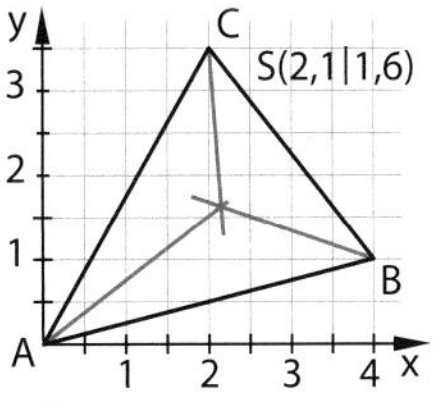

b)

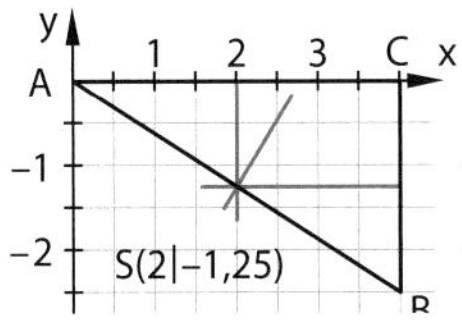

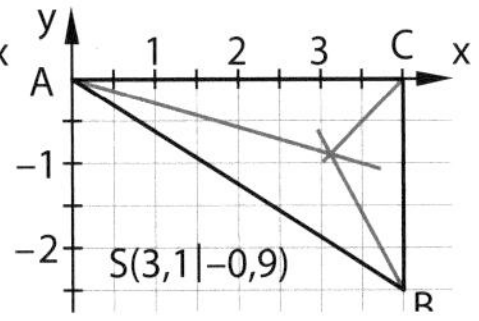

c)

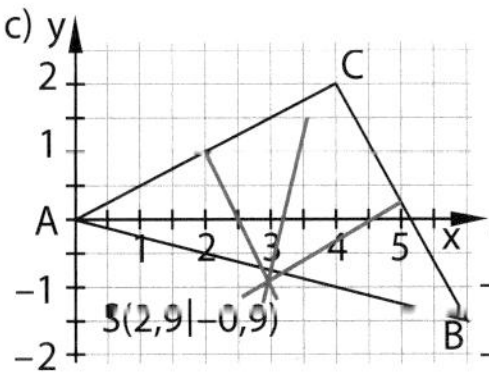

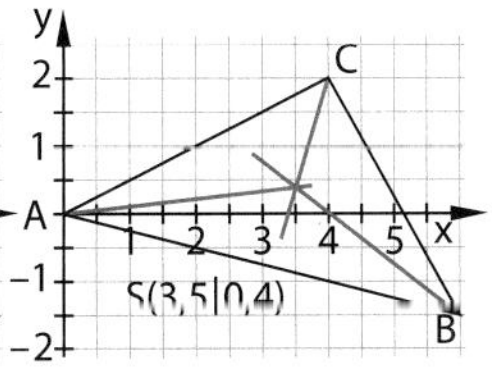

S. 72, 4. (Beispiele)

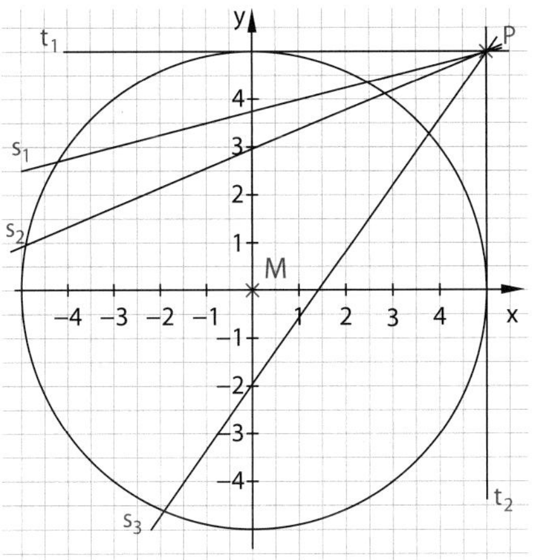

Es gibt mehrere Lösungen.

S. 72, 5. (Beispiele)

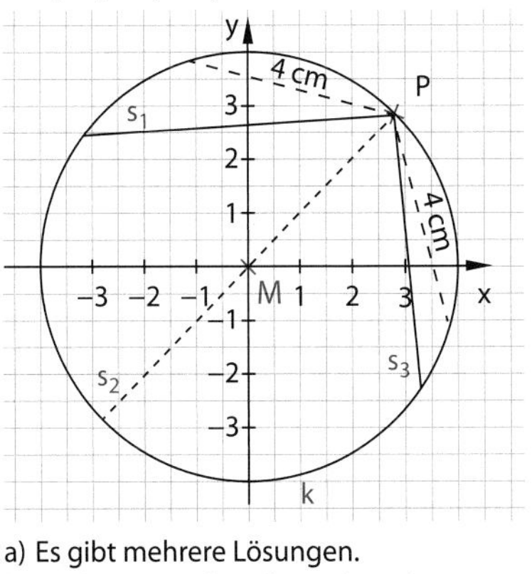

a) Es gibt mehrere Lösungen.
b) Die längste Sehne (hier s_2) ist d = 8 cm. Eine kürzeste Sehne gibt es nicht.
c) Es gibt zwei Lösungen.

S. 72, 6. (Beispiele)

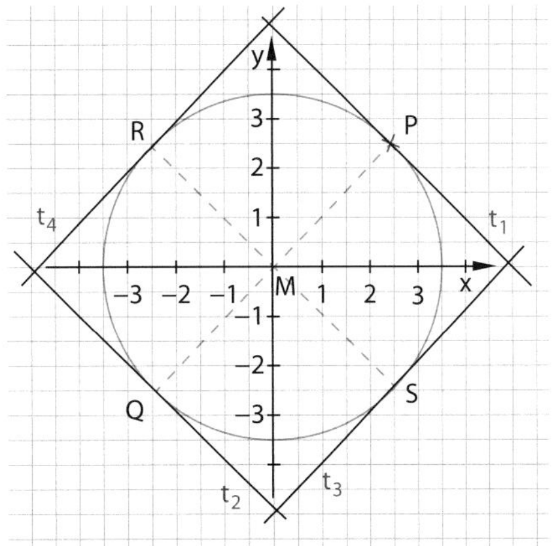

a) t_1 ist Lösung. (Tangente und Berührungsradius sind senkrecht zueinander.)
b) t_2 ist Lösung. (Berührungsradius verlängern. Es entsteht Punkt Q. Senkrechte zu $\overline{PQ}$ in Q zeichnen.)
c) Es gibt zwei Lösungen. (PQ mit 90° um M drehen. Es enstehen die Punkte R und S. Senkrechten zu $\overline{RS}$ in den Punkten R und S zeichnen.)

S. 73, 7.

a) Die Mittelpunkte der Kreise liegen alle auf der Mittelsenkrechten von $\overline{AB}$.
b) Einen größten Kreis gibt es nicht. Der kleinste Kreis hat $\overline{AB}$ als Durchmesser.

S. 73, 8.

a)

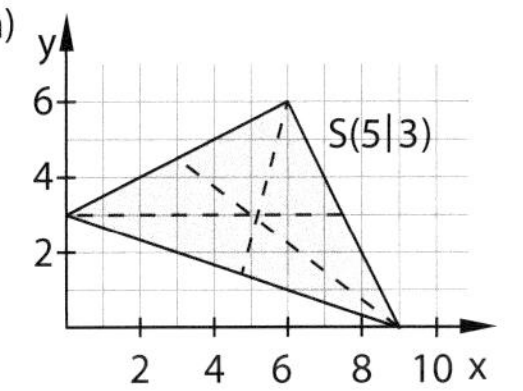

b)

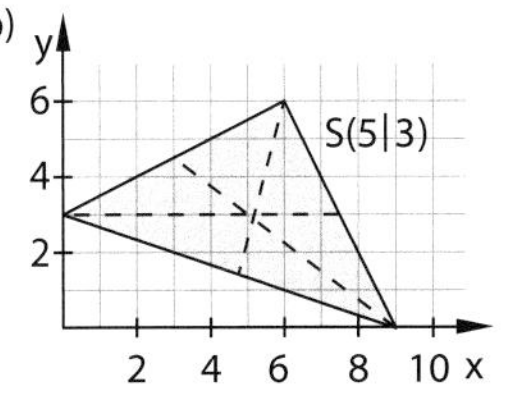

c)

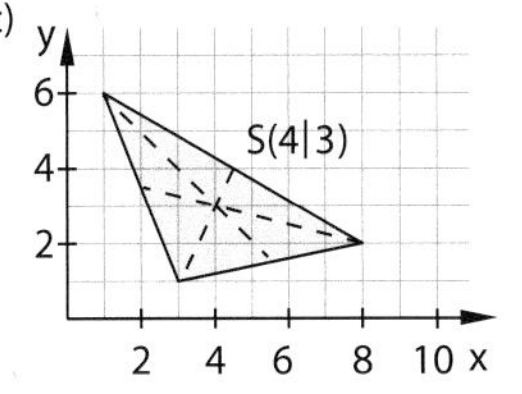

S. 73, 9.

Werden die Endpunkte von einem Kreisdurchmesser mit einem beliebigen Punkt auf dem entsprechenden Kreis verbunden, erhält man immer ein rechtwinkliges Dreieck.

S. 73, 10.

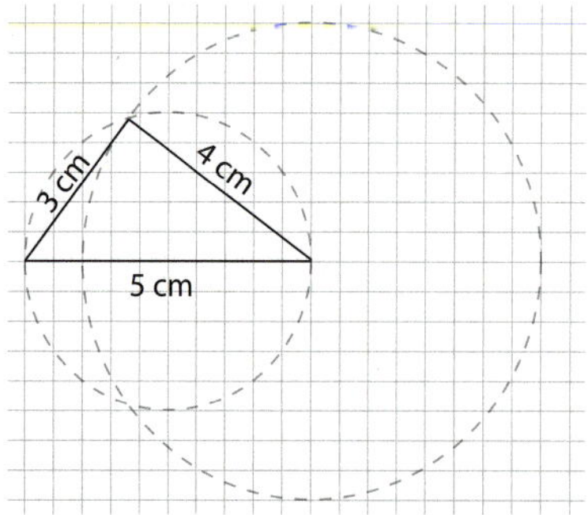

S. 73, 11.

a) $\beta = 90° - 30° = 60°$ und $\alpha = \beta = 60°$

b) $\beta = 90° - 65° = 25°$ und $\alpha = \frac{90°}{2} = 45°$

c) $\alpha = = \frac{60°}{2} = 30°$ und $\beta = 90° - 30° = 60°$

Wiederholungsaufgaben (S. 73)

S. 73, 1.

a)

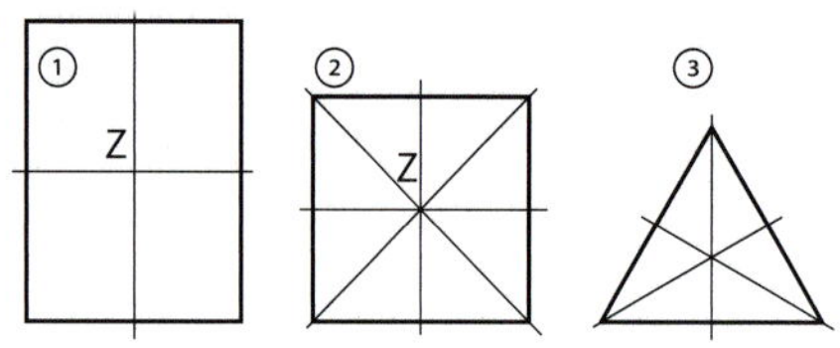

b) Rechteck und Quadrat sind sowohl achsen- als auch punktsymmetrisch. Das gleichseitige Dreieck hat drei Symmetrieachsen, ist aber nicht punktsymmetrisch.

S. 73, 2.

a) 25 cm b) 3,2 km c) 8 h d) 8,40 €

S. 73, 3.

100 € + 0,5 € · x

S. 73, 4.

70 Personen (27 + 15 + 5 + 23 = 70)

Flächeninhalt und Volumen

S. 74, 1.

	a)	b)	c)	d)
GrundS. g	3 cm	4 m	8 cm	160 mm
Höhe h_g	6 cm	2,5 m	3 cm	30 mm
Flächeninhalt A	9 cm	5 cm²	12 cm²	24 cm²

S. 74, 2.

a) GrundS. g: 4 cm, Höhe h_g: 3 cm, Flächeninhalt: 6 cm²

b) GrundS. g: 3,9 cm, Höhe h_g: 1,9 cm, Flächeninhalt: 3,705 cm²

c) GrundS. g: 3,5 cm, Höhe h_g : 2,5 cm, Flächeninhalt: 4,375 cm²

S. 74, 3.

a) Fläche des Dreiecks: 12 cm², Breite b des Rechtecks: 3 cm

b) Fläche des Dreiecks: 12 cm², Höhe h des Parallelogramms: 3 cm

c) Fläche des Dreiecks: 12 cm², Höhe h des Trapezes: 4 cm

S. 74, 4.

	a)	b)	c)	d)
GrundS. g	5 cm	4 m	25 cm	90 mm
Höhe h_g	3 cm	2,4 m	25 cm	80 mm
Flächeninhalt A	15 cm²	9,6 m²	625 cm²	72 cm²

S. 74, 5.

a) $\frac{4 \cdot 4}{2} + \frac{2 \cdot 4}{2} + 7 \cdot 4 = 40\,\text{cm}^2$

b) $2 \cdot \left(\frac{1}{2} \cdot (8 + 5) \cdot 3{,}5\right) + 2 \cdot \left(\frac{4 \cdot 3{,}5}{2}\right) = 59{,}5\,\text{cm}$

S. 74, 6.

Fläche der Rückwand: $10 \cdot 10 + \frac{1}{2} \cdot 4 \cdot 10 = 120\,\text{m}^2$,

$120 : 35 = 3{,}429$

Für einen neuen Anstrich braucht Frau Schulz also 4 Eimer Farbe.

S. 75, 7.

a) Prisma – Die Grundflächen sind kongruent und parallel.

b) Kein Prisma – Grundflächen sind nicht kongruent.

c) Prisma

d) Kein Prisma – Es gibt keine zweite Grundfläche.

e) Kein Prisma – Die Grundflächen sind keine Vielecke.

S. 75, 8.

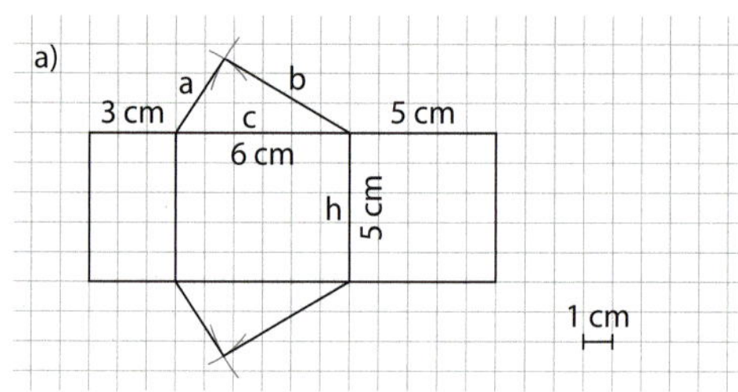

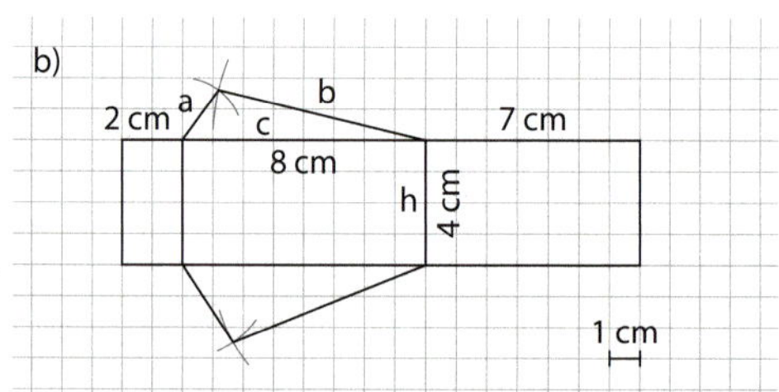

Oberflächeninhalt:

a) Höhe Dreieck: 1,2 cm.

$2 \cdot \left(1{,}2 \cdot 6 \cdot \frac{1}{2}\right)$

$+ 3 \cdot 5 + 6 \cdot 5 + 5 \cdot 5 = 77{,}2\,\text{cm}^2$

b) Höhe Dreieck: 0,9 cm.

$2 \cdot \left(0{,}9 \cdot 8 \cdot \frac{1}{2}\right) + 2 \cdot 4 + 8 \cdot 4 + 7 \cdot 4 = 75{,}2\,\text{cm}^2$

S. 75, 9.

a)

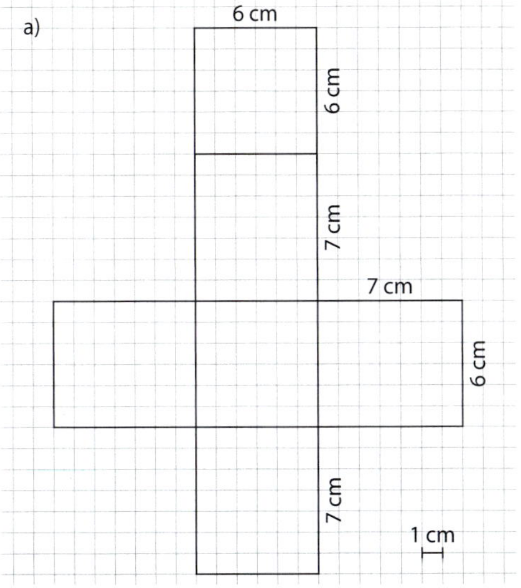

Oberflächeninhalt: $2 \cdot 6 \cdot 6 + 4 \cdot 6 \cdot 7 = 240\,cm^2$

b)

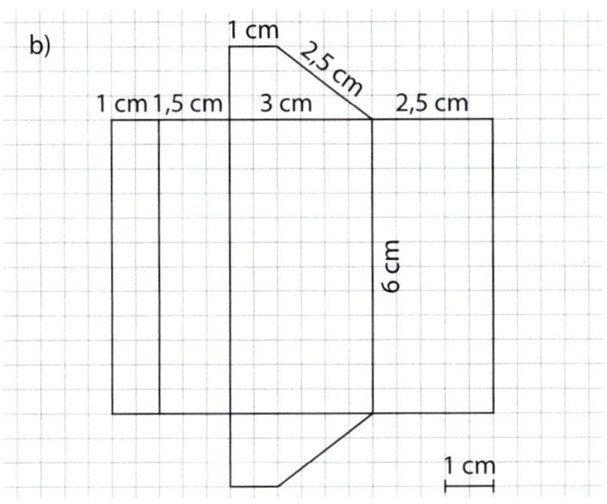

Oberflächeninhalt:
$1 \cdot 6 + 1{,}5 \cdot 6 + 3 \cdot 6 + 2{,}5 \cdot 6 + 2 \cdot 1 \cdot 1{,}5 + 2 \cdot (1{,}5 \cdot 2 \cdot 0{,}5)$
$= 54\,cm^2$

b)

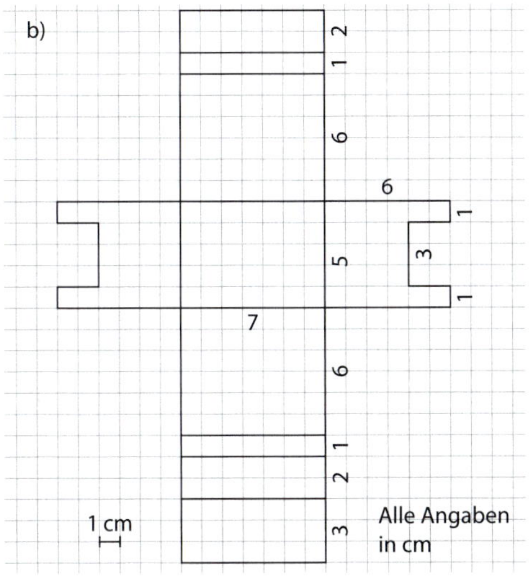

Oberflächeninhalt:
$7 \cdot 26 + 2 \cdot (5 \cdot 6 - 3 \cdot 2) = 230\,cm^2$

S. 75, 10.
a) $(2{,}5 \cdot 4 \cdot 0{,}5) \cdot 7 = 35\,cm^3$
b) $2 \cdot 4 \cdot 2 + 2 \cdot 2 \cdot 0{,}5 \cdot 4 = 24\,cm^3$
c) $5 \cdot 2 \cdot 6 + 4 \cdot 2 \cdot 6 = 108\,cm^3$

Wiederholungsaufgaben (S. 75)

S. 75, 1.

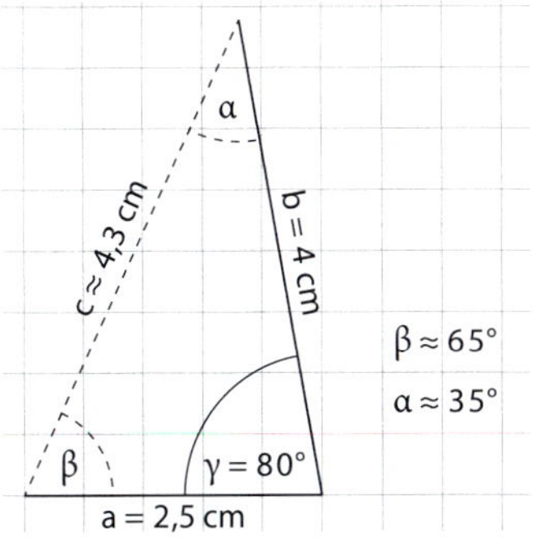

S. 75, 2
a) 2320 b) 4,00
c) 23,9

S. 75, 3
Mittelwert: ca. 58,59
Spannweite: $65 - 51 = 14$

Satzgruppe des Pythagoras

S. 76, 1.
Frau Meier kann die Längen der Seiten sowie die Länge der Diagonalen messen. Wenn der Satz des Pythagoras erfüllt ist, sind die Ecken des Holzrahmens rechtwinklig.

S. 76, 2.
a) $c = 10\,cm$ b) $b \approx 286\,mm$
c) $c \approx 3{,}84\,cm$ d) $b \approx 5{,}32\,dm$
e) $a \approx 5{,}55\,cm$ f) $b \approx 14{,}21\,cm$

S. 76, 3.
a) Jan: 150 m; Luca: etwa 111,8 m
b) Wenn beide gleich schnell laufen, ist Jan auch genau 111,8 m gelaufen, wenn Luca am Ziel ist. Er hat dann also noch etwa 38,2 m vor sich, unabhängig von der Geschwindigkeit.

S. 76, 4.
a) waagrechte Strecke: 3000 m; Länge der Straße etwa 3015 m
b) Steigung: 9 %; Länge der Straße etwa 2008 m

S. 76, 5.
a) $\sqrt{8^2 + 15^2} = 17$: Das Dreieck ist rechtwinklig, der rechte Winkel ist γ.
b) $\sqrt{2^2 + 1^2} \neq 5$: Das Dreieck ist nicht rechtwinklig.
c) $\sqrt{13^2 + 84^2} = 85$: Das Dreieck ist rechtwinklig, der rechte Winkel ist β.
d) $\sqrt{3{,}8^2 + 4{,}5^2} \neq 5{,}89$: Das Dreieck ist nicht rechtwinklig.
e) $\sqrt{4{,}1^2 + 5{,}7^2} \neq 53{,}4$: Das Dreieck ist nicht rechtwinklig.
f) $\sqrt{0{,}5^2 + 0{,}29^2} \neq 0{,}7$: Das Dreieck ist nicht rechtwinklig.

S. 76, 6.
Das Dreieck ist nicht rechtwinklig. Bei der Hypotenuse mit 4 cm und der Höhe 2 cm ergibt der Höhensatz für die beiden Hypotenusenabschnitte p = q = 2 cm. Sie muss Punkt C auf dem Thaleskreis wählen.

S. 76, 7.

	a	b	c	α	β	γ
a)	3 cm	4 cm	5cm	36,87°	53,13°	90°
b)	4 cm	5 cm	3 cm	53,13°	90°	36,87°
c)	2 cm	3 cm	4 cm	34°	67°	79°
d)	5 cm	7,07 cm	5 cm	45°	90°	45°
e)	10,15 cm	4,1 cm	6,43 cm	89,94°	41,72°	48,34°

a), b) und d) sind rechtwinklig, da jeweils ein Winkel 90° ist.

S. 77, 8.
a) q = 9 cm b) h = 10 cm c) c = 22,5 cm

S. 77, 9.
a) h = 6 cm b) p = 8 cm
c) c = 8 m; $b = \sqrt{32}$ m ≈ 5,66 m
d) p = 3,6 dm; q = 6,4 dm e) p = 4 cm; h ≈ 4,47 cm
f) h = 12 cm

S. 77, 10.

Die Werte wurden auf die zweite Nachkommastelle gerundet.

	a	b	c	p	q	h
a)	4 cm	8,06 cm	9 cm	1,78 cm	7,22 cm	3,58 cm
b)	46,48 cm	12 cm	48 cm	45 cm	3 cm	11,62 cm
c)	5,83 cm	9,72 cm	11,34 cm	3 cm	8,34 cm	5 cm
d)	5,34 cm	5,27 cm	7,5 cm	3,8 cm	3,7 cm	3,75 cm
e)	4,62 cm	8 cm	9,24 cm	2,31 cm	6,93 cm	4 cm

Wiederholungsaufgaben (S. 77)

S. 77, 1.
a), c) antiproportional
b), d), e) weder proportional noch antiproportional
f) proportional

S. 77, 2.
a) ④ b) ②
c) ① d) ③

S. 77, 3.
a) 83,050 b) 83,05
c) 83,0

Ähnlichkeit

S. 78, 1.
Nur Vieleck ③ stimmt in den Winkeln mit ① überein, ist also ähnlich.

S. 78, 2.
a) k = 0,5 ähnl. Fig.

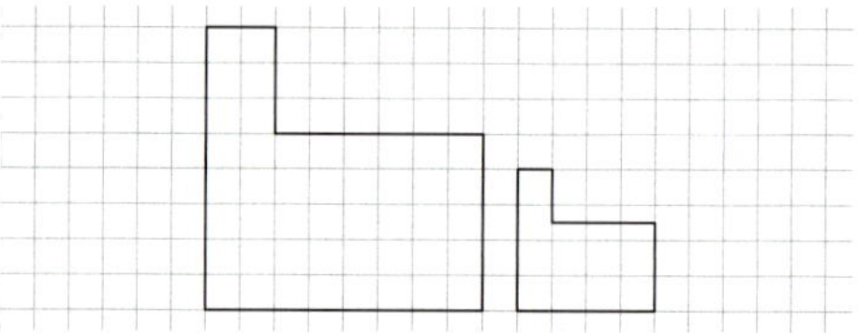

b) k = 2

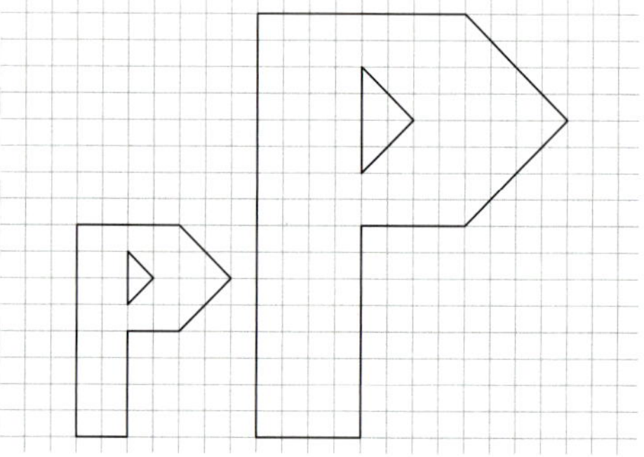

S. 78, 3.
a) Nur das Foto mit den Maßen 10 cm x 15 cm gibt das ganze Bild wieder, da das Seitenverhältnis mit dem Original übereinstimmt. $\left(\frac{10}{15} = \frac{230}{345}\right)$
b) Für das Foto mit den Maßen 10 cm x 15 cm ist $k = \frac{10}{23} \approx 0{,}43$.

S. 78, 4.
a) ähnlich, Ähnlichkeitsfaktor 0,5;
AB entspricht DE, AC entspricht EF, CB entspricht DF.
b) nicht ähnlich
c) nicht ähnlich

S. 78, 5.
a) Die Dreiecke können ähnlich zueinander sein, dann beträgt der Ähnlichkeitsfaktor 1,5, a entspricht a', b entspricht b'.
b) Die Dreiecke sind ähnlich, da alle Winkel gleich sind. Die gleichnamigen Winkel entsprechen sich. Der Ähnlichkeitsfaktor kann nicht bestimmt werden, da keine Seitenlänge angegeben ist.
c) Die Dreiecke sind ähnlich zueinander, α entspricht γ'; β entspricht β'; γ entspricht α', also gilt auch: a entspricht c', b entspricht b', c entspricht a'. Ähnlichkeitsfaktor: 1,25.

S. 78, 6.
a) Gleichseitige Dreiecke haben drei Innenwinkel der Größe 60°. Sie entsprechen sich also in den Winkeln und sind alle (nach dem Hauptähnlichkeitssatz) zueinander ähnlich.
b) Gleichschenklig-rechtwinklige Dreiecke haben immer einen Innenwinkel der Größe 90° und zwei der Größe 45°. Da die Winkel einander entsprechen, sind sie alle (nach dem Hauptähnlichkeitssatz) zueinander ähnlich.

S. 78, 7.
a) etwa 0,67 cm b) etwa 1,06 cm c) 3 cm

S. 79, 8.
a) 4 m b) etwa 26,33 m

S. 79, 9.
a) Gebäudehöhe 6,3 m b) Gebäudehöhe 33,75 m

S. 79, 10.
Das Modell ist etwa 10,8 Meter hoch.

Wiederholungsaufgaben (S. 79)

S. 79, 1.
a) $x_0 = 2$ b) $x_0 = 8$

S. 79, 2.
$P_{\text{keine Niete}} = \frac{40 + 10}{200} = \frac{1}{4}$

S. 79, 3.
Das kalorienreduzierte Eis enthält etwa 40 % der Kalorien der Vanille-Eiscreme, also etwa 60 % weniger.

S. 79, 4.
a) nicht rechtwinklig, da der Satz des Pythagoras nicht gilt
b) rechtwinklig, da das Dreieck im Thaleskreis liegt
c) rechtwinklig, da der Satz des Pythagoras gilt

S. 79, 5.
a) 2 001 520,16 b) 20,152016
c) 248 760 d) 0,002 487 6

Kreisberechnungen

S. 80, 1.
a)

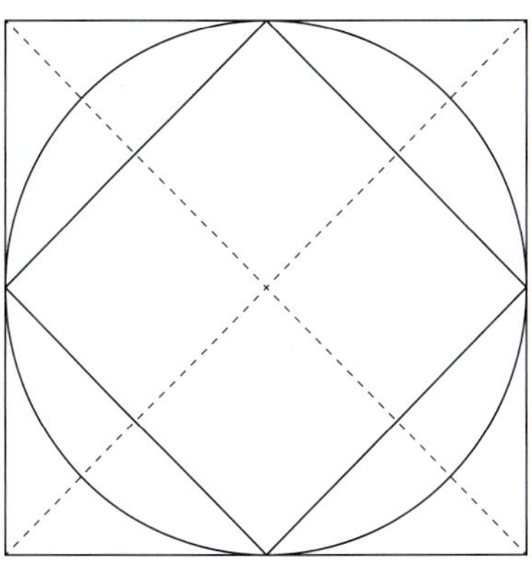

b) $u_{\text{großes Quadrat}} = 20\,\text{cm}$; $u_{\text{kleines Quadrat}} = 14{,}16\,\text{cm}$; arithmetisches Mittel = 17,05 cm
c) $u \approx 15{,}71\,\text{cm}$
d) Das arithmetische Mittel ist größer als der Kreisumfang.
e) Das Näherungsverfahren wird mit jedem weiteren Schritt genauer, indem man n-Ecke zum Beispiel für n = 5, 6, 7, 8 … um bzw. in den Kreis einzeichnet. Die Form der n-Ecke nähert sich der des Kreises immer näher an, der berechnete Näherungswert ebenso an den Umfang des Kreises.

S. 80, 2.
a) 157,1 cm b) 88,0 mm c) 8,8 km
d) 14,6 m e) 597 m ≈ 0,6 km f) 19,7 m

S. 80, 3.
$r \approx 79{,}577\,\text{m}$; $d = 159{,}154\,\text{m}$

S. 80, 4.

Planet	Durchmesser	Länge Äquatorkreis
Venus	12 104 km	38 026 km
Erde	12 756 km	40 074 km
Mars	6 790 km	21 331 km
Jupiter	142 984 km	449 197 km
Neptun	49 528 km	155 597 km

S. 80, 5.
a) (Zeichnung maßstäblich 1 : 2)

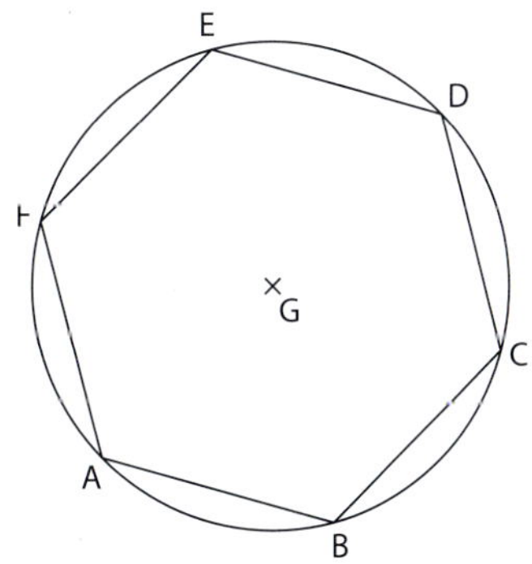

b) $a = 4\,\text{cm}$; $A \approx 41{,}57\,\text{cm}^2$
c) $A_{\text{Kreis}} \approx 50{,}27\,\text{cm}^2$; $A_{\text{Kreis}} > A_{\text{Sechseck}}$
d) Das Näherungsverfahren wird mit jedem weiteren Schritt genauer, indem man n-Ecke zum Beispiel für n = 7, 8 … in den Kreis einzeichnet. Die Form der n-Ecke nähert sich der des Kreises immer näher an, deren Flächeninhalt ebenso an den Flächeninhalt des Kreises.

S. 80, 6.
a) $A \approx 50\,\text{cm}^2$ b) $A \approx 191\,\text{m}^2$ c) $A \approx 3{,}1\,\text{cm}^2$
d) $A \approx 1772\,\text{dm}^2$ e) $A \approx 83{,}97\,\text{km}^2$ f) $A \approx 9{,}4\,\text{cm}^2$

S. 80, 7.
a) 5,7 cm b) 3,9 cm c) 14,3 mm d) 10,7 m

S. 80, 8.
Das Gebiet ist ca. 78,5 km² groß.

S. 80, 9.
a) $u = 51{,}1\,\text{mm}$; $A \approx 207{,}39\,\text{mm}^2$
b) $u = 94{,}2\,\text{cm}$; $A \approx 706{,}86\,\text{cm}^2$
c) $u = 130{,}4\,\text{dm}$; $A \approx 1352{,}66\,\text{dm}^2$
d) $u = 5{,}2\,\text{m}$; $A \approx 2{,}16\,\text{m}^2$

S. 80, 10.

a)

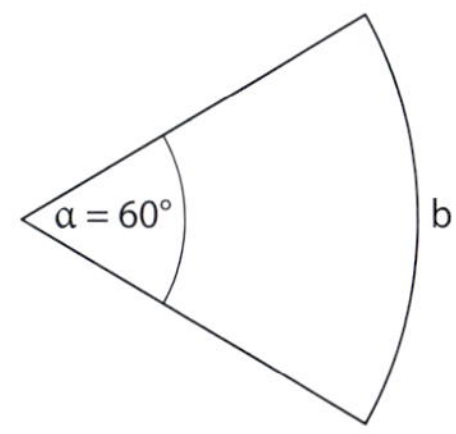

b) Es gibt mehrere Möglichkeiten, da die Radien bzw. Winkel unterschiedlich gewählt werden können. Es gilt die Gleichung $4\,\text{cm} = \frac{\alpha}{180°} \cdot \pi \cdot r$

S. 81, 11.
a) $A_\alpha \approx 3{,}5\,cm^2$; $b_\alpha \approx 1{,}4\,cm$
b) $A_\alpha \approx 61\,mm^2$; $b_\alpha \approx 11\,mm$

S. 81, 12.
a) $\alpha \approx 80°$ b) $r \approx 13{,}8\,cm$

S. 81, 13.
$A \approx 1403\,cm^2$

S. 81, 14.
$A \approx 6{,}3\,cm^2$

Wiederholungsaufgaben (S. 81)

S. 81, 1.
a) Der Wasserstand betrug an beiden Tagen 260 cm.
b) niedrigster Pegelstand im April: 9. April
c) höchster Pegelstand im April: 19. April

S. 81, 2.
a) $100 \cdot 8 = 800$ b) $100 + 9 = 109$ c) $27 \cdot 10 = 270$

S. 81, 3.
für 1: 3; für −1: 5; für 0 nicht definiert.

Körperberechnungen

S. 82, 1.
a) $V \approx 307{,}9\,cm^3$; $O \approx 252{,}9\,cm^2$
b) $h \approx 21{,}2\,cm$; $O \approx 1026{,}2\,cm^2$

S. 82, 2.
a) $O \approx 15{,}3\,cm^2$

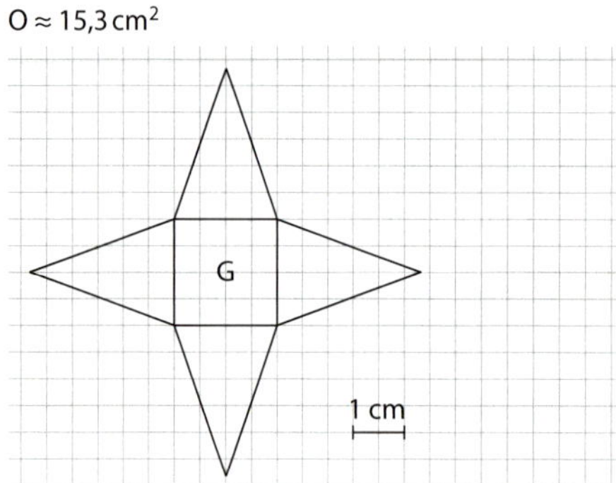

b) $O \approx 80{,}9\,cm^2$

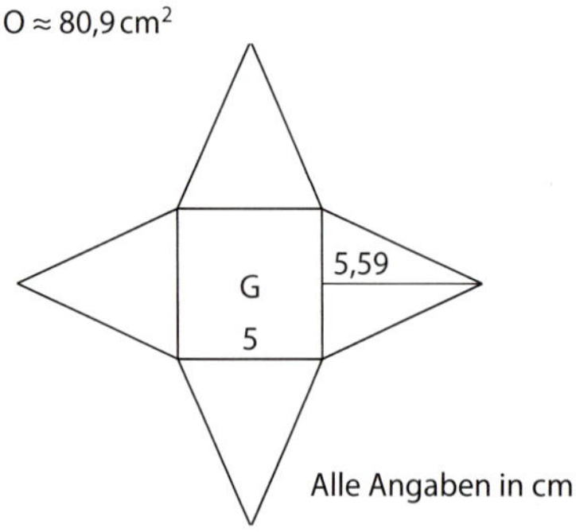

c) $O \approx 37{,}2\,cm^2$

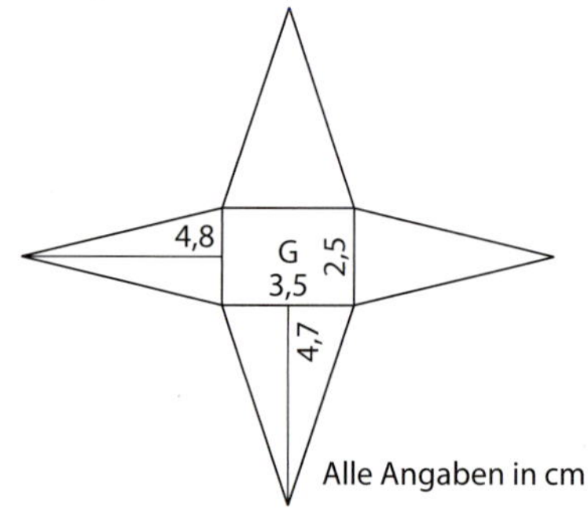

S. 82, 3.
a) $V = 2312\,m^3$ b) $V = 8533\,mm^3$

S. 82, 4.
a) $h = 9{,}6\,dm$ b) $h = 5{,}5\,m$

S. 82, 5.
a) $O \approx 35{,}2\,cm^2$ b) $O \approx 2479{,}7\,mm^2$ c) $O \approx 60{,}4\,cm^2$

S. 82, 6.
a) $V \approx 6{,}28\,m^3$ b) $V \approx 20{,}94\,dm^3$
c) $V \approx 459\,961\,mm^3 \approx 460\,cm^3$

S. 82, 7.
a) $h \approx 5{,}7\,cm$ b) $r \approx 2{,}11\,m$

S. 82, 8.
a) $V_{Glas} = \frac{1}{3}\pi \cdot (2{,}5\,cm)^2 \cdot 10\,cm \approx 65{,}45\,cm^3$; Radius der Flüssigkeit: $r = 2{,}25\,cm$ (Strahlensatz), damit
$V_{Flüssigkeit} = \frac{1}{3}\pi \cdot (2{,}25\,cm)^2 \cdot 9\,cm \approx 47{,}71\,cm^3$;
$V_{Flüssigkeit} : V_{Glas} = 0{,}73$, das Glas ist also zu ca. 73 % gefüllt.
b) $O_{Mantel} \approx 80{,}96\,cm^2$

S. 82, 9.
a) Die Dachfläche entspricht der Mantelfläche der Pyramide, für ein Dach ist $M \approx 203{,}65\,m^2$, für beide Dächer benötigt man also etwa $407{,}3\,m^2$ Blech.
b) $407{,}3\,m^2 \cdot 98{,}03\,€/m^2 \approx 39\,927{,}62\,€$
c) $V = 720\,m^3 = \frac{1}{3} \cdot h \cdot (12\,m)^2$; $h = 15\,m$
d) Mit den genaueren Maßen ergeben sich die Mantelflächen
Nordturm: $M \approx 225\,m^2$; Südturm: $M \approx 209\,m^2$, das Dacheindecken kostet also tatsächlich $434\,m^2 \cdot 98{,}03\,€/m^2 \approx 42\,545{,}02\,€$, also etwa 2617 € mehr.

S. 82, 10.
a) $V = 320\,cm^3$ b) 512 g

S. 83, 11.
a) $V \approx 268{,}1\,cm^3$; $O \approx 201{,}1\,cm^2$
b) $V \approx 1629{,}5\,dm^3$; $O \approx 669{,}7\,dm^2$
c) $V \approx 54{,}8\,m^3$; $O \approx 69{,}8\,m^2$
d) $V \approx 83{,}4\,mm^3$; $O \approx 92{,}3\,mm^2$
e) $V \approx 0{,}028\,cm^3$; $O \approx 0{,}44\,cm^2$
f) $V \approx 2\,cm^3$; $O \approx 7{,}75\,cm^2$

S. 83, 12.
a) $d = 19{,}7\,m$ b) $1218{,}6\,m^2$

S. 83, 13.
a) $V \approx 569{,}7\,cm^3$; $O \approx 351{,}9\,cm^2$
b) $V \approx 466{,}5\,cm^3$; $O \approx 401{,}8\,cm^2$
c) $V \approx 16{,}94\,cm^3$; $O \approx 55{,}1\,cm^2$
d) $V \approx 143{,}4\,cm^3$; $O \approx 267{,}1\,cm^2$

S. 83, 14.
a) 286,7 g   b) 28,67 kg (lässt sich heben)

Wiederholungsaufgaben (S. 83)

S. 83, 1.
a) $(-2)^2 = 4$
b) $(3 \cdot 16)^{-3} : 16^{-3} = 3^{-3} = \frac{1}{27}$ c) $4^{-3} = \frac{1}{64}$

S. 83, 2.
a) keine Funktion b) keine Funktion c) Funktion

S. 83, 3.
a) ja   b) nein   c) nein   d) ja

S. 83, 4.
a)

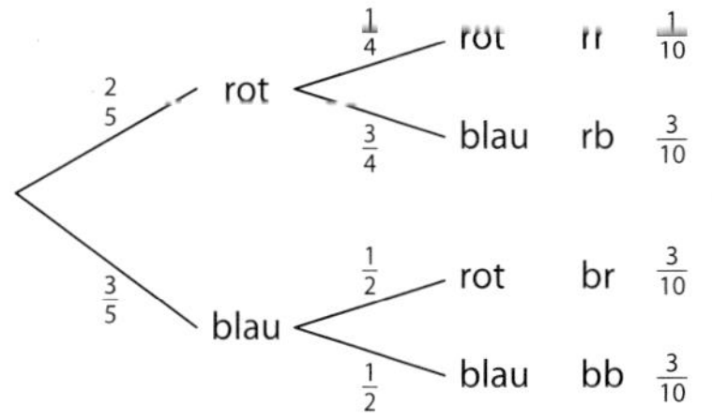

b) P(rr) = 10 %

S. 83, 5.
a) $c = 3{,}1\,cm$; $\alpha \approx 100{,}6°$; $\beta \approx 29{,}4°$
b) $b = 7\,cm$; $c = 8{,}4\,cm$; $\gamma = 80°$

Daten

S. 84, 1.

a)

Gruppe	absolute Häufigkeit	relative Häufigkeit
A	5	12,5 %
B	10	25 %
C	25	62,5 %
Gesamtzahl	40	100 %

b)

Gruppe	absolute Häufigkeit	relative Häufigkeit
A	12	20 %
B	18	30 %
C	30	50 %
Gesamtzahl	60	100 %

S. 84, 2.

Verkehrsmittel	absolute Häufigkeit	relative Häufigkeit
zu Fuß	4	25 %
Fahrrad	8	50 %
Straßenbahn	2	12,5 %
Bus	2	12,5 %
Gesamtzahl	16	100 %

S. 84, 3.

Dr. Messer wird von 70 % seiner Patienten weiterempfohlen, Dr. Spritze von 72 %. Dr. Spritze ist also etwas beliebter.

S. 84, 4.

Diagramm ③ stellt das Ergebnis richtig dar: Paul hat die Hälfte der Stimmen erhalten (roter Sektor), Tanja ein Drittel (blau) und Maria ein Sechstel (gelb).

S. 84, 5.

a) nie: 15 %; selten: 30 %; manchmal: 35 %; oft: 20 %

b) nie: 27 Personen; selten: 54 Personen; manchmal: 63 Personen; oft: 36 Personen

S. 84, 6.

a)

Note	1	2	3	4	5	6
Anzahl	2	5	7	7	5	2

b)

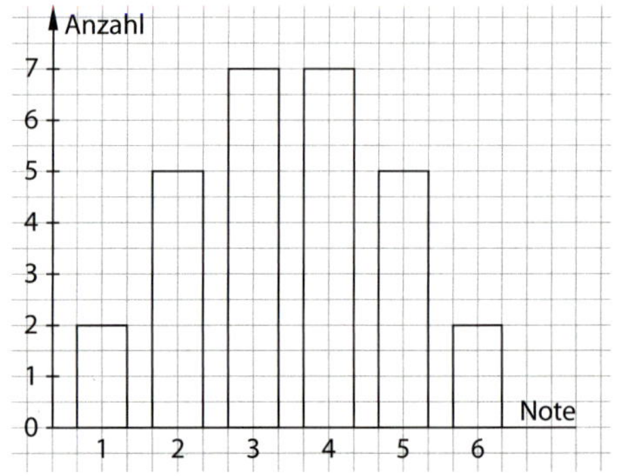

S. 84, 7.

a) Die Anzahl der Familienmitglieder beträgt 2, 3, 4, 5 oder 6. Bei so wenigen und eng beieinanderliegenden Werten ist eine Klasseneinteilung nicht sinnvoll.

b) Eine sinnvolle Klasseneinteilung ist zum Beispiel: 0 bis 5; 6 bis 10; 11 bis 15; 16 bis 20

S. 85, 8.

a) Minimum: 2,76 m (Max); Maximum: 4,05 m (Nils)

b) Den Abstand nennt man Spannweite der Daten, sie beträgt hier 129 cm.

S. 85, 9.

a) Maximum: 19; Minimum: 9; Spannweite: 10; Modalwert: 11; arithmetisches Mittel: 12

b) Maximum: 12; Minimum: 2; Spannweite: 10; Modalwert: 11; arithmetisches Mittel: 9,75

S. 85, 10.

11,6 Jahre

S. 85, 11.

a) 15,75 Jahre

b) Anja ist 18 Jahre alt.

Wiederholungsaufgaben (S. 85)

S. 85, 1.

a) $\frac{26}{21} = 1\frac{5}{21}$ b) 24 c) $\frac{9}{4} = 2\frac{1}{4}$

d) $\frac{53}{15} = 3\frac{8}{15}$ e) $\frac{8}{5} = 1\frac{3}{5}$

S. 85, 2.

73 015

S. 85, 3.

37,5 % = 0,375

S. 85, 4.

Linke Anzeige 5 €; rechte Anzeige 7,20 €

Zufall und Wahrscheinlichkeit

S. 86, 1.

a) Zufallsexperiment, denn es ist nicht vorhersehbar, welcher der möglichen Namen auf dem gezogenen Zettel steht.

b) Kein Zufallsexperiment, denn es gibt nur ein einziges Ergebnis.

S. 86, 2.

a)

Anzahl der Würfe	50	100	200	300	400	500
absolute Häufigkeit einer Eins	6	17	36	50	65	82
relative Häufigkeit (gerundet)	0,12	0,17	0,18	0,17	0,16	0,16

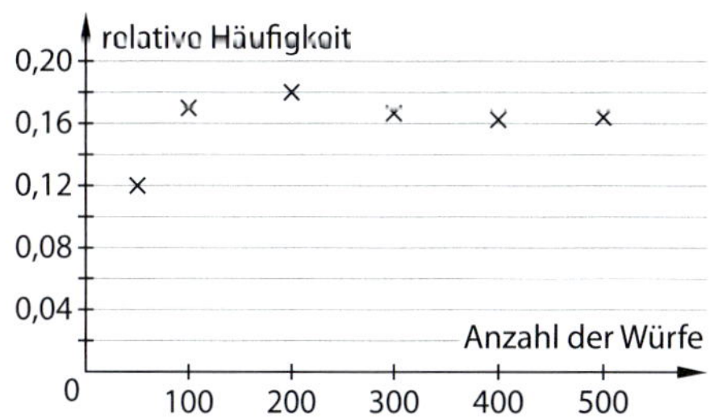

b) Die Werte für die relative Häufigkeit nähern sich dem Wert $\frac{1}{6}$ an.

S. 86, 3.

a) ①: $\frac{12 \cdot 100}{750} = 1{,}6$ ②: $\frac{11 \cdot 100}{500} = 2{,}2$

③: $\frac{14 \cdot 100}{800} = 1{,}75$

b) ①: $P \approx 1{,}6\,\%$ ②: $P \approx 2{,}2\,\%$

③: $P \approx 1{,}75\,\%$

c) ①: $10\,000 \cdot 0{,}016 = 160$

②: $10\,000 \cdot 0{,}022 = 220$

③: $10\,000 \cdot 0{,}0175 = 175$

S. 86, 4.

	a)	b)	c)
Gelb	$\frac{5}{8}$	$\frac{1}{4}$	$\frac{1}{2}$
Orange	$\frac{3}{8}$	$\frac{1}{2}$	$\frac{1}{4}$
Blau	0	$\frac{1}{4}$	$\frac{1}{4}$

S. 86, 5.

Das Glücksrad hat zehn gleich große Sektoren, die mit den Zahlen 0, 1, 2, 3, 4, 5, 6, 7, 8, 9 beschriftet sind.

Es sind vier Zahlen größer als 5: 6, 7, 8, 9

Es sind fünf Zahlen kleiner als 5: 0, 1, 2, 3, 4

Jeder Sektor hat die gleiche Chance, erdreht zu werden. Somit beträgt die Gewinnwahrscheinlichkeit für Ben $\frac{4}{10}$ und für Svenja $\frac{5}{10}$.

Svenja hat also die größeren Gewinnchancen.

S. 86, 6.

Es trifft nur die Aussage in Aufgabe c) zu.

Es ist unabhängig vom vorausgegangenen Wurf, welches Ergebnis im darauf folgenden Wurf erzielt wird.

Wenn die Münze „fair" ist, dann ist die Wahrscheinlichkeit sowohl für „Zahl" als auch für „Adler" bei jedem Wurf 0,5.

S. 86, 7.

a) P („D") = $\frac{1}{4}$

b) P („nicht A") = $1 - \frac{3}{8} = \frac{5}{8}$

c) Beispiel:

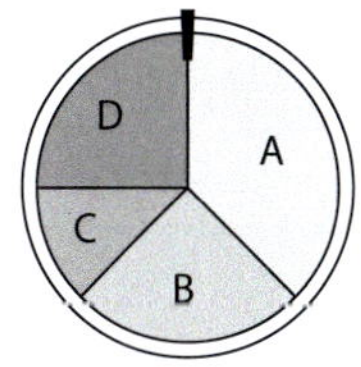

S. 87, 8.

a) A: 0,12625 B: 0,02875 C: 0,34875

D: 0,34375 E: 0,03 F: 0,1225

b) A und F, B und E sowie C und D.

c) A: $P \approx 0{,}13$ B: $P \approx 0{,}03$ C: $P \approx 0{,}35$

D: $P \approx 0{,}34$ E: $P \approx 0{,}03$ F: $P \approx 0{,}12$

S. 87, 9.

a) Ja – alle Karten sind gleich wahrscheinlich mit $P = \frac{1}{32}$.

b) Ja – für „liegend" oder „stehend" gilt jeweils $P = \frac{1}{2}$.

c) Nein – wenn es um die Farbe der Kugel geht.

S. 87, 10.

a) $\frac{2}{8} = 25\,\%$ b) $1 - \frac{2}{8} = 75\,\%$ c) $\frac{5}{8} = 62{,}5\,\%$

S. 87, 11.

a) $\frac{4}{30} = \frac{2}{15}$ b) $\frac{2}{3}$ c) $\frac{5}{30} = \frac{1}{6}$

Wiederholungsaufgaben (S. 87)

S. 87, 1.

$4 \cdot (0 + 1) = 4$

S. 87, 2.

u = 13 cm A = 10 cm²

S. 87, 3.

a) O(0|0), A(3|0), B(0|4),

$M_{OA}(1{,}5|0)$, $M_{OB}(0|2)$, $M_{AB}(1{,}5|2)$

b) A = 6 cm²

S. 87, 4.

In der Klasse sind 10 Mädchen.

S. 87, 5.

a)

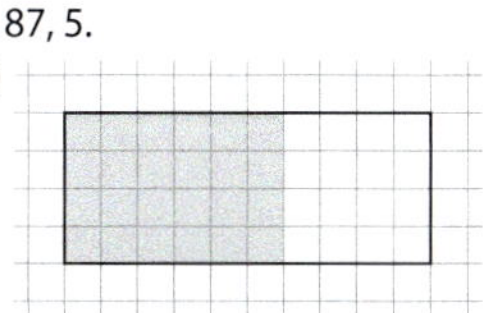

b)

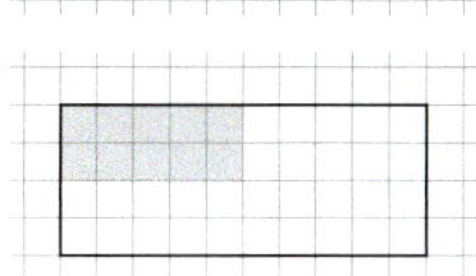

S. 87, 6.

a) Es wurden die Zähler bzw. die Nenner addiert. Richtig ist $\frac{37}{56}$.

b) Die Zähler wurden nicht erweitert. Richtig ist $\frac{11}{20}$.

c) Es wurden nur die Zähler dividiert. Richtig ist 4.

d) Es wurde mit 5 erweitert. Richtig ist $\frac{10}{9}$.

Mehrstufige Zufallsexperimente

S. 88, 1.

a) Frau Rubin kann zwischen vier Autos wählen: Dem roten Kleinwagen, der roten Limosine, dem roten Kombi und dem roten SUV.

b) Herr Groß hat die Wahl zwischen sechs verschiedenfarbigen Kombis.

c) Der Händler muss insgesamt $4 \cdot 6 = 24$ Autos ausstellen, damit jeder Wagen in jeder Farbe vertreten ist.

S. 88, 2.

Es gibt $4 \cdot 3 = 12$ verschiedene zweistellige Zahlen, die entstehen können.

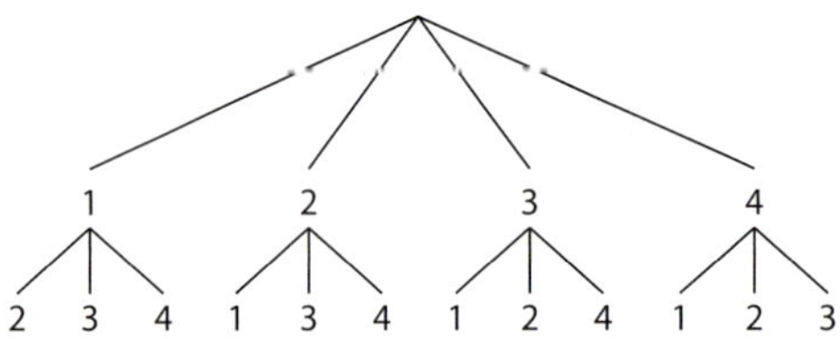

S. 88, 3.

Die Wahrscheinlichkeit, dass beide Glühlampen defekt sind, beträgt

$0{,}05 \cdot 0{,}05 = \frac{1}{400} = 0{,}0025 = 0{,}25\,\%$.

S. 88, 4.

a)

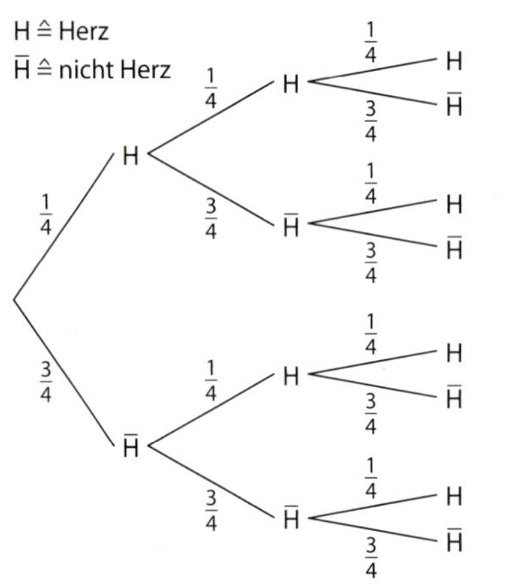

b) P(drei Mal Herz) $= \frac{1}{4} \cdot \frac{1}{4} \cdot \frac{1}{4} = \frac{1}{64} \approx 0{,}0156 = 1{,}56\,\%$

c) P(ein Mal Herz) $= \frac{1}{4} \cdot \frac{3}{4} \cdot \frac{3}{4} + \frac{3}{4} \cdot \frac{1}{4} \cdot \frac{3}{4} + \frac{3}{4} \cdot \frac{3}{4} \cdot \frac{1}{4} = \frac{27}{64} \approx 0{,}422 = 42{,}2\,\%$

S. 88, 5.

a)

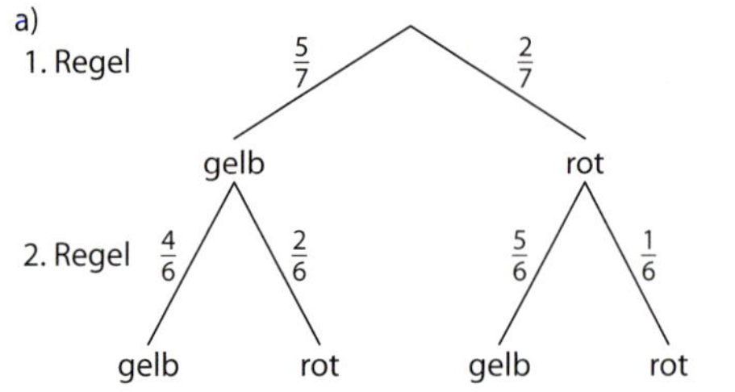

b) Nein, die Kugel wird nicht wieder zurück gelegt. Der Nenner wird bei der Wahrscheinlichkeit im 2. Durchgang um eins kleiner - also gibt es eine um eine Kugel kleinere Grundgesamtheit.

c) P(zwei verschiedenfarbige Kugeln) =

$\frac{5}{7} \cdot \frac{2}{6} + \frac{2}{7} \cdot \frac{5}{6} = \frac{10}{21} \approx 0{,}476 = 47{,}6\,\%$

S. 88, 6.

P(Augensumme ≥ 11) $= \left(\frac{1}{6} \cdot \frac{1}{6}\right) \cdot 3 = \frac{1}{12} \approx 0{,}0383 = 8{,}3\,\%$

Die Wahrscheinlichkeit, beim Werfen zweier Würfel eine Augensumme von mindestens 11 zu werfen, beträgt etwa 8,3 %.

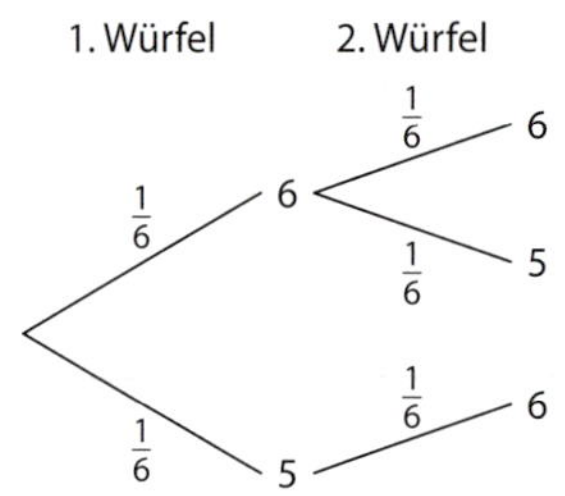

S. 88, 7.

a) E: Henri tippt sowohl den Erst- als auch den Zweitplatzierten richtig.

P(E) $= \frac{1}{10} \cdot \frac{1}{9} = \frac{1}{90} \approx 0{,}0111 = 1{,}11\,\%$

b) E: Henri tippt nur den Sieger richtig.

P(E) $= \frac{1}{10} \cdot \frac{8}{9} = \frac{4}{45} \approx 0{,}0888 = 8{,}88\,\%$

c) E: Henri tippt nur den Zweitplatzierten richtig.

P(E) $= \frac{1}{10} \cdot \frac{8}{9} = \frac{4}{45} \approx 0{,}0888 = 8{,}88\,\%$

S. 89, 8.

P(zwei gleichfarbige Socken) $= \frac{5}{11} \approx 0{,}4545 = 45{,}45\,\%$.

S. 89, 9.

Cansu hat unrecht.

Die Gewinnchance eines Kindes ergibt sich aus dem Produkt der zugehörigen Pfadwahrscheinlichkeiten. Diese können aus dem Baumdiagramm abgelesen werden.

P (1.Kind) $= \frac{1}{4}$

P (2.Kind) $= \frac{3}{4} \cdot \frac{1}{3} = \frac{1}{4}$,

P (3.Kind) $= \frac{3}{4} \cdot \frac{2}{3} \cdot \frac{1}{2} = \frac{1}{4}$

P (4.Kind) $= \frac{3}{4} \cdot \frac{2}{3} \cdot \frac{1}{2} \cdot 1 = \frac{1}{4}$

Somit haben alle Kinder die gleiche Chance.

S. 89, 10.

a) „mehr als zweimal Zahl" bedeutet „dreimal Zahl": $\frac{1}{8} = 12{,}5\,\%$

b) „mindestens einmal Zahl" ist das Gegenereignis zu „dreimal Kopf": $1 - \frac{1}{8} = \frac{7}{8} = 87{,}5\,\%$

c) „höchstens zweimal Kopf" bedeutet „mindestens einmal Zahl": $\frac{7}{8} = 87{,}5\,\%$

d) $\frac{3}{8} = 37{,}5\,\%$

S. 89, 11.

P(mindestens eine Frage falsch) = 1 - P(alle Antworten korrekt) = $1 - \frac{1}{81} = \frac{80}{81} \approx 0{,}9877 = 98{,}77\,\%$

Mit einer Wahrscheinlichkeit von 98,77% beantwortet Mira mindestens eine Frage falsch.

S. 89, 12.

Die Wahrscheinlichkeit für mindestens einmal Blau bei drei Drehungen liegt bei $1 - \left(\frac{3}{4}\right)^3 \approx 57{,}8\%$

Wiederholungsaufgaben (S. 89)

S. 89, 1.

$x = -1$

S. 89, 2.

$f_1(x) = 2x + 1$

$f_2(x) = -0{,}5x + 3$

$f_3(x) = -\frac{4}{3}x + 4$

S. 89, 3.

In dem Kurs können 9 Mädchen und 11 Jungen sein:

$\frac{9}{20} = 45\,\%$

$\frac{11}{20} = 55\,\%$

S. 89, 4.

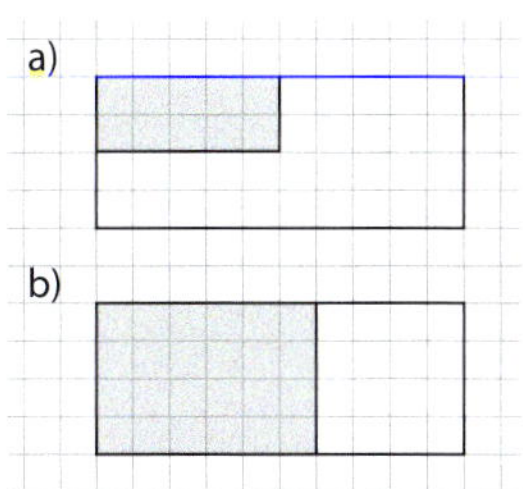

S. 89, 5.

a) $\frac{1}{5} + \frac{3}{4} = \frac{4}{20} + \frac{15}{20} = \frac{19}{20}$

b) $\frac{1}{5} - \frac{3}{4} = \frac{4}{20} - \frac{15}{20} = -\frac{11}{20}$

c) $\frac{1}{5} \cdot \frac{3}{4} = \frac{1 \cdot 3}{5 \cdot 4} = \frac{3}{20}$

d) $\frac{1}{5} : \frac{3}{4} = \frac{1 \cdot 4}{5 \cdot 3} = \frac{4}{15}$

$-\frac{11}{20} < \frac{3}{20} < \frac{4}{15} < \frac{19}{20}$

Vierfeldertafeln

S. 90, 1.

a)

	mit Bus zur Schule		gesamt
	ja	nein	
Mädchen	6	8	14
Jungen	4	9	13
gesamt	10	17	27

b)

	für neues Gesetz		gesamt
	ja	nein	
Partei A	6,3 %	20,8 %	27,1 %
Partei B	9,7 %	63,2 %	72,9 %
gesamt	16,0 %	84,0 %	100 %

S. 90, 2.

a)

	gefällt Serie		gesamt
	ja	nein	
unter 30	85	38	123
über 30	131	46	177
gesamt	216	84	300

b) 85 der 123 unter 30-Jährigen fanden die Serie gut, das sind rund 69,1 % der unter 30-Jährigen.
131 der 177 über 30-Jährigen fanden die Serie gut, das sind rund 74 % der über 30-Jährigen.

S. 90, 3.

a)

	Handy in der Schule	Kein Handy in der Schule	Summe
Mädchen	65	9	74
Jungen	50	8	58
Summe	115	17	132

b) Es nehmen 87,8 % der befragten Mädchen und 86,2 % der Jungen ein Handy mit in die Schule. Die Überschrift ist also nicht falsch, betont aber einen nur sehr kleinen Unterschied. Angemessen wäre eher „Über 85 % der Jugendlichen nehmen ein Handy mit in die Schule."

S. 90, 4.

a)

	tagsüber	nachts	gesamt
unter Alkoholeinfluss	3,36 %	8,64 %	12 %
ohne Alkoholeinfluss	66,88 %	21,12 %	88 %
gesamt	70,24 %	29,76 %	100 %

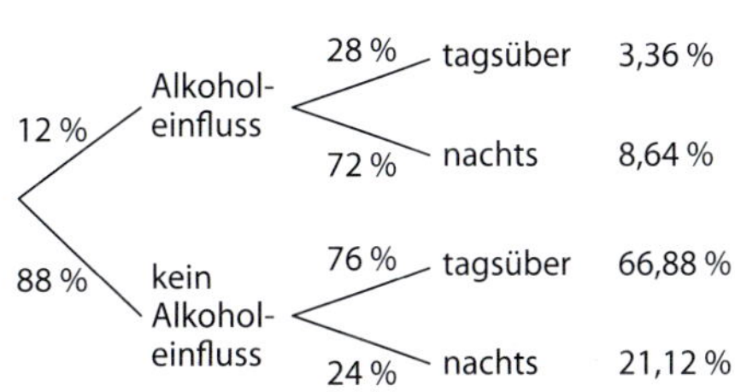

b) 8,64 %
c) 86 617

S. 90, 5.

	Holz	Plastik	gesamt
rot	10	25	35
grün	20	45	65
gesamt	30	70	100

a) E: Eine grüne Plastikkugel wird gezogen.
$P(E) = \frac{45}{100} = 45\,\%$
b) E: Eine rote Kugel wird gezogen.
$P(E) = \frac{35}{100} = 35\,\%$
c) E: Aus den roten Kugeln wird eine Holzkugel gezogen.
$P(E) = \frac{10}{35} \approx 28{,}57\,\%$

S. 90, 6.

a)

	spielt Karten		gesamt
	ja	**nein**	
Jungen	8	7	15
Mädchen	4	9	13
gesamt	12	16	28

b) $P(①) = \frac{13}{28} \approx 46{,}43\,\%$ $P(②) = \frac{8}{28} \approx 28{,}57\,\%$
$P(③) = \frac{8}{15} \approx 53{,}33\,\%$ $P(④) = \frac{8}{12} \approx 66{,}67\,\%$

S. 91, 7.

a)

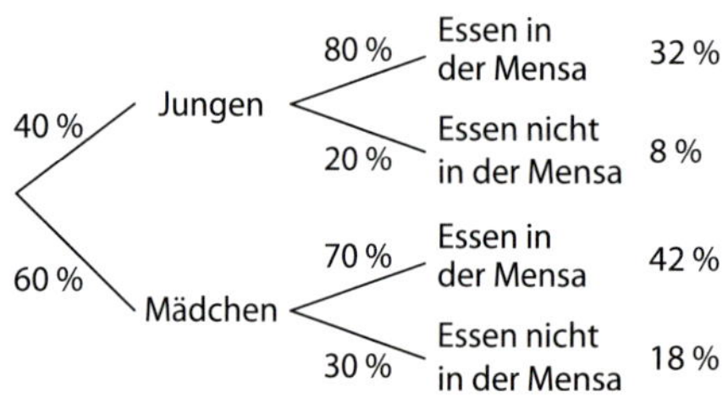

b)

	essen in der Mensa	essen nicht in der Mensa	gesamt
Mädchen	42 %	18 %	60 %
Jungen	32 %	8 %	40 %
gesamt	74 %	26 %	100 %

c) E: Ein Mädchen, welches nicht in der Mensa isst, wird ausgewählt. $P(E) = 60\,\% \cdot 30\,\% = 18\,\%$
d) 74 % der Schüler gehen in der Mensa essen, das sind 592 Schüler.

S. 91, 8.

a) F: Funktioniert
A: Aussortiert

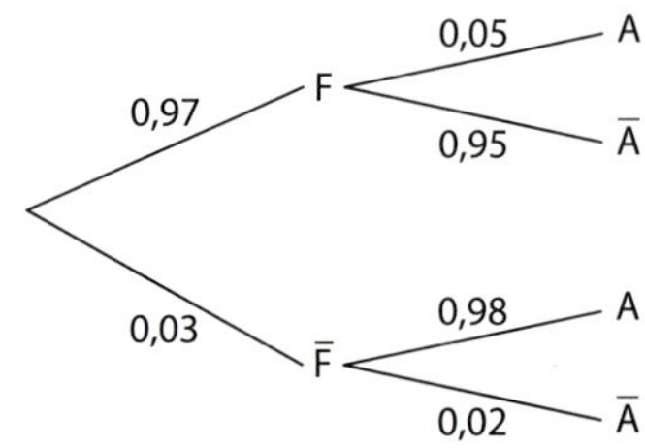

	funktioniert		gesamt
	ja	**nein**	
aussortiert	4,85 %	2,94 %	7,79 %
nicht aussortiert	92,15 %	0,06 %	92,21 %
gesamt	97 %	3 %	100 %

F: Funktioniert
A: Aussortiert

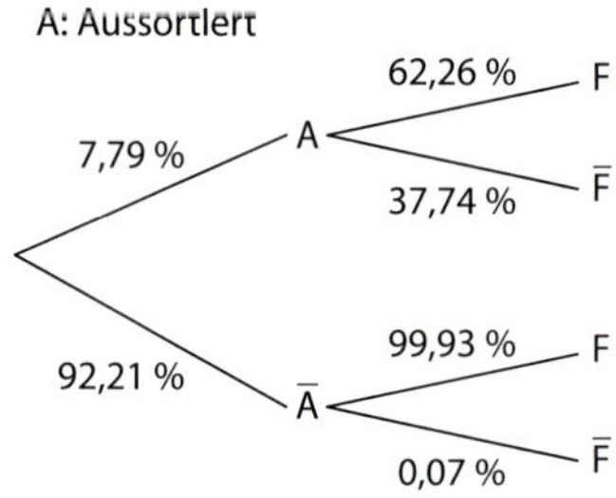

b) etwa 99,93 %
c) etwa 37,73 %

S. 91, 9.

	Test negativ	Test positiv	Summe
Krank	0,04	0,96	1
Gesund	135,36	8,64	144
Summe	135,4	9,6	145

a) ca. 10 % b) ca. 0,03 %

Wiederholungsaufgaben (S. 91)

S. 91, 1.
a) 28 € b) 45 kg c) 48 min

S. 91, 2.
a) 1000 b) 15 c) 126

S. 91, 3.

	a	b	c
a)	4 cm	7 cm	8,1 cm
b)	6,6 cm	10 cm	12 cm
c)	3 cm	8,5 cm	9 cm

S. 91, 4.
a) $12a^3b^2 - 6a^3b^3$ b) $x^2(12 - 5x)$

S. 91, 5.
Im Original ist das Auto ca. 340 cm = 3,4 m lang.

Zuordnungen

S. 92, 1.

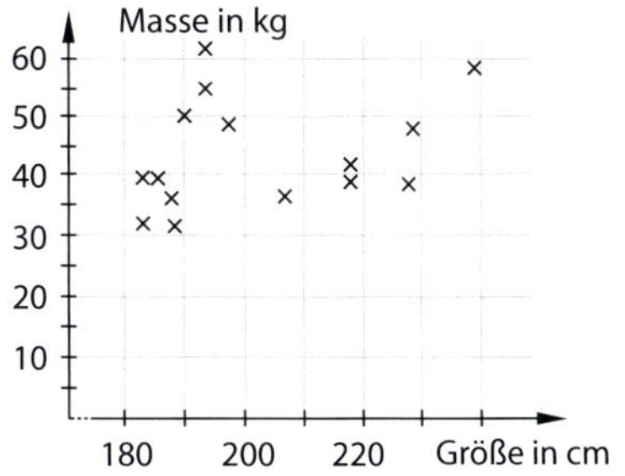

S. 92, 2.
Das Diagramm C stellt den Sachverhalt richtig dar. In den ersten beiden Stunden sind 1,50 € zu zahlen und dann kommt mit jeder weiteren angebrochenen Stunde 1 € dazu, also für die angefangene 3. Stunde 2,50 €, die angefangene 4. Stunden 3,50 € usw. Der Preis steigt „stufenweise".

S. 92, 3.

a)

n	p
1	28 ct
2	56 ct
3	84 ct
4	112 ct
5	140 ct
6	168 ct
7	196 ct

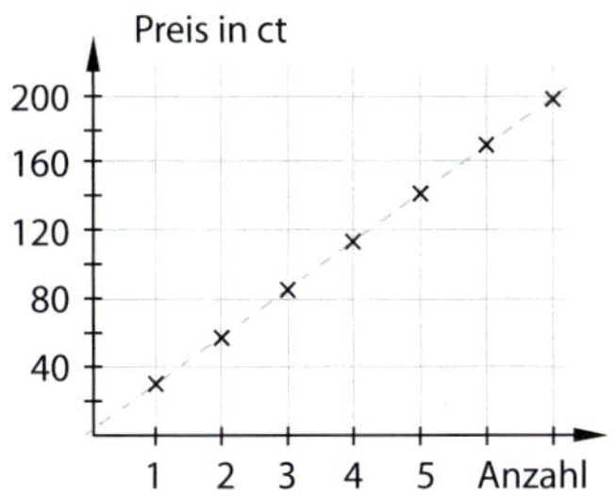

$k = 28$; $p = 28 \cdot n$

S. 92, 4.
Die Zuordnung ist nicht direkt proportional.
Ab 50 Brötchen wird offenbar ein Rabatt gewährt.

S. 92, 5.

a)

Personenanzahl n	1	2	3	4
Anzahl der Tage t	96	48	24	12

$t = 96 : n$

S. 92, 6.
a) antiproportionale Zuordnung mit: $y = \frac{4800}{x}$
b) direkt proportionale Zuordnung mit: $y = 0{,}7 \cdot x$
c) Die Zuordnung ist weder direkt noch antiproportional, da weder Quotientengleichheit noch Produktgleichheit vorliegt.

S. 93, 7.
a) Den höchsten Punkt erreicht man nach 25 km.
b) Nach etwa 140 km gelangt man zum ersten Mal unter 400 m über NN.
c) Stärkster Anstieg: Zwischen 20 km und 25 km. Stärkster Abstieg: Zwischen 125 km und 150 km.

S. 93, 8.
a) Da $V \sim m$ gilt: (quotientengleich)
$50\,cm^3 \triangleq 390\,g$
$1\,cm^3 \triangleq 7{,}8\,g$
$30\,cm^3 \triangleq 234\,g$

b) Da $h \sim \frac{1}{n}$ gilt: (produktgleich)
$20\,cm \triangleq 18$ Stufen
$1\,cm \triangleq 360$ Stufen
$15\,cm \triangleq 24$ Stufen

c) Es besteht keine Proportionalität. Das Musikstück dauert (unabhängig von der Anzahl der Musiker) 4,5 min.

S. 93, 9.
12 dieser Sammelbilder kosten 2,40 €.

Wiederholungsaufgaben (S. 93)

S. 93, 1.
a) wahr
b) falsch $\left(\frac{3}{4}\right)$
c) falsch (28)
d) falsch (2)
e) falsch $\left(\frac{1}{3} - 0{,}3 = 0{,}33333\ldots - 0{,}3 = 0{,}03333\ldots\right)$

S. 93, 2.
Es könnte 1:42 Uhr und 24 Sekunden oder 13:42 Uhr und 24 Sekunden sein.

S. 93, 3.
a) 1,3 cm b) $0{,}7\,cm^2$ c) $7\,100\,000\,cm^3$
d) 0,012 Liter e) 1500 mg f) 90 min

S. 93, 4.
a) $\gamma = 50°$; spitzwinklig-ungleichseitiges Dreieck
b) $\alpha = 45°$; rechtwinklig-gleichschenkliges Dreieck
c) $\beta = 25°$; stumpfwinklig-ungleichseitiges Dreieck
d) $\alpha = 60°$; spitzwinklig-gleichseitiges Dreieck

S. 93, 5.
a) $57 + 23 = 80$ b) $15 \cdot 12 = 180$ c) $751 - 228 = 523$

S. 93, 6.
a) $-8 < -2$ b) $71 > -71$ c) $0 > -1$

Prozent- und Zinsrechnung

S. 94, 1.

Grundwert	350 t	900 kg	7890 g	115,00 €
Prozentwert	6,3 t	99 kg	789 g	2,30 €
Prozentsatz	1,8 %	11 %	10 %	2 %

Grundwert	450 kg	2400 m	6,60 €	≈ 217,39 €
Prozentwert	550 kg	60 m	7,26 €	250 €
Prozentsatz	≈ 122 %	2,5 %	110 %	115 %

S. 94, 2.
a) Tischtennis-AG (10); Theater-AG (30); Mathe-AG (35); Streitschlichter-AG (15); keine AG (50)
b) Da einige Schüler an mehreren Arbeitsgemeinschaften teilnehmen könnten, kann das Ergebnis stimmen.

S. 94, 3.
80 €

S. 94, 4.

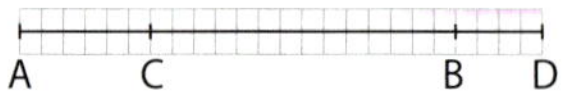

$\overline{AC} = 3\,cm$; $\overline{AD} = 12\,cm$

S. 94, 5.
Auf Cent gerundete Werte:
a) 32,77 €
b) 99,16 €
c) 17,76 €
d) 7,94 €

S. 94, 6.
369,89 €
Taschenrechner-Anzeige (369,88718)

S. 94, 7.
a) 62,30 €   b) 31,00 €

S. 94, 8.
auf 120 %

S. 94, 9.
1,90 €; Taschenrechner-Anzeige (1,8975)

S. 94 10.
Prozentsätze auf Zehntel gerundet.

	Erhalten	Abgegeben	Berechtigt
Müller	2295	51 %	23,9 %
Schmidt	1215	27 %	12,6 %
Funke	765	17 %	8,0 %
ungültig	225	5 %	2,3 %
Nichtwähler	5110		53,2 %

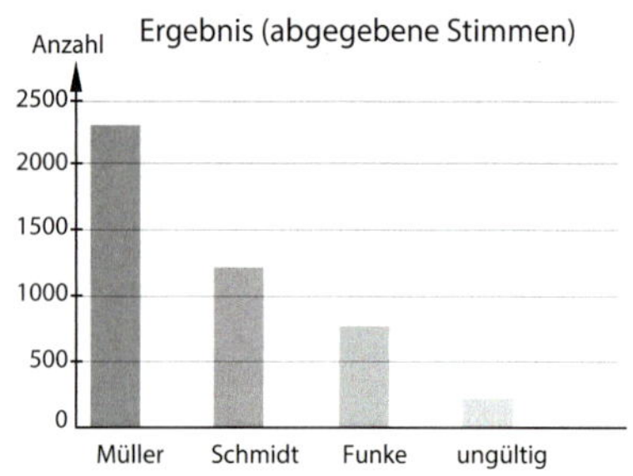

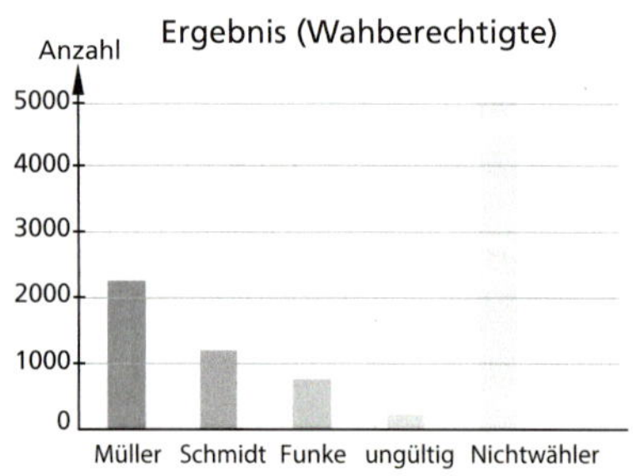

S. 94, 11.

Zensur	1	2	3	4	5	6
Prozent	20	25	45	10	0	0

S. 95, 12.
10 500 €

S. 95 13.
Auf Cent gerundete Werte.

Kapital	5000 €	500 €	3000 €
Zinssatz	2 % p. a.	1,4 % p. a.	0,58 % p. a.
Zinsen (1 Jahr)	100 €	7,00 €	17,40 €

Kapital	45 000 €	4900 €
Zinssatz	1,2 % p. a.	1,2 % p. a.
Zinsen (1 Jahr)	540 €	58,80 €

S. 95, 14.
a) 440 €   b) 4459,79 €

S. 95, 15.
Startkapital: 500 €   Zinsen: 2,7 %

Jahr	Zinsen (in €)	Kapital (in €)
1	13,5	513,5
2	13,8645	527,3645
3	14,2388415	541,603342
4	14,6232902	556,226632
5	15,0181191	571,244751

Startkapital: 500 €   Zinsen: 5,4 %

Jahr	Zinsen (in €)	Kapital (in €)
1	27	527
2	28,458	555,458
3	29,994732	585,452732
4	31,6144475	617,06718
5	33,3216277	650,388807

Bei doppeltem Zinssatz und gleichem Startkapital ist das Kapital nach 5 Jahren rund 80 € höher.

Startkapital: 1000 €   Zinsen: 2,7 %

Jahr	Zinsen (in €)	Kapital (in €)
1	27	1027
2	27,729	1054,729
3	28,477683	1083,20668
4	29,2465804	1112,45326
5	30,0362381	1142,4895

Bei doppeltem Startkapital und gleichem Zinssatz verdoppelt sich auch das Kapital nach 5 Jahren.

Wiederholungsaufgaben (S. 95)

S. 95, 1.
Flugzeuglänge im Bild: 2,5 cm
Flugzeuglänge im Original: 73 m
Schiffslänge im Bild: 12,3 cm
Schiffslänge im Original: etwa 359 m

S. 95, 2.
Dora ist 1,45 m groß, denn
$\frac{1{,}45 + 1{,}54 + 1{,}52 + 1{,}45}{4} = 1{,}49$.

S. 95, 3.
a) 0,05 € b) 50 dm^2 c) 3 h d) 2,136 kg

S. 95, 4.
a) $1\frac{5}{8}$ b) $\frac{1}{2}$ c) $\frac{1}{3}$ d) $\frac{13}{28}$

Gleichungen

S. 96, 1.
a) $8 - 3 \cdot 7 = -13$
b) $(9 + 2 \cdot (-2)) \cdot (-2) = -10$
c) $-1 \cdot 1{,}5 - (-1) = -0{,}5$

S. 96, 2.
a) ③ (x = Anzahl der Werktage)
b) ① (x = Länge des abgeschnittenen Stücks in cm)
c) ② (x = Anzahl der Zeilen)

S. 96, 3.
a) 100 € + 0,5 € · 182 = 191 € werden gespendet.
b) 100 € + x · 0,5 €

S. 96, 4.
a) Nicht äquivalent, z. B. für a = 2 sind die Termwerte verschieden (8 und 7)
b) Äquivalent, da 5b – 11b = –6b
c) Nicht aquivalent, z. B. für a = 1 und b = 1 sind die Termwerte verschieden (2 und 0)

S. 96, 5.
a) 9a b) 12b c) 0,5x d) 8,5y
e) 6x + 4 f) 5a + 7 g) – 2y – 3 h) 0,5x – 5

S. 96, 6.
① = ③ ④ = ⑧ ② = ⑥ ⑤ = ⑦

S. 96, 7.
a) x = –2 b) a = 1 oder a = 0
c) b = 2 d) x = – 1 oder x = 3

S. 96, 8.
a) x = 42 b) a = –1 c) y = –6 d) 7

S. 96, 9.
a) $10x = -60 \quad |:10$
$x = -6$
b) $-9 = -3x \quad |:(-3)$
$3 = x$
c) $4a = 6 \quad |:4$
$a = 1{,}5$

S. 96, 10.
a) x = 12 b) s = 1 c) w = 5
d) x = 4 e) $a = -\frac{16}{5}$ f) x = – 3

S. 96, 11.
a) L = {3} b) L = { } c) L = { }
d) L = ℚ e) L = $\{-\frac{2}{3}\}$ f) L = { }

S. 96 ,12.
185 cm – 5 · x = 35 cm
x = 30 cm. Jedes Stück ist 30 cm lang.

S. 97, 13.
x + 10 = 2x – 3
x = 13. Tom ist 13 Jahre alt.

S. 97, 14.
$2 \cdot (x + 4) + 2 \cdot 2 = 2x + 2x + 2x$
$2x + 12 = 6x$
Für x = 3 haben sie den gleichen Umfang.

S. 97, 15.
Die Seitenlänge beträgt 4 cm.

S. 97, 16.
240 mℓ Bananennektar

S. 97, 17.
a) Individuelle Lösungen
b) 4n – 1
c) 4 · 10 – 1 = 39
d) 4n – 1 = 89 hat die Lösung 22,5. Die Anzahl der Punkte muss aber ganzzahlig sein. Daher gibt es keine Figur mit 89 Punkten.

Wiederholungsaufgaben (S. 97)

S. 97, 1.
a)

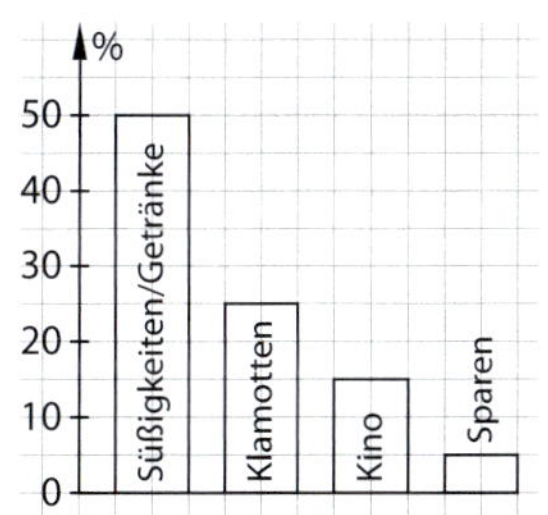

b) Süßigkeiten und Getränke: 100 Schüler
Klamotten: 50 Schüler
Kino: 30 Schüler
Sparen: 20 Schüler

S. 97, 2.
Der Auflauf muss um 12:11 Uhr aus dem Ofen geholt werden.

S. 97, 3.
u = 2 · (3 cm + 4 cm) = 14 cm, A = 3 cm · 4 cm = 12 cm^2

S. 97, 4.
Es gibt eine Symmetrieachse.

Terme

S. 98, 1.
x: Anzahl der Wagen der 1. Klasse
y: Anzahl der Wagen der 2. Klasse
Anzahl der Sitzplätze des Zuges: 60x + 90y

S. 98, 2.
a) ① $u = 4a + 4b$ ② $u = 24x$ ③ $u = 6x + 2y + 2z$
b) ① $A = 3ab$ ② $A = 11x^2$ ③ $A = xy + 3xz$

S. 98, 3.
a) $3a - 4b$ b) $3m + 2n$ c) $11r^2 + 4s$ d) $xy^2 + x^2y$
e) $x + 6y$ f) $-2a - b$ g) a h) $2x^2 - 4xy$

S. 98, 4.
a) $42x$ b) $30r^2$ c) $16u$ d) $\frac{1}{8}xy$
e) $-2x^2y^2$ f) $2st^2$ g) $9x^2$ h) a^3b

S. 98, 5.
a) $2a + 2b$; 10 b) $5a - 3b$; 9 c) $-5ab$; – 30
d) $\frac{5}{2}ab^2$; 30 e) $-2a + b + b^2$; 0 f) $11ab$; 66
g) $b - 2a^2b$; – 34 h) $a^2b^2 + ab$; 42

S. 98, 6.
a) $6a - 6b$ b) $35 + 28x$
c) $a - 5$ d) $-3 + x$
e) $-10m^2 + 4mn$ f) $8x^2 - 4xy + 6xz$
g) $0{,}6a^2 - 0{,}9ab$ h) $6x^2y - 5xy^2$

S. 98, 7.
a) $6(x + y)$ b) $2u(v + 8w)$
c) $3vw(3u - 1)$ d) $7(4m - n)$
e) $5b(2a - 1 + 2)$ f) $0{,}3(a + 5b + 12c)$
g) $xy(xyz + 1)$ h) $x(xyz + z - xy)$

S. 98, 8.
a) $x^2 + 3x + 2$ b) $4a - ab + 4b - b^2$
c) $-4x - 1 - 8xy - 2y$ d) $-2r^2 + 8r + 3sr - 12s$

S. 98, 9.
a) $A = (4x)^2 - 4 \cdot x^2 = 12x^2$
b) $A = a^2 - (a - 3)^2 = a^2 - (a^2 - 6a + 9) = 6a - 9$

S. 99, 10.
$(a + 2)^2 = 4 + a^2 + 4a$
$a(4 + a + 1) = a^2 + 5a$
$(1 - 2a)(1 + 2a) - 1 = 2a \cdot (-2a)$

S. 99, 11.
a) $9 + 6u + u^2$ b) $25a^2 + 10a + 1$
c) $9x^2 + 12xy + 4y^2$ d) $\frac{1}{9}x^2 + \frac{4}{15}xy + \frac{4}{25}y^2$
e) $(x + 4)^2$ f) $(5u + 2v)^2$
g) $\left(\frac{1}{2} + y\right)^2$ h) $\left(\frac{1}{8}a + \frac{1}{3}b\right)^2$

S. 99, 12.
a) $x^2 - 14x + 49$ b) $9b^2 - 6b + 1$
c) $0{,}01u^2 + 0{,}1uv + 0{,}25v^2$ d) $\frac{1}{16}x^2 - \frac{1}{4}xy + \frac{1}{4}y^2$
e) $(x - 3)^2$ f) $(5a - b)^2$
g) $\left(\frac{1}{3}x - 2\right)^2$ h) $\left(\frac{1}{4} - 9u\right)^2$

S. 99, 13.
a) $x^2 - 25$ b) $4 - 9y^2$
c) $\frac{1}{9}a^2 - \frac{9}{4}$ d) $-\frac{1}{16} + a^2$
e) $(a + 3) \cdot (a - 3)$ f) $(2x + y) \cdot (2x - y)$
g) $(10 + 4x) \cdot (10 - 4x)$ h) $\left(-\frac{5}{3}a + \frac{4}{5}b\right) \cdot \left(\frac{5}{3}a + \frac{4}{5}b\right)$

S. 99, 14.
a) $12b - 2a$ b) $6x^2 - 6x + 8y$ c) $4uv + 2v^2$
d) $x^3 + 7x + 1$ e) $-3ab + b^2$ f) 0

Wiederholungsaufgaben (S. 99)

S. 99, 1.
a) 150° b) 3 Uhr: 90°; 8 Uhr: 120°; 11 Uhr: 30°

S. 99, 2.

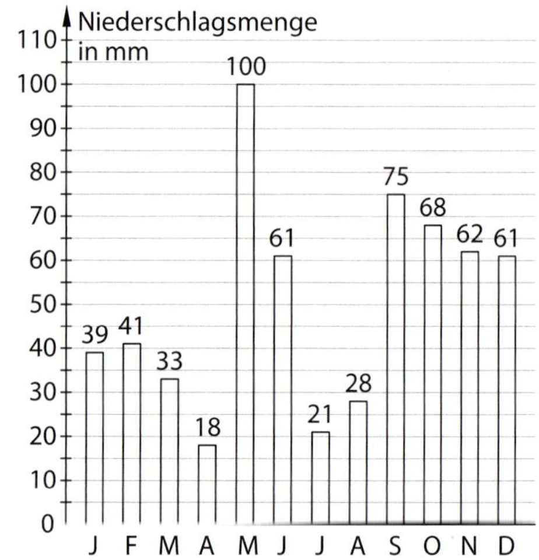

S. 99, 3.
Die Klasse 8a hat Recht: Sie hat sowohl die größere absolute Anzahl an Gewinnlosen (170 zu 140) als auch die bessere relative Anzahl (0,425 zu 0,4), also die besseren Gewinnchancen.

S. 99, 4.
a) 98,658 b) 9,72

S. 99, 5.

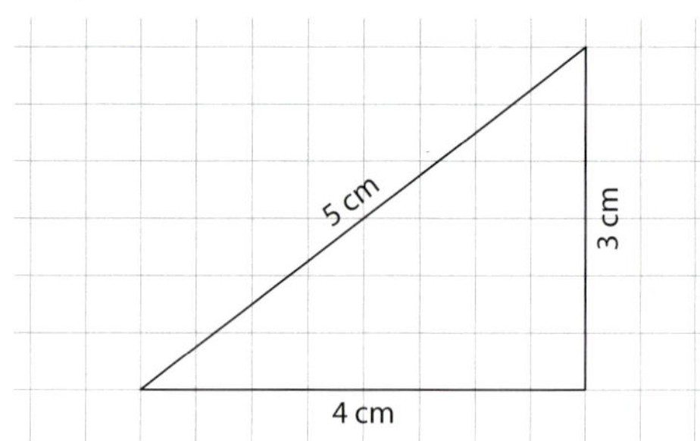

$\alpha \approx 36{,}87°$; $\beta = 90°$; $\gamma \approx 53{,}13°$

Lineare Funktionen

S. 100, 1.
a) nicht eindeutig, da mehrere Schüler die gleiche Höhe gesprungen sein können
b) eindeutig, einer Anzahl Eiskugeln ist nur ein Preis zugeordnet

S. 100, 2.

a)

x	−2	−1	0	1	2	3	4
f(x) = 1,5x + 1	−2	−0,5	1	2,5	4	5,5	7

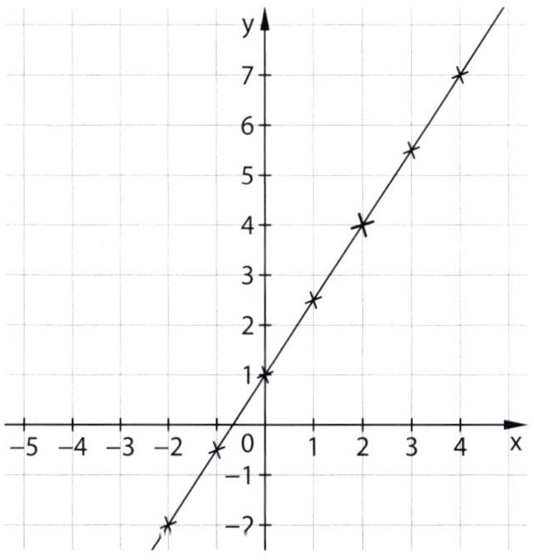

b)

x	−2	−1	0	1	2	3	4
f(x) = −2x + 1	5	3	1	−1	−3	−5	−7

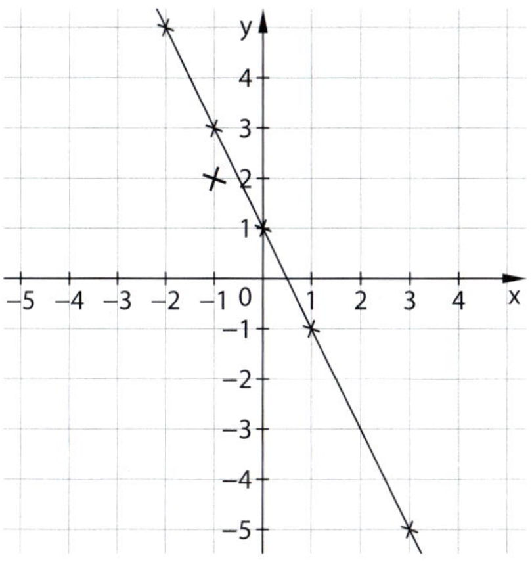

c)

x	−2	−1	0	1	2	3	4
f(x) = 0,5x − 1	−2	−1,5	−1	−0,5	0	0,5	1

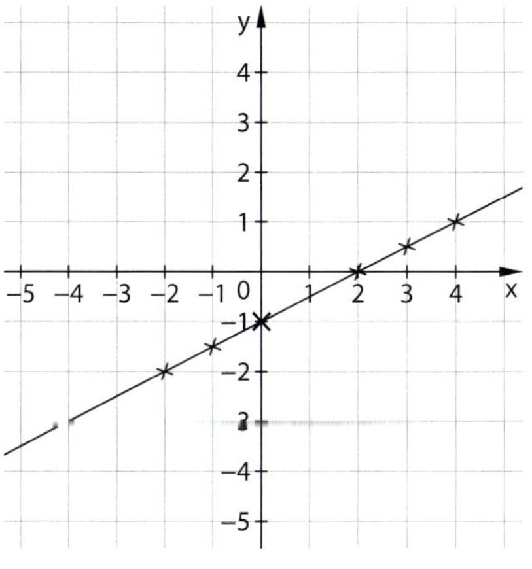

S. 100, 3.

a) $f(x) = -2x$ b) $f(x) = x$ c) $f(x) = 2x$

S. 100, 4.

a)

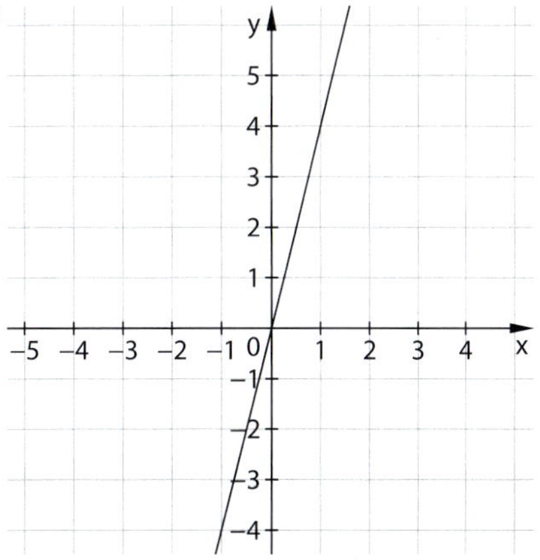

b)

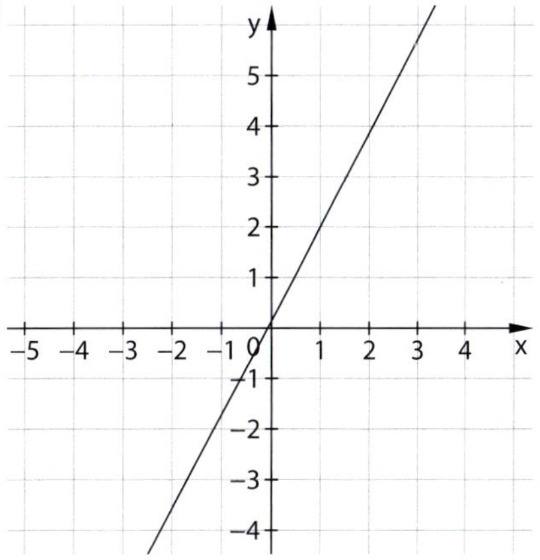

c)

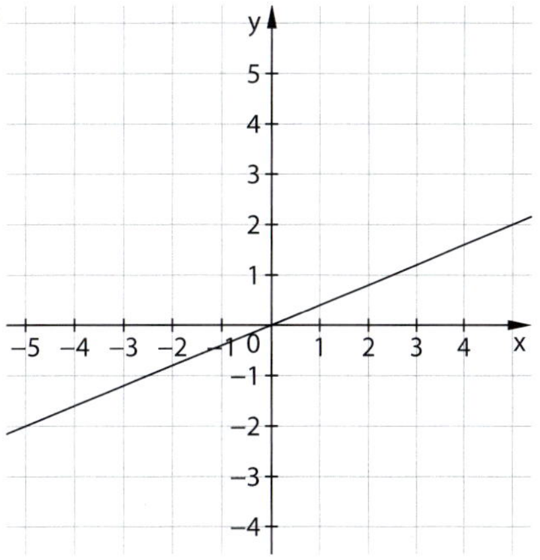

d)

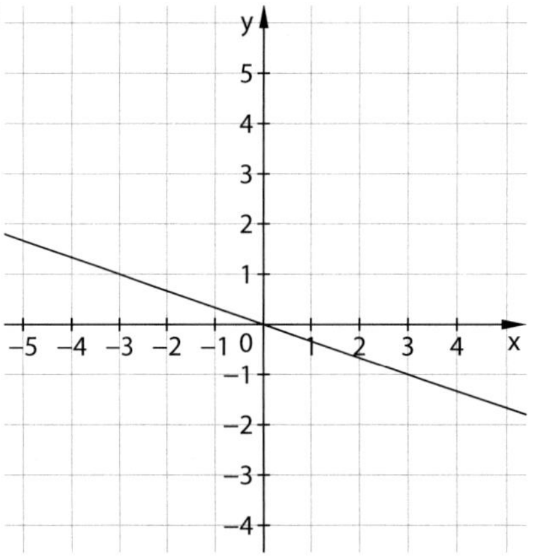

e)

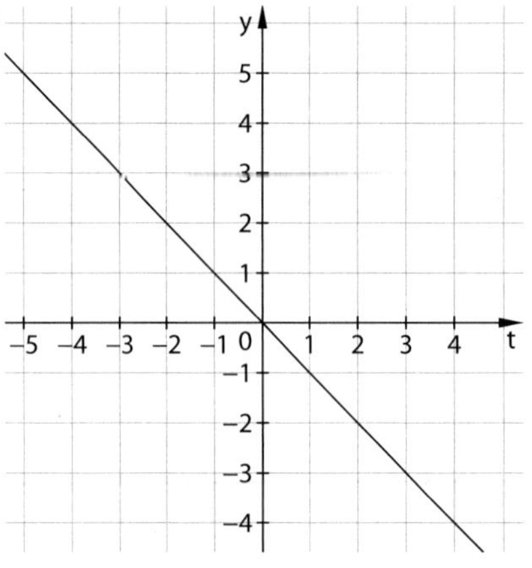

S. 100, 5.

a) Die Tabelle gibt Werte für das Auto mit einem Verbrauch von 8 Litern auf 100 km an.

b) Der Graph stellt die Werte für das Auto mit einem Verbrauch von 8 Litern auf 100 km dar.

S. 100, 6.

a)

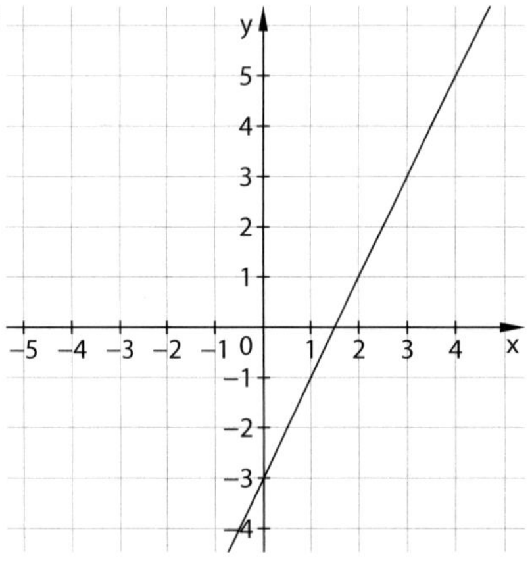

b)

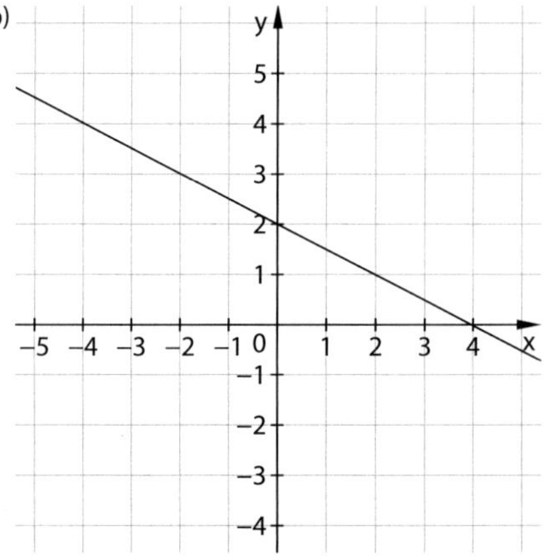

c)

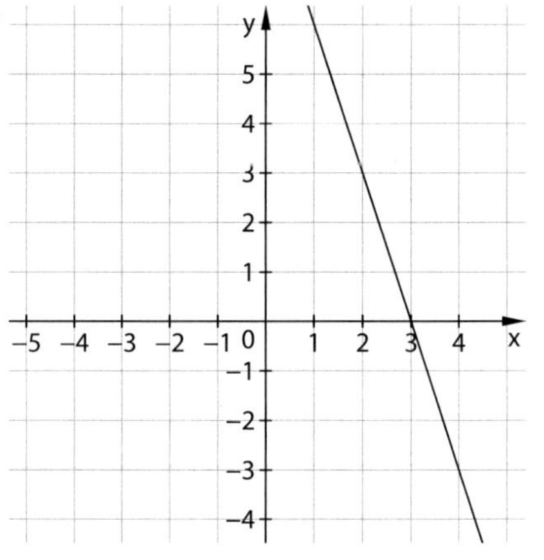

d)

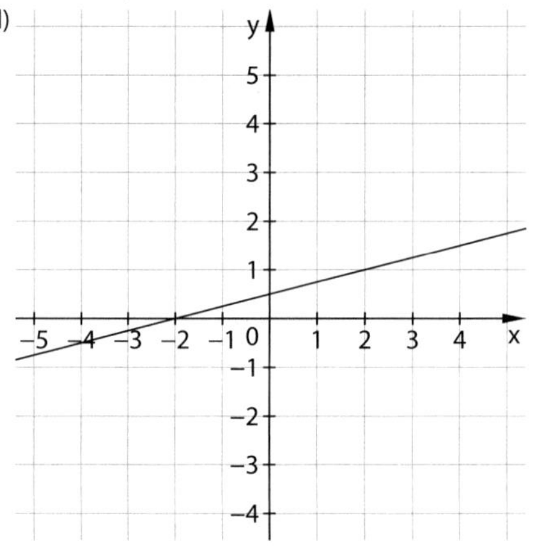

S. 100, 7.

a) $f(x) = 0{,}5x - 1$

b) $f(x) = -\frac{1}{3}x + 1$

c) $f(x) = 1{,}25x + 1{,}5$

S. 100, 8.

a) $f(x) = 0{,}5x + 3$

b) $f(x) = \frac{5}{12}x - \frac{3}{2}$

c) $f(x) = -\frac{8}{3}x - 1$

d) $f(x) = -2{,}6x - 23$

S. 101, 9.

a)

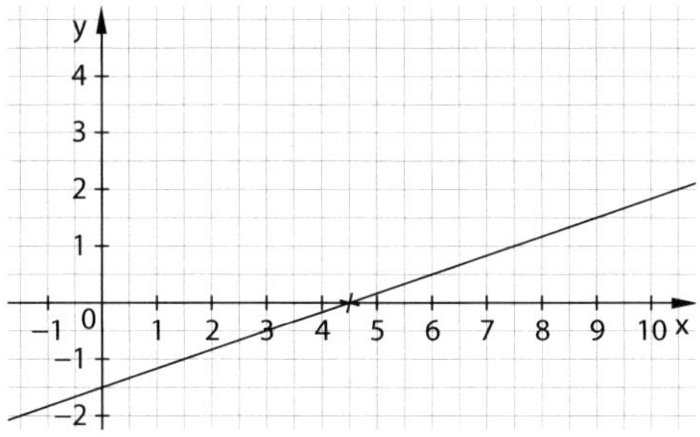

Nullstelle: x = 4,5

b)

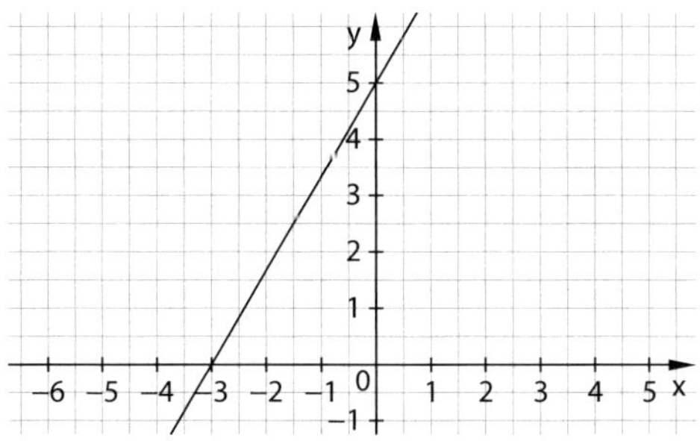

Nullstelle: x = – 3

c)

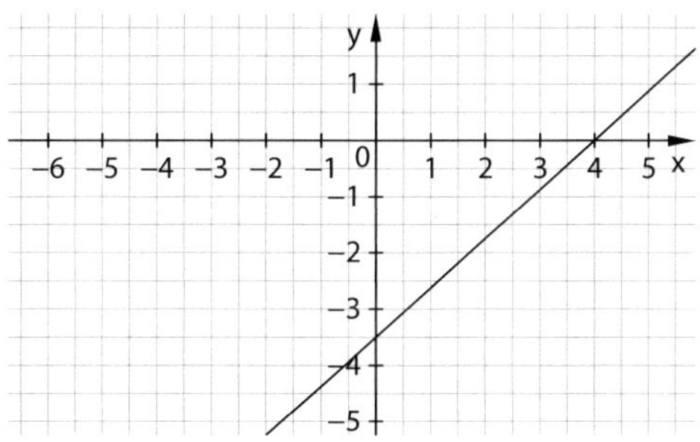

Nullstelle: x = 4

d)

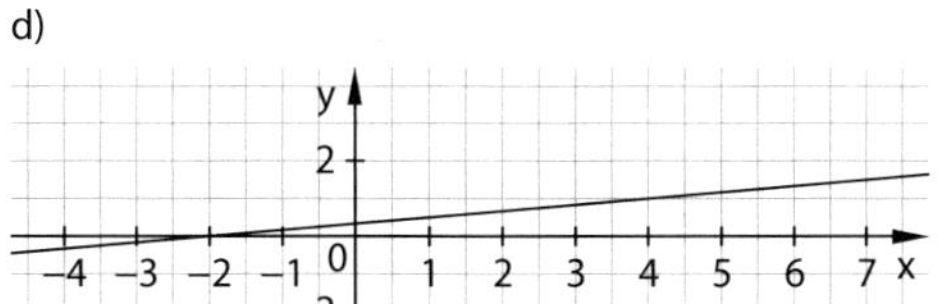

Nullstelle: x = – 2

S. 101, 10.

a) x = 3 b) x = 5

c) x = –2 d) x = 6

S. 101, 11.

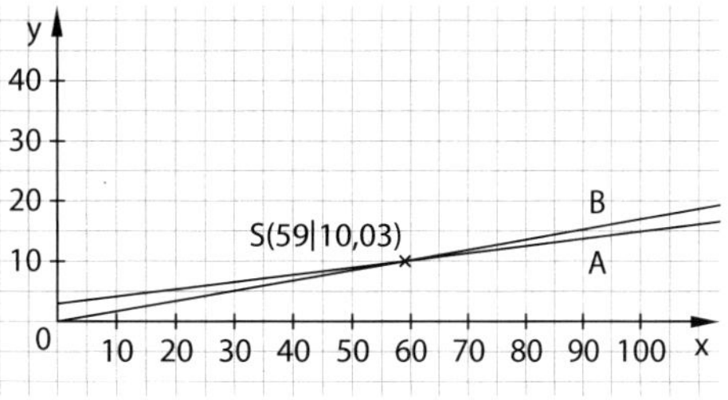

Bis 58 Abzüge ist Anbieter B günstiger, bei 59 Abzügen kostet es bei beiden Anbietern das Gleiche, ab 60 Abzügen ist Anbieter A günstiger.

S. 101, 12.

a) x = 60; die Höhe des Flugzeugs beträgt nach 60min 0, dann ist es also gelandet.
(Zu Beginn befand sich das Flugzeug in 12 000m Höhe, es sank 200 Meter pro Minute)

b) 1000 = −200x + 12 000 ⇒ x = 55. D. h. 5 Minuten vor der Landung beträgt die Flugzeughöhe 1000m.

S. 101, 13.

Funktion plotten, Schnittpunkt mit der x-Achse ablesen.

$0 = \frac{99}{100}x + \frac{100}{99} \Rightarrow x = -\frac{100}{99} : \frac{99}{100} \approx -1{,}020\,304\,051$

Petra konnte den Wert durch Ablesen nur näherungsweise bestimmen.

Wiederholungsaufgaben (S. 101)

S. 101, 1.

a) 43900 b) 108,0 c) 4,790

S. 101, 2.

Der gemessene Abstand entspricht in der Realität einer Luftlinie von 300km.

S. 101, 3.

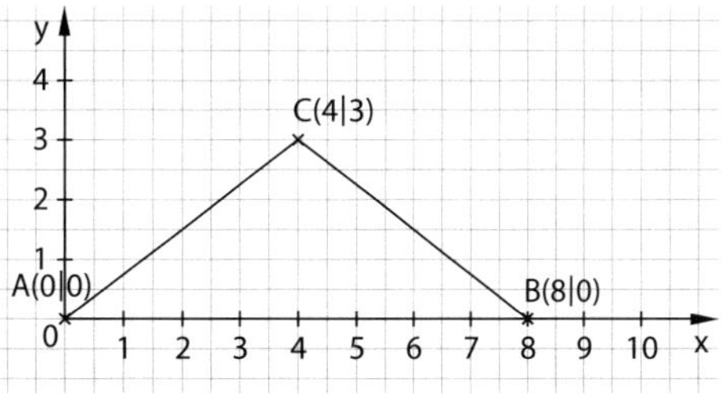

Flächeninhalt: A = 12 cm^2

Umfang: u = 18 cm

S. 101, 4.

a) $\frac{43}{30}$ b) $\frac{7}{30}$ c) $\frac{1}{2}$ d) $\frac{25}{18}$

S. 101, 5.

x + 10y – 2

S. 101, 6.
Arithmetisches Mittel: 172 cm, Maximum: 183 cm, Minimum: 157 cm, Modalwert: 176 cm

S. 101, 7.
a) $x = 4$ b) $x = -\frac{4}{3}$ c) $x = \frac{2}{3}$ d) $x = -2$

Lineare Gleichungssysteme

S. 102, 1.
a) x: Anzahl der gekauften Getränke ; y: Anzahl der Gebäckbeutel
$x \cdot 1\,€ + y \cdot 2\,€ = 40\,€$ (Falls das gesamte Geld ausgegeben wird.)

b)

x (Getränke)	0	2	4	6	8	10	12
y (Gebäckbeutel)	20	19	18	17	16	15	14

x (Getränke)	14	16	18	20	22	24	26
y (Gebäckbeutel)	13	12	11	10	9	8	7

x (Getränke)	28	30	32	34	36	38	40
y (Gebäckbeutel)	6	5	4	3	2	1	0

c)
(20|10) ist eine Lösung, da $20€ \cdot 1€ + 10 \cdot € \cdot 2€ = 40€$
(10|20) ist keine Lösung, da $10 \cdot 1€ + 20 \cdot 2€ = 50€ \neq 40€$
(36|2) ist eine Lösung, da $36 \cdot 1€ + 2 \cdot 2€ = 40€$

S. 102, 2.
a)
1) Passt zu dieser Situation
2) Passt zu dieser Situation
3) Passt nicht zu dieser Situation, da die Variablen nicht übereinstimmen
4) Passt zu dieser Situation

b) L kann keine Lösungsmenge sein, da der Preis eines Brötchens nicht negativ sein kann.
Lösung: {(0,75|0,55)}

S. 102, 3.
a)

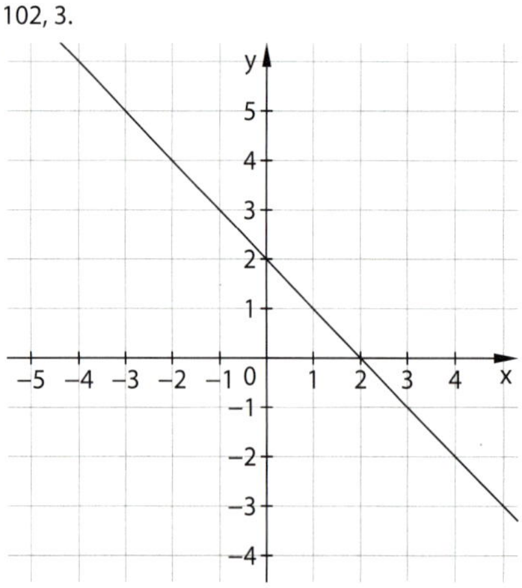

Drei mögliche Lösungen:
$x = 0; y = 2$
$x = 2; y = 0$
$x = 1; y = 1$

b)

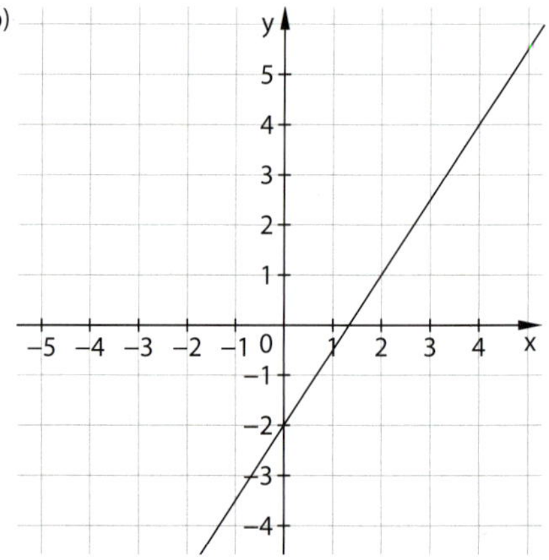

Drei mögliche Lösungen:
$x = 0; y = -2$
$x = 2; y = 1$
$x = 4; y = 4$

c)

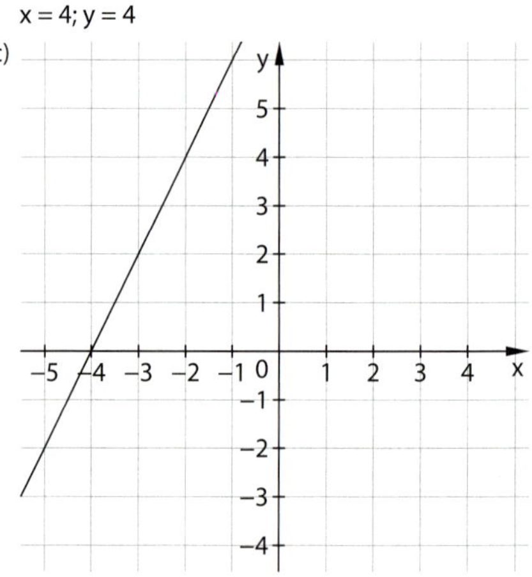

Drei mögliche Lösungen:
$x = -2, y = 4$
$x = -3, y = 2$
$x = -4; y = 0$

d)

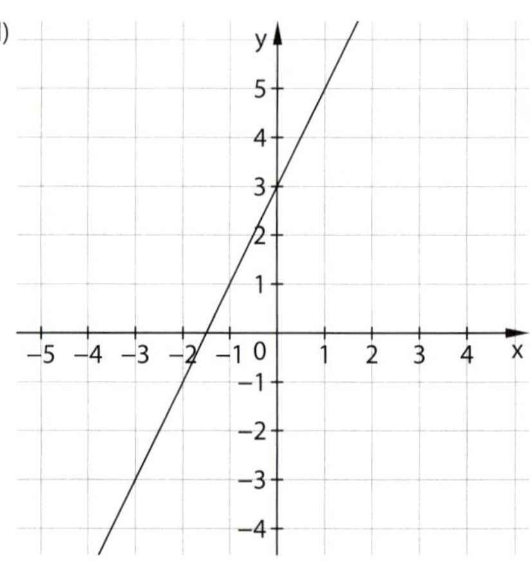

Drei mögliche Lösungen:
$x = 0; y = 3$
$x = -1; y = 1$
$x = -2; y = -1$

S. 102, 4.

$\left| \begin{array}{l} x + 2y = 5 \\ 3x - y = 1 \end{array} \right|$

S. 102, 5.

a)

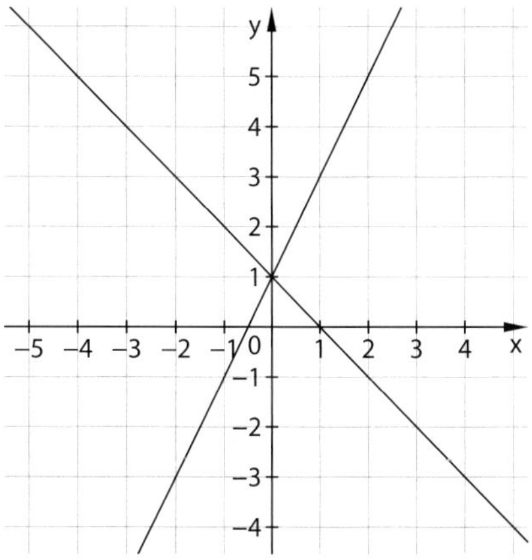

x = 0; y = 1

b)

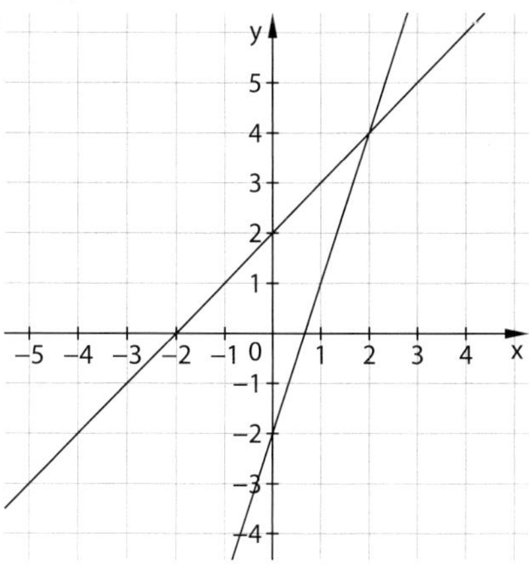

x = 2; y = 4

c)

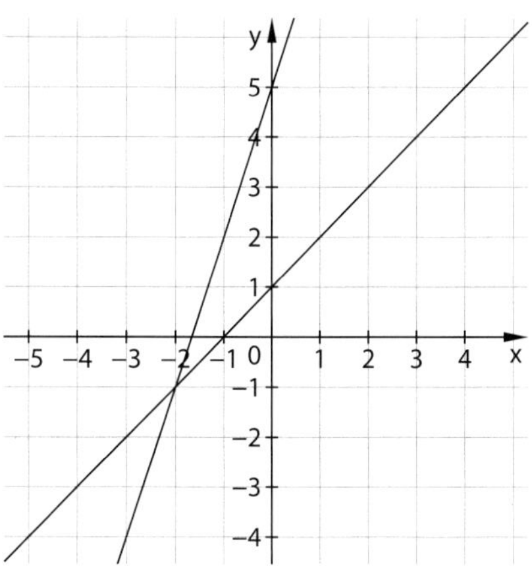

x = −2, y = −1

d)

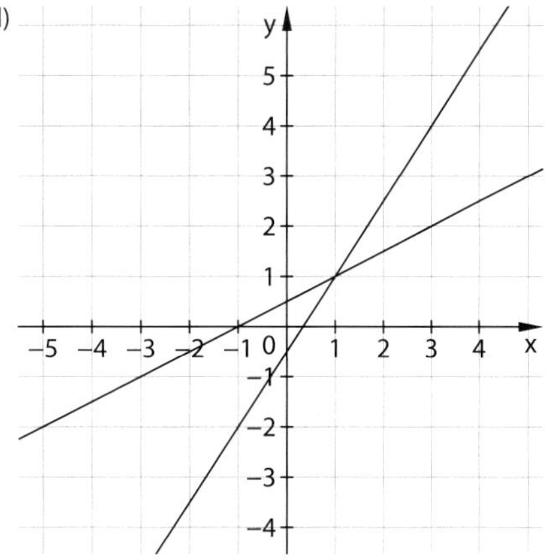

a = 1; b = 1

S. 102, 6.

a) x = 1; y = 3 b) x = −2; y = 3
c) x = −3; y = 5 d) x = −1; y = 2
e) x = 2; y = 2 f) x = 3; y = −1
g) x = −1; y = 4 h) a = 6; b = 0

S. 102, 7.

a) unendlich viele b) keine
c) keine d) unendlich viele

S. 102, 8.

a) x = 1; y = 1 b) keine Lösung
c) u = −8; v = −8 d) keine Lösung
e) x = 8,4; y = 0,8 f) a = −2; b = 12
g) unendlich viele h) x = 12; y = −5

S. 102, 9.

Das Grundstück ist 45 m mal 18 m groß.

S. 103, 10.

a) Die beiden Zahlen lauten 46 und 4.
b) Die beiden Zahlen lauten 8 und 17.
c) Alle Zahlen x und y, deren Summe 23 ist.
Also $L = \{(x|y) \mid x + y = 23\}$.

S. 103, 11.

$2 \cdot a + 2 \cdot 1{,}5 \cdot a = 1{,}8$; $a = 0{,}36$m

S. 103, 12.

$x \cdot 203 + y = 39{,}16$

$x \cdot 267 + y = 49{,}40$

Lösen des linearen Gleichungssystems ergibt eine Grundgebühr von 6,68€ und einen Preis pro kWh von 0,16€.

Wiederholungsaufgaben (S. 103)

S. 103, 1.

a) 2000 m b) 2000 ℓ
c) 0,00 487 t

S. 103, 2.

a) u = 6a + 4b b) u = 100 cm

S. 103, 3.

a) A: $\frac{1}{10}$; B: $\frac{4}{10} = \frac{2}{5}$; C: $\frac{7}{10}$; D: $\frac{11}{10} = 1\frac{1}{10}$

b) A: $\frac{3}{12} = \frac{1}{4}$; B: $\frac{4}{12} = \frac{1}{3}$; C: $\frac{6}{12} = \frac{1}{2}$; D: $\frac{10}{12} = \frac{5}{6}$

c) A: $\frac{1}{3}$; B: $\frac{5}{3} = 1\frac{2}{3}$; C: $\frac{5}{2} = 2\frac{1}{2}$; D: $\frac{11}{3} = 3\frac{2}{3}$

S. 103, 4.

$\alpha_1 = 160°$; $\alpha_2 = 30°$; $\alpha_3 = 20°$; $\alpha_4 = 30°$; $\alpha_5 = 30°$

S. 103, 5.

a) 0,9 b) −9,9
c) −24,3 d) $-\frac{5}{6}$

Quadratwurzeln

S. 104, 1.

a) 25 b) 0,16 c) 1 d) $\frac{1}{400}$
e) 0,09 f) 16 g) 2,25

S. 104, 2.

a) 9 b) $\frac{5}{8}$ c) 0,4 d) nicht definiert
e) 7 f) 600 g) 0.2

S. 104, 3.

$\sqrt{529} = 23$; $\sqrt{576} = 24$; $\sqrt{1444} = 38$; $\sqrt{169} = 13$; $\sqrt{1521} = 39$; $\sqrt{81} = 9$; $\sqrt{144} = 12$; $\sqrt{1681} = 41$

S. 104, 4.

a) $4 < \sqrt{22} < 5$ b) $10 < \sqrt{107} < 11$ c) $3 < \sqrt{13{,}7} < 4$
d) $2 < \sqrt{2{,}1 \cdot 2{,}9} < 3$ e) $5 < \sqrt{\frac{100}{3}} < 6$

S. 104, 5.

a) richtig, die Quadratwurzel ist als nicht negative Zahl definiert
b) Das ist nicht unbedingt richtig, da man, wenn man eine negative Zahl quadriert und daraus die Quadratwurzel zieht, eine positive Zahl enthält, und zwar die positive Zahl mit dem gleichen Betrag wie die ursprüngliche, z. B. $\sqrt{(-3)^2} = \sqrt{9} = 3$

S. 104, 6.

Flächeninhalt: 100 cm^2; Seitenlänge Quadrat: 10 cm

S. 104, 7.

Seitenlänge einer Fliese: 15 cm. Die Wand ist 225 cm = 2,25 m lang und 105 cm = 1,05 m hoch.

S. 104, 8

a) $x_1 = \sqrt{7}$; $x_2 = -\sqrt{7}$ b) $x_1 = 13$; $x_2 = -13$
c) keine Lösung d) $x_1 = 7$; $x_2 = -7$
e) $y_1 = \sqrt{5}$; $y_2 = -\sqrt{5}$

S. 104, 9.

Es gibt drei Möglichkeiten:
- zwei Lösungen für $a > 0$; z. B. $x^2 = 4$ mit $L = \{2; -2\}$
- ein Lösung für $a = 0$; z. B. $x^2 = 0$ mit $L = \{0\}$
- keine Lösung für $a < 0$; z. B. $x^2 = -4$ mit $L = \{\ \}$

S. 104, 10.

$x^2 = 441$

S. 104, 11.

a) 4 b) nicht definiert c) 10
d) 25 e) 200 f) 10
g) 70 h) 48 i) 50
j) 22

S. 104, 12.

a) 10 b) $\frac{1}{2}$ c) nicht definiert
d) $\frac{2}{7}$ e) $\frac{11}{19}$ f) 0,4
g) $\frac{8}{3}$ h) $\frac{11}{13}$ i) $\frac{3}{2}$
j) $\frac{3}{7}$

S. 105, 13.

a) $2\sqrt{13}$ b) $4\sqrt{6}$ c) $\frac{\sqrt{3}}{2}$
d) $\frac{\sqrt{2}}{8}$ e) $\frac{4}{7} \cdot \sqrt{\frac{10}{3}}$

S. 105, 14.

a) 29 b) 3,4 c) 1
d) $2\sqrt{2}$ e) $\sqrt{3}$

S. 105, 15.

a) $2\sqrt{13}$ b) $3 + 4\sqrt{3}$ c) $-2\sqrt{2}$
d) $\sqrt{5} + \sqrt{10} + 5\sqrt{2}$ e) $14 + \sqrt{14}$ f) $10\sqrt{5}$
g) $23\sqrt{5}$ h) $2{,}5\sqrt{11}$

Wiederholungsaufgaben (S. 105)

S. 105, 1.

a) z. B. Kreisdiagramm

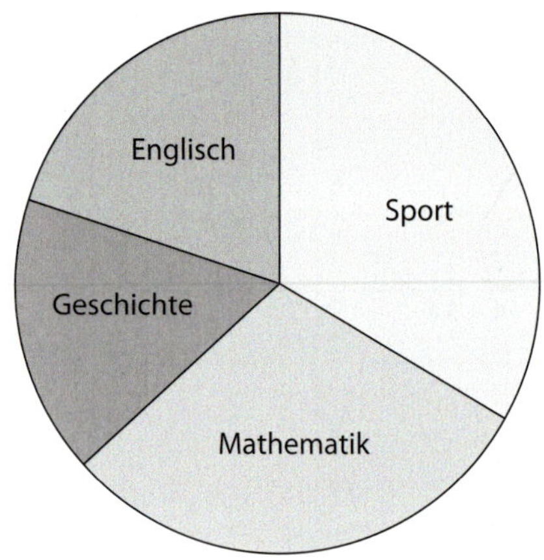

b)

	Englisch	Geschichte	Mathematik	Sport
Absolute Häufigkeit	24	20	36	40
Relative Häufigkeit	0,2	0,1667	0,3	0,3333
Rel. Häufigkeit in Prozent	20 %	16,67 %	30 %	33,33 %

S. 105, 2.

$x = -2$; $y = 3$

S. 105, 3.

um 25 %

S. 105, 4.

a) z. B. 6 cm lang und 10 cm breit (Maßstab 1 : 100)
b) 210 m^3

S. 105, 5.
Dauer eines Spielfilms: 100 min
Alter der Katze: 8 Jahre
Dicke einer 1-Euro-Münze: 2 mm
Größe eines Fußballplatzes: 7000 m^2
Entfernung von Berlin nach München: 500 km
Flächengröße von Deutschland: 350 000 km^2
Oberfläche einer 1-Euro-Münze: 10 cm^2
Rauminhalt eines Schiffscontainers: 70 m^3
Volumen eines Wassereimers: 10 ℓ
Gewicht eines Brotes: 1 kg
Gewicht eines Pkw: 1 t
Rauminhalt einer Zahnpastatube: 75 mℓ

Quadratische Funktionen und Gleichungen

S. 106, 1.
a) P(3,5|12,25) b) P(1,4|1,96) oder P(−1,4|1,96)
c) P(0|0) d) P(0|0) e) nicht möglich

S. 106, 2.

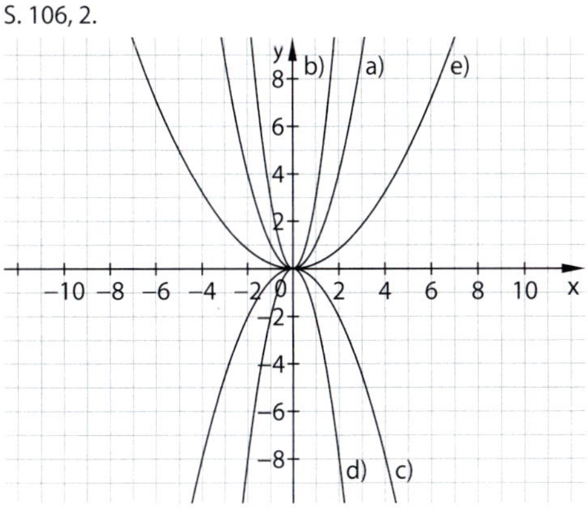

S. 106, 3.
a) 2 Einheiten nach oben; S(0|2)
b 1 Einheit nach links; S(−1|0)
c) 2 Einheiten nach rechts und 1 Einheit nach unten; S(2|−1)
d) 0,5 Einheiten nach links und 2,25 Einheiten nach unten; S(−0,5|−2,25)

S. 106, 4.
a) ① $f(x) = (x + 7)^2 - 4$
② $f(x) = (x + 1{,}5)^2 + 3{,}5$
③ $f(x) = (x + 1)^2 - 6{,}25$
b) ① $x_1 = -5$; $x_2 = -9$
② keine Nullstellen
③ $x_1 = 1{,}5$; $x_2 = -3{,}5$

S. 106, 5.
Scheitelpunkte:
a) S(2|1) b) S(1|−1) c) S(4|−2)

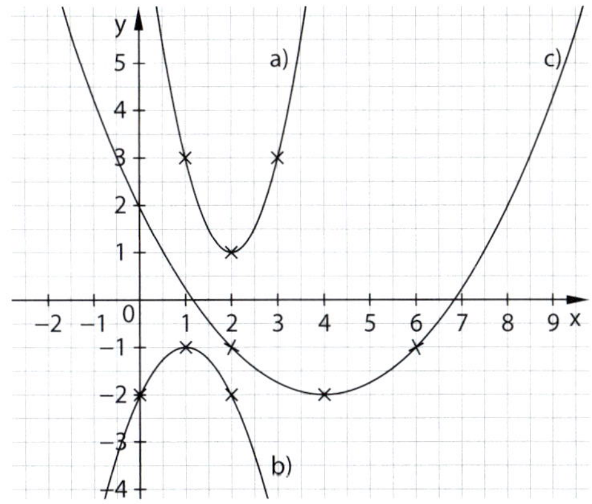

S. 106, 6.
a) $f(x) = (x + 0{,}5)^2 - 1$ b) $x_1 = 3$; $x_2 = -4$

S. 106, 7.
a) $x_1 = 2$; $x_2 = -2$ b) $x_1 = 7$; $x_2 = -1$ c) $x_1 = 0$; $x_2 = 4$

S. 106, 8.
a) ① $f(x) = -\frac{69}{79^2}x^2$ ② $f(x) = -\frac{69}{79^2}(x - 79)^2 + 69$
b) rund 9,30 m

S. 106, 9.
a) Scheitelpunktform gegeben
allgemeine Form: $f(x) = 2x^2 - 4x - 16$
faktorisierte Form: $f(x) = 2(x - 4)(x + 2)$
b) allgemeine Form gegeben
Scheitelpunktform: $g(x) = (x - 7)^2 - 4$
faktorisierte Form: $g(x) = (x - 9)(x - 5)$
c) faktorisierte Form gegeben
allgemeine Form: $h(x) = -3x^2 - 6x + 24$
Scheitelpunktform: $h(x) = -3(x + 1)^2 + 27$

S. 106, 10.
eine Lösung für $a = 3$
keine Lösung für $a > 3$
zwei Lösungen für $a < 3$

S. 106, 11.
a) $x_1 = 0{,}2$; $x_2 = -0{,}2$ b) $x_1 = 5$; $x_2 = -5$
c) $x_1 = 0$; $x_2 = -1$ d) $x_1 = 3$; $x_2 = -3$

S. 106, 12.
a) Nullstellen: $x_1 = 0$; $x_2 = 300$
Der Ball fliegt 300 m weit.
b) Scheitelpunkt: S(150|45)
Der Ball fliegt 45 m hoch.

S. 107, 13.
a) $x_{1,2} = 3 \pm \sqrt{(-3)^2 - 8}$ b) $x_{1,2} = 6 \pm \sqrt{(-6)^2 - 32}$
c) $x_{1,2} = -3 \pm \sqrt{3^2 - 8}$ d) $x_{1,2} = \frac{1}{2} \pm \sqrt{\left(-\frac{1}{2}\right)^2 - \left(-\frac{3}{4}\right)}$

S. 107, 14.
a) $x_1 = -3$; $x_2 = -1$ b) keine Lösung
c) $x_1 = 5$; $x_2 = 1$ d) $x_1 = 8$; $x_2 = 6$
e) $x_1 = 5$; $x_2 = 3$ f) $x_1 = -3 + \sqrt{2}$; $x_2 = -3 - \sqrt{2}$

S. 107, 15.
$2 \cdot 24 = (x+6)(x+4)$
$0 = x^2 + 10x - 24 \qquad x_1 = 2; x_2 = -12$
Nur positive Lösung sinnvoll, daher $x = 2$

S. 107, 16.
a) $A(x) = (10 - x)(10 + 2x) = -2x^2 + 10x + 100$
Scheitelpunktform: $A(x) = -2\left(x - \frac{5}{2}\right)^2 + 112{,}5$
A wird maximal im Scheitelpunkt $S(\frac{5}{2}|112{,}5)$.
Also ist $x = \frac{5}{2} = 2{,}5$.
b) $A(x) = (10 - x)(10 + 5x) = -5x^2 + 40x + 100$
Scheitelpunktform: $A(x) = -5(x-4)^2 + 180$
A wird maximal im Scheitelpunkt $S(4|180)$.
Also ist $x = 4$.

S. 107, 17.
a) $-\frac{1}{10}(x-10)^2 + 10 = \frac{1}{2}x$
b) $x_1 = 0; x_2 = 15$
Probe für x_1: $-\frac{1}{10}(0-10)^2 + 10 = 0 \qquad \frac{1}{2} \cdot 0 = 0$
Probe für x_2: $-\frac{1}{10}(15-10)^2 + 10 = 7{,}5 \qquad \frac{1}{2} \cdot 15 = 7{,}5$

S.107, 18.
a) $S_1(1|4); S_2(-3|4)$ b) $S(0|1)$
c) $S_1(0|1); S_2(1|0)$ d) keine

Wiederholungsaufgaben (S. 107)

S. 107, 1.
23,94 €

S. 107, 2.
$x = 1{,}25; y = 0{,}25$

S. 107, 3.
$\alpha = 50°, \beta = 40°$

S. 107, 4.
Der Wagen kostet 14 000 €.

Trigonometrie

S. 108, 1.
$\sin 37° \approx 0{,}602; \cos 37° \approx 0{,}799; \tan 37° \approx 0{,}754;$
$\sin 53° \approx 0{,}799; \cos 53° \approx 0{,}602; \tan 53° \approx 1{,}327$

S. 108, 2.
a) $\sin\alpha = \frac{a}{c}$, $\cos\alpha = \frac{b}{c}$, $\tan\beta = \frac{b}{a}$, $\cos\beta = \frac{a}{c}$
b) $\sin\alpha = \frac{z}{y}$, $\sin\beta = \frac{x}{y}$, $\tan\beta = \frac{x}{z}$, $\cos\beta = \frac{z}{y}$
c) $\sin\delta = \frac{d}{f}$, $\cos\gamma = \frac{e}{f}$, $\cos\varepsilon = \frac{d}{f}$, $\tan\delta = \frac{d}{e}$

S. 108, 3.
a) ① $a = 3\,cm; c \approx 5{,}2\,cm$ ② $a \approx 4{,}44\,cm; b \approx 6{,}0\,cm$
③ $b \approx 15{,}35\,cm; c \approx 14{,}33\,cm$
b) ① $\alpha \approx 34{,}85°$ ② $\alpha \approx 48{,}19°$ ③ $\alpha \approx 30{,}66°$

S. 108, 4.
a) ① $a \approx 0{,}7\,cm; c \approx 1{,}22\,cm$
② $b \approx 4{,}05\,cm; c \approx 6{,}06\,cm$
③ $b \approx 12{,}01\,cm; c \approx 13{,}05\,cm$
b) ① $\alpha \approx 53{,}13°; \beta \approx 36{,}87°$
② $\alpha \approx 65{,}68°; \beta \approx 24{,}32°$
③ $\alpha \approx 41{,}78°; \beta \approx 48{,}22°$

S. 108, 5.
a) $a \approx 5{,}33\,cm; b \approx 3{,}83\,cm; \gamma = 80°$
b) $b \approx 7{,}97\,cm; c \approx 6{,}55\,cm; \alpha = 30°$
c) $a \approx 8{,}14\,cm; \beta \approx 33{,}32°; \alpha \approx 83{,}68°$

S. 108, 6.
a) $b \approx 8{,}08\,cm; c \approx 6{,}47\,cm; \alpha = 23°$
b) $a \approx 10{,}26\,cm; c \approx 6{,}60\,cm; \beta = 17°$
c) $c \approx 11{,}66\,cm; \beta \approx 38{,}31°; \alpha \approx 33{,}69°$

S. 109, 7.
a) maßstäbliche Zeichnung mit $a = 3\,cm; b = 1{,}25\,cm;$
$c = 3{,}25\,cm$ (eine Möglichkeit)
Winkelgrößen: $\alpha \approx 66°; \beta \approx 24°; \gamma \approx 90°$
b) $13^2 = 12^2 + 5^2 \rightarrow$ Dreieck ist rechtwinklig
$\sin\alpha = \frac{3\,cm}{3{,}25\,cm} \rightarrow \alpha \approx 67{,}38°$
$\sin\beta = \frac{1{,}25\,cm}{3{,}25\,cm} \rightarrow \beta \approx 22{,}62°$
$\gamma = 180° - \alpha - \beta = 90°$

S. 109, 8.
a) $\tan\alpha = \frac{1{,}80\,m}{2{,}70\,m} = \frac{2}{3} \rightarrow \alpha \approx \tan^{-1} \cdot 0{,}667° \approx 33{,}71°$
b) $\tan\alpha = \frac{h}{15\,m} \rightarrow h \approx \tan 33{,}71° \cdot 15\,m \approx 10{,}01\,m$

S. 109, 9.
a) $b^2 = a^2 + c^2 - 2ac\cos\beta$ (Kosinussatz)
b) $\frac{\sin\alpha}{\sin\gamma} = \frac{a}{c}$ (Sinussatz)
c) $\frac{b}{a} = \frac{\sin\beta}{\sin\alpha}$ (Sinussatz)
d) $b^2 = a^2 + c^2 - 2ac\cos\beta$ (Kosinussatz)
e) $c^2 = a^2 + b^2 - 2ab\cos\beta$ (Kosinussatz)
f) $c \cdot \sin\beta = b \cdot \sin\gamma$ (Sinussatz)

S. 109, 10.
a) $\alpha = 180° - 55° - 95° = 30°$
$\frac{4\,cm}{\sin 30°} = \frac{b}{\sin 95°} \rightarrow b = \frac{4\,cm}{\sin 30°} \cdot \sin 95° \approx 7{,}97\,cm$
$\frac{4\,cm}{\sin 30°} = \frac{c}{\sin 55°} \rightarrow c = \frac{4\,cm}{\sin 30°} \cdot \sin 55° \approx 6{,}55\,cm$
b) $\frac{\sin\beta}{4{,}5\,cm} = \frac{\sin 63°}{7{,}3\,cm} \rightarrow \sin\beta = \frac{\sin 63°}{7{,}3\,cm} \cdot 4{,}5\,cm \approx 0{,}5493$
$\rightarrow \beta \approx 33{,}32°$
$\alpha \approx 180° - 63° - 33{,}32° = 83{,}68°$
$\frac{7{,}3\,cm}{\sin 63°} = \frac{a}{\sin 83{,}68°} \rightarrow a = \frac{7{,}3\,cm}{\sin 63°} \cdot \sin 83{,}68° \approx 8{,}14\,cm$
c) $c^2 = (7{,}6\,cm)^2 + (6{,}8\,cm)^2 - 2 \cdot (7{,}6\,cm) \cdot (6{,}8\,cm) \cdot$
$\cos 108° \approx 135{,}94\,cm^2 \rightarrow c \approx 11{,}66\,cm$
$\frac{\sin\beta}{7{,}6\,cm} = \frac{\sin 108°}{11{,}66\,cm} \rightarrow \sin\beta = \frac{\sin 108°}{11{,}66\,cm} \cdot 7{,}6\,cm \approx 0{,}6199$
$\rightarrow \beta \approx 38{,}31°$
$\alpha \approx 180° - 108° - 38{,}31° = 33{,}69°$

Wiederholungsaufgaben (S. 109)

S. 109, 1.
a) $S(3|1)$, ③ b) $S(-3|1)$, ①
c) $S(3|-1)$, ④ d) $S(-3|-1)$, ②

S. 109, 2.
a) z = 2: 27 420; z = 5: 27 450; z = 8: 27 480
b) z = 0: 27 400; z = 5; 27 450

Potenzen

S. 110, 1.

a) $2^4 = 16$ b) $4 \cdot 4 \cdot 4 = 64$

c) $(-3) \cdot (-3) \cdot (-3) \cdot (-3) \cdot (-3) = -243$

d) $(-1{,}5)^4 = 5{,}0625$ e) $0{,}3^3 = 0{,}027$

f) $\left(\frac{1}{2}\right)^4 = \frac{1}{16}$ g) $\frac{2}{3} \cdot \frac{2}{3} \cdot \frac{2}{3} \cdot \frac{2}{3} \cdot \frac{2}{3} \cdot \frac{2}{3} = \frac{64}{729}$

h) $5 \cdot 5 \cdot 5 \cdot 5 = 625$;
$(-0{,}8) \cdot (-0{,}8) \cdot (-0{,}8) \cdot (-0{,}8) = 0{,}4096$;
$\frac{1}{6} \cdot \frac{1}{6} \cdot \frac{1}{6} \cdot \frac{1}{6} = \frac{1}{1296}$; $\left(-\frac{4}{3}\right) \cdot \left(-\frac{4}{3}\right) \cdot \left(-\frac{4}{3}\right) \cdot \left(-\frac{4}{3}\right) = \frac{256}{81}$

S. 110, 2.

a) vier Löcher b) 1024 Löcher

c) n Faltschritte; Anzahl der Löcher 2^n

d) nach acht Faltschritten, denn $2^7 = 128$; $2^8 = 256$;
$2^7 = 128 < 200 < 256 = 2^8$

e) nach zwei Faltschritten: 16 Löcher; $4 \cdot 2^n$
nach drei Faltschritten: 32 Löcher; $4 \cdot 2^n$
n Faltschritte; Anzahl der Löcher $A(n) = 4 \cdot 2^n$

S. 110, 3.

a) $\approx 2{,}449$ b) $\approx 4{,}583$ c) $\approx 5{,}745$

d) $\approx 7{,}416$ e) $\approx 24{,}495$

S. 110, 4.

a) $1{,}15 \cdot 10^4$

b) $14\,000\,000\,000 = 1{,}4 \cdot 10^{10}$

c) $27\,100\,000\,000\,000 = 2{,}71 \cdot 10^{13}$

d) $121\,800\,000\,000 = 1{,}218 \cdot 10^{11}$

e) $8 \cdot 10^{-4}$ f) $1{,}5 \cdot 10^{-6}$

g) $3{,}08 \cdot 10^{-3}$ h) $1{,}23 \cdot 10^{-10}$

S. 110, 5.

a) 1 000 000 b) 200 000 000 c) 910 000 000 000

d) 200 000 e) 1120 f) 0,012

g) 0,000 39 h) 0,002 i) 0,000 006 3

j) 0,000 000 002 3

S. 110, 6.

$2{,}8 \cdot 10^4$ km/h; $4 \cdot 10^5$ m; $4{,}5 \cdot 10^5$ kg; $3{,}84 \cdot 10^8$ m;
$1{,}496 \cdot 10^{11}$ m; $5{,}97 \cdot 10^{21}$ t

S. 110, 7.

a) $4^2 = 16$ b) $(4 \cdot 5)^{-3} = 20^{-3} = \frac{1}{8000}$

c) $5^{-7} = \frac{1}{78\,125}$ d) $7^{-6} = \frac{1}{117\,649}$

e) $(15 : 3)^2 = 5^2 = 25$ f) $0{,}02^4 = 0{,}000\,000\,2$

g) $\left(\frac{1}{5}\right)^5 = \frac{1}{3125}$ h) $0{,}1^{-9} = 1\,000\,000\,000$

i) $\left(\frac{1}{2} \cdot \frac{1}{3}\right)^3 = \frac{1}{216}$ j) $2^{-5} = \frac{1}{32}$

k) $(21 : 7)^{-3} = 3^{-3} = \frac{1}{27}$ l) $\left(-\frac{2}{3}\right)^2 = \frac{4}{9}$

S. 110, 8.

a) $\frac{3}{5}$ b) 5 c) 2

d) nicht definiert e) 9 f) 64

g) 0,1 h) 1 i) 4

j) 14 k) 100 l) 0,5

S. 110, 9.

a) $x_1 = 3$; $x_2 = -3$ b) $x = 3$ c) $x = 5$

d) $x_1 = 2$; $x_2 = -2$ e) $x = -2$ f) $x = -2$

g) $x = 4$ h) $x_1 = 100$; $x_2 = -100$

i) $x_1 = 3$; $x_2 = -3$ j) nicht definiert

S. 111, 10.

a) $3^5 \cdot 3 \cdot 3 = 3^7$ b) $11 \cdot 11 \cdot 2^2 = (11 \cdot 2)^2 = 22^2$

c) 5^{-12} d) $(3 \cdot 9)^3 : 3^2 = 3^3 \cdot 9^3 : 3^2 = 3^7$

e) $\frac{3}{2^2}$ f) $0{,}3^{35}$

g) 5^{-2} h) $5^{-2} \cdot 4^{-9}$

i) 19^{42} j) 1

k) 1 l) $\frac{900b}{a}$

S. 111, 11.

a) b^2 b) x^4 c) $a^2b^{-1} = \frac{a^2}{b}$ d) $\frac{1}{y}$

e) b^2 f) $\frac{y^2}{x^4}$ g) a h) $\frac{1}{a^2}$

i) $\frac{v^4}{u^2}$ j) 2

S. 111, 12.

a) 49 b) 1000 c) 0,5 d) 3

e) 2 f) 1000 g) $\frac{1}{2}$ h) $\frac{1}{64}$

i) 100 j) 8 k) $\frac{1}{5}$ l) 80

m) $\frac{1}{13}$ n) 18 o) 0,25

S. 111, 13.

a) $\approx 1{,}78$ b) 7 c) 7 d) 11

e) 17 f) 0,5 g) 1,5 h) 20,1

i) 99 j) 0,3 k) 20 l) $\frac{2}{3}$

S. 111, 14.

a) $a^{\frac{2}{3}}$ b) n c) $(x\,y)^{-\frac{1}{2}}$

d) 2304 e) $u^4 \cdot v^2$

Wiederholungsaufgaben (S. 111)

S. 111, 1.

a) umgekehrt proportional

b), c), d) weder proportional noch antiproportional

S. 111, 2.

a) Konstruktion nach Kongruenzsatz sws.

b) $a = 3{,}08$ cm; $\beta = 53{,}1°$; $\gamma = 88{,}9°$

S. 111, 3.

a) $x_1 \approx 3{,}41$; $x_2 \approx 0{,}59$ b) keine Nullstellen

c) $x_1 = 3$; $x_2 = -1$

S. 111, 4.

Der Höhenunterschied beträgt ungefähr 0,42 km.

S. 111, 5.

Linkes Dreieck – nicht rechtwinklig
(Umkehrung vom Satz des Pythagoras gilt nicht.)
Mittleres Dreieck – rechtwinklig (Satz des Thales gilt.)
Rechtes Dreieck – rechtwinklig
(Umkehrung vom Satz des Pythagoras gilt.)

Exponentielle Zusammenhänge

S. 112, 1.

a) Im fünften Schritt sind es 32 Rechtecke, im siebenten Schritt sind es 128 Rechtecke.

b) $f(x) = 2^x$ ist die Formel, für $f(100) = 2^{100}$ ergibt sich $126\,765\,060 \cdot 10^{22}$.

S. 112, 2.

a)

n	0	1	2	3	6
B(n)	30	54	97,2	174,96	1020

b)

n	0	1	2	3	6
B(n)	140	70	35	17,5	2,1875

S. 112, 3.

a) rekursiv: $B(n+1) = B(n) \cdot 1{,}05$ mit $B(0) = 180$
explizit: $B(n) = 180 \cdot 1{,}05^n$

b) rekursiv: $B(n+1) = B(n) - 5$ mit $B(0) = 25$
explizit: $B(n) = -5n + 25$

S. 112, 4.

a) ja, $B(n) = B(0) \cdot 1{,}035^n$ b) nein, linear
c) ja, $B(n) = B(0) \cdot 1{,}04^n$ d) nein
e) ja, $B(n) = B(0) \cdot 1{,}008^n$ f) nein, linear

S. 112, 5.

a) $B(1) = 304{,}05$ € b) $B(3) \approx 312{,}32$ €
c) $B(7) \approx 329{,}52$ € d) $B(19) \approx 387{,}06$ €
e) $B(35) \approx 479{,}68$ €

S. 112, 6.

a) rund 3 % b) rund 4,5 % c) rund 1,5 %

S. 113, 7.

a) Alle 10 Jahre wächst die Population ungefähr um 50 %. $B(n) = 30 \cdot 1{,}5^n$; wobei n einer Zehnjahresspanne entspricht.

b) $B(1980) = 225$; $B(1990) \approx 338$; $B(2000) \approx 507$; $B(2010) \approx 761$

c) Es sind viel weniger Tiere hinzugekommen als erwartet, d. h., die Wachstumsannahme muss korrigiert werden.

S. 113, 8.

a) $f(1) = 17{,}5$; $S_y(0 \mid 3{,}5)$; Asymptote ist die x-Achse.
b) $f(1) = 0{,}8$; $S_y(0 \mid 4)$; Asymptote ist die x-Achse.
c) $f(1) = 7$; $S_y(0 \mid 5)$; Asymptote ist die Gerade mit $y = 4$.
d) $f(1) = -11$; $S_y(0 \mid -8)$ Asymptote ist die Gerade mit $y = -5$.

S. 113, 9.

a)

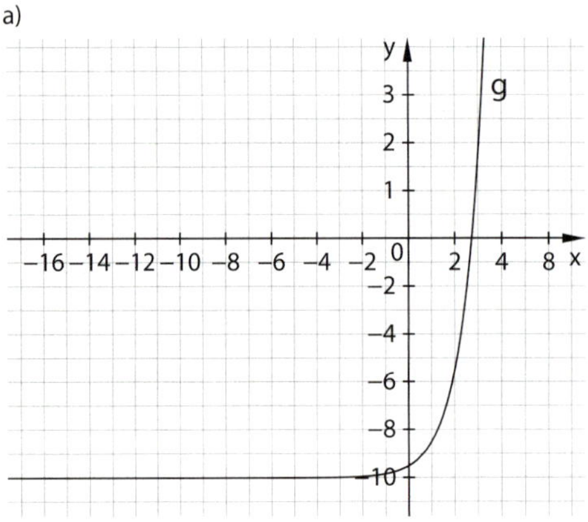

$S_x(2{,}7 \mid 0)$; $S_y(0 \mid -9{,}5)$

b) Der Graph von g wurde um den Faktor 0,5 gestaucht und um 10 Einheiten in negative Richtung entlang y-Achse verschoben.

c) Bei h wurde der Graph um den Faktor 0,5 gestaucht. Der Graph von i ist im Vergleich zu h zusätzlich um 10 Einheiten in positiver Richtung auf der x-Achse verschoben.

S. 113, 10.

Ansatz: $f(x) = a \cdot b^x + c$
Da $y = 1$ Asymptote, ist $c = 1$.
Einsetzen des Punktes $(0 \mid 7)$ ergibt:
$f(0) = 7 = a \cdot b^0 + 1 = a + 1 \rightarrow a = 6$.
Einsetzen des Punktes $(1 \mid 10)$ ergibt:
$f(1) = 10 = 6 \cdot b^1 + 1 \rightarrow 9 = 6b \rightarrow b = \frac{3}{2}$
$f(x) = 6 \cdot \frac{3}{2}^x + 1$

S. 113, 11.

allgemeine Form: $f(x) = S - (S - f(0)) \cdot b^x$, $0 < b < 1$

a) Modell ist nicht anwendbar. Es gibt keine Aussage zur Differenz zwischen der tatsächlichen Bakterienzahl und 30 000. Um das Modell anwenden zu können, müsste sich diese Differenz prozentual je Zeiteinheit verändern.

b) $f(0) = 5$; $S = 24$; $b = 1 - \frac{10}{100} = 0{,}9$
$f(x) = 24 - 19 \cdot 0{,}9^x$
Annäherung von unten, da $f(0) < S$

S. 113, 12.

a) 4 b) 3 c) 3 d) 0 e) −1

S. 113, 13.

a) $x \approx 6{,}29$ b) $x \approx 334{,}3$
c) $x \approx -41{,}49$ d) $x \approx 60{,}94$

S. 113, 14.

a) nach ungefähr 4,2 Jahren

b) 18 g sind noch vorhanden nach rund 21 Tagen, 15 g sind noch vorhanden nach rund 58 Tagen und 2 g sind noch vorhanden nach ungefähr 460 Tagen.

Periodische Vorgänge

S. 114, 1.

a) Periodenlänge $p = 360°$; Amplitude $a = 3$
b) Periodenlänge $p = 2$; Amplitude $a = 1{,}5$

S. 114, 2.

a) $\approx 1{,}94$; $\approx 0{,}26$; $\approx 0{,}013$
b) $\alpha = 10°$; $\beta = 405°$; $\varepsilon \approx 119{,}18°$

S. 114, 3.

a) $\sin\left(\frac{4}{3}\pi\right) = \sin(240°) \approx -0{,}87$
b) 17,46°; 162,54°; 377,46°; 522,54°
c) 295,84°; 244,16°; 655,84°; 604,16°
(Es existieren weitere Lösungen.)

S. 114, 4.

a) $\sin(12°) \approx 0{,}21$ b) $\cos(260°) \approx -0{,}17$
c) $\cos(800°) \approx 0{,}17$ d) $\sin\left(\frac{8}{7}\pi\right) \approx -0{,}43$
e) $\cos\left(-\frac{1}{4}\pi\right) \approx 0{,}71$ f) $\sin(-205°) \approx 0{,}42$

Sinuswerte für den I. und II. Quadranten sind positiv, für den III. und IV. Quadranten negativ. Kosinuswerte hingegen sind im I. und IV. Quadranten positiv, im II. und III. dagegen negativ.

S. 114, 5.

a) $\alpha_{1k} = 48{,}59° + k \cdot 360°$ (k = –2, –1, 0, 1)
$\alpha_{2k} = 131{,}41° + k \cdot 360°$ (k = –2, –1, 0, 1)

b) $\alpha_{1k} \approx 2 \cdot k \cdot \pi + 1{,}3695$ (k ganze Zahl)
$\alpha_{2k} \approx 2 \cdot k \cdot \pi - 1{,}3695$ (k ganze Zahl)

S. 114, 6.

a) Stimmt. Im angegebenen Bereich unterscheiden sich sin (α) und sin (–α) nur durch ihr Vorzeichen. Der Graph der Sinusfunktion ist punktsymmetrisch zu (180°|0).

b) Stimmt. Der Graph der Kosinusfunktion ist symmetrisch zur Geraden mit der Gleichung $x = \pi$.

c) Stimmt nicht. Gegenbeispiel:
$\sin(30°) = 0{,}5$ $\quad\quad$ $\sin(210°) = -0{,}5$

d) Stimmt. Es gilt $\sin(360° + \delta) = \sin(\delta)$. Der Graph der Sinusfunktion ist symmetrisch zur Geraden mit der Gleichung $x = \frac{\pi}{2}$.

S. 114, 7

a) Es wurde genau eine Periode der Sinusfunktion durchlaufen, deswegen sind die Werte gleich.

b) Die Kosinusfunktion ist punktsymmetrisch zu (90°|0). Die Funktionswerte unterscheiden sich daher nur durch ihr Vorzeichen.

c) Die linke S. der Gleichung bewirkt eine Verschiebung der Sinusfunktion um α Grad in Richtung der x-Achse. Der Graph stimmt mit dem der Kosinusfunktion überein.

S. 114, 8.

a) zu f: a = 0,4; b = 1; c = 0 und d = –0,5
zu g: a = 1,18; b = 5; $c = \frac{\pi}{5}$ und d = 0

b) $f(x) = 0{,}4 \cdot \sin(x) - 0{,}5$; $g(x) = 1{,}18 \cdot \sin(5 \cdot (x - \frac{\pi}{5}))$

S. 114, 9.

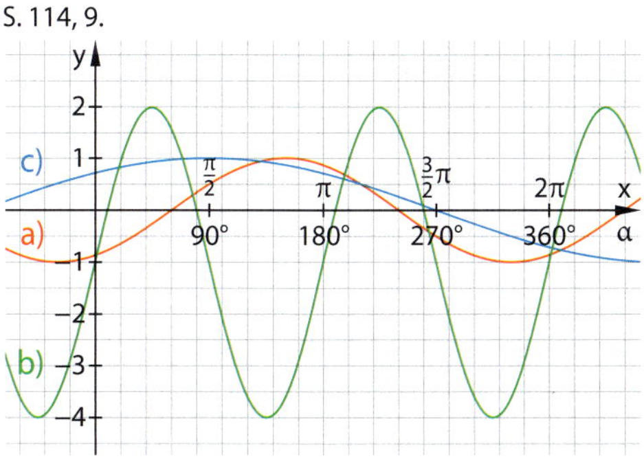

S. 114, 10.

$f(x) = 0{,}2 \cdot \sin(10 \cdot (x + 0{,}5)) + 1{,}08$; a = 0,2; b = 10; c = –0,5; d = 1,08

S. 114, 11.

a)

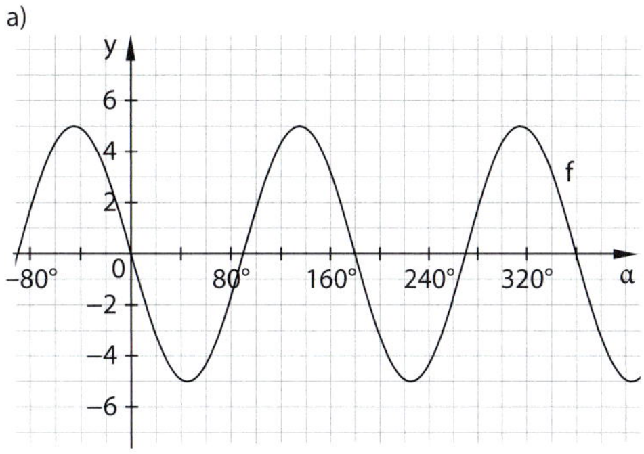

b) $g(x) = 5 \cdot \cos(2x + 90°)$

S. 115, 12.

a) Der Tidenhub ist die Differenz zwischen dem höchsten und dem niedrigsten Pegelstand. Die Amplitude ist die Hälfte dieser Differenz, also 1,75 m. Die Periodenlänge gibt den Zeitraum an, in dem Ebbe und Flut einmal vollständig durchlaufen werden. Dies sind 12 h 24 min.

b)

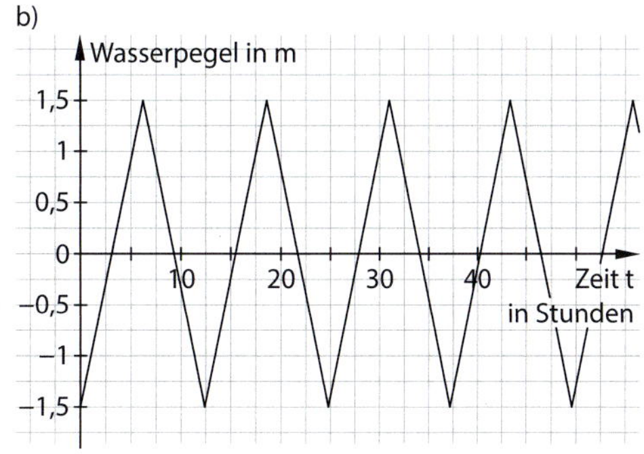

S. 115, 13.

a) 5 ms $\quad\quad$ b) 8000 Hz

S. 115, 14.

a) 0,0625 ms; $6{,}25 \cdot 10^{-5}$ s

b) Das menschliche Ohr kann Töne mit Frequenzen von weniger als 16 Hz nicht wahrnehmen.

S. 115, 15.

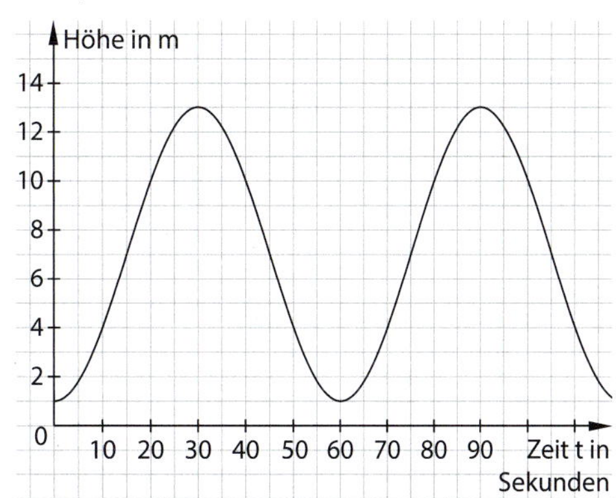

$f(x) = 6 \sin(0{,}1x) + 7$ wäre zum Beispiel möglich.

S. 115, 16.
a) $f(x) = 2{,}16 \sin(3x \quad 0{,}01) + 0{,}03$
b) Lösung am GTR.
c) $f(x_1) \approx 0{,}036$;
$f(x_2) \approx 0{,}32$

Wiederholungsaufgaben (S. 115)

S. 115, 1.
$h \approx 68{,}68\,cm$; $M \approx 935\,cm^2$

S. 115, 2.
a) 64,22 %
b) 0,28 %

Zahlbereiche und Grenzprozesse

S. 116, 1.
a) Nach dem Komma kommt zuerst eine 1, dann eine 0. Im 2. Schritt kommt eine 1, dann zwei Nullen. Im 3. Schritt kommt eine 1 und dann drei Nullen usw.
b) Die Zahl ist irrational, da sie sich nicht als Verhältnis zweier ganzer Zahlen schreiben lässt.
c) individuelle Lösungen

S. 116, 2.
a) $\sqrt{2}$ ist kleiner. b) $\sqrt{5}$ ist größer.
c) $\sqrt{8}$ ist größer. d) $\sqrt{2}$ ist kleiner.

S. 116, 3.
Der genaue Wert von $\sqrt{2}$ kann nicht angegeben werden, da $\sqrt{2}$ eine nichtperiodische und nicht abbrechende Dezimalzahl ist. Der Wert in der Taschenrechneranzeige ist gerundet: Quadriert man diesen Wert, wäre die letzte Ziffer des Ergebnisses eine 4. Quadriert man $\sqrt{2}$, erhält man dagegen 2 als Ergebnis.

S. 116, 4.
Beispiele: $\frac{1}{10}$; $\frac{1}{9}$; $\frac{\pi}{4}$.

S. 116, 5.
a) richtig b) falsch c) richtig
d) richtig e) richtig

S. 116, 6.
0,125: $\mathbb{Q}, \mathbb{R}$ 4,$\bar{6}$: $\mathbb{Q}, \mathbb{R}$ $\sqrt{25}$: $\mathbb{N}, \mathbb{Z}, \mathbb{Q}, \mathbb{R}$
$\sqrt{3}$: $\mathbb{I}, \mathbb{R}$ 8,203: $\mathbb{Q}, \mathbb{R}$ $-\sqrt{81}$: $\mathbb{Z}, \mathbb{Q}, \mathbb{R}$
−0,121 12…: $\mathbb{I}, \mathbb{R}$

S. 116, 7.
0,4: $\mathbb{Q}, \mathbb{R}$ −8: $\mathbb{Z}, \mathbb{Q}, \mathbb{R}$ 5,13: $\mathbb{Q}, \mathbb{R}$ −0,4: $\mathbb{Q}, \mathbb{R}$
−0,7: $\mathbb{Q}, \mathbb{R}$ $\frac{4}{9}$: $\mathbb{Q}, \mathbb{R}$ $\sqrt{7}$: $\mathbb{R}$ $-\sqrt{11}$: $\mathbb{R}$
0,5: $\mathbb{Q}, \mathbb{R}$ 0,1345: $\mathbb{Q}, \mathbb{R}$

S. 116, 8.
a) ja b) ja c) nein

S. 116, 9.
a) zwischen 3 und 4 b) $\approx 3{,}87$
c) Die Abweichung beträgt 0,0231 bzw. 0,596 %.

S. 116, 10.
a) 3,87
b) individuelle Lösung, abhängig von den Startwerten

S. 117, 11.
In der Umgebung der y-Achse schmiegt sich der Graph von rechts im I. Quadranten an die y-Achse an. Im III. Quadranten schmiegt sich der Graph von links an die y-Achse an.

S. 117, 12.
a) Asymptote $y = 3$; Annäherung von oben
b) Asymptote $y = 3$; Annäherung von unten
c) Die Funktionswerte wachsen ins Unendliche.
d) Die Funktionswerte werden immer kleiner und schrumpfen ins negativ Unendliche.

S. 117, 13. (Beispiele)
a) $f(x) = \frac{1}{x} + 3$; $f(x) = -\frac{1}{x} + 3$
b) $f(x) = \frac{1}{x} - 1$ und $f(x) = -\frac{1}{x} - 1$

S. 117, 14.
a) 0,5; $\frac{2}{9}$; $\frac{1}{8}$; $\frac{2}{25}$; $\frac{1}{18}$; $\frac{2}{49}$; $\frac{1}{32}$; $\frac{2}{81}$
b)

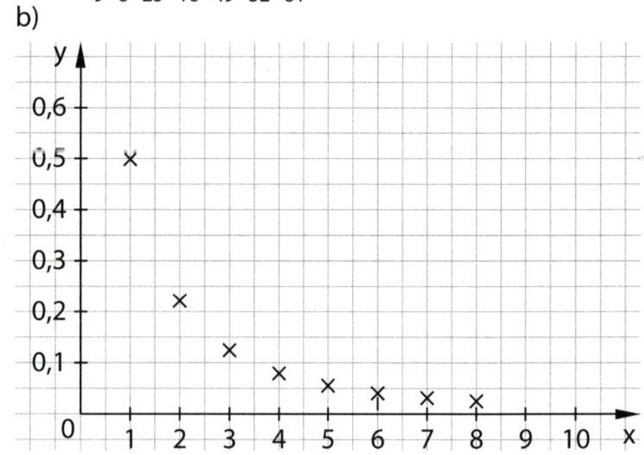

c) Der Grenzwert ist 0.

S. 117, 15.
a), b) I und 1, Grenzwert 0. III und 3, Grenzwert 4.
II und 4, Grenzwert 0.

S. 117, 16.
a) 4; 4,5; $4\frac{2}{3}$; 4,75; 4,8; der Grenzwert ist 5.
b) −1; $-\frac{1}{4}$; $-\frac{1}{9}$; $-\frac{1}{16}$; $-\frac{1}{25}$; der Grenzwert ist 0.
c) 16; 4; $\frac{16}{9}$; 1; $\frac{16}{25}$; der Grenzwert ist 0.
d) $\frac{1}{4}$; $\frac{1}{5}$; $\frac{1}{6}$; $\frac{1}{7}$; $\frac{1}{8}$; der Grenzwert ist 0.
e) $-\frac{1}{2}$; $\frac{1}{3}$; $-\frac{1}{4}$; $\frac{1}{5}$; $-\frac{1}{6}$; der Grenzwert ist 0.

Wiederholungsaufgaben (S. 117)

S. 117, 1.
a) Regelmäßige Sechsecke haben einen Innenwinkel von 120°. An den Stellen, wo drei Sechsecke aneinander stoßen, ergibt sich $3 \cdot 120° = 360°$, also ein Vollwinkel. Es bleiben daher keine freien Stellen. (An den Rändern sind ggf. Zuschnitte nötig.)
b) Annahme: Die Couchlehne ist ungefähr 40 cm hoch. Dann folgt, dass die Seiten der Sechsecke rund 23 cm lang sind.

S. 117, 2.
a) $A \approx 41{,}57\,m^2$
b) Der Ähnlichkeitssatz www ist erfüllt.

Stichwortverzeichnis

Bildquellenverzeichnis

Cover: mauritius images/TEK IMAGE/Science Photo Library | **S. 5, 44, 119**: mauritius images/TEK IMAGE/Science Photo Library | **S. 45/1** Fotolia/womue | **S. 45/2** Fotolia/Robert Neumann | **S. 47/1** Clip Dealer /pdesign | **S. 47/2** Fotolia/by-studio | **S. 47/3** Fotolia/Alexander | **S. 47/4** Fotolia/Norman Nick | **S. 53** Shutterstock/tanjichica | **S. 54** Shutterstock/Wallenrock | **S. 57/1** Fotolia/iconshow | **S. 57/2** Fotolia/blobbotronic | **S. 62** Fotolia/Janina Dierks | **S. 67/1** Cornelsen/Peter Hartmann | **S. 67/2** Fotolia/PANORAMO | **S. 67/3** Paul Glaser, Berlin | **S. 81** Fotolia/Belish | **S. 82** Fotolia/pure-life-pictures | **S. 85** Fotolia/biker3 | **S. 86** Fotolia/fabio986 | **S. 88** GlowImages/Aflo Sport | **S. 90** Shutterstock/William Perugini | **S. 91** Fotolia/Gerhard Seybert | **S. 92** Fotolia/Julien Tromeur | **S. 92** Fotolia/Visual Concepts | **S. 94** Fotolia/Gstudio Group | **S. 100** Fotolia/unpict | **S. 102** Fotolia/ikonoklast_hh | **S. 104** Shutterstock/Junior Braz | **S. 106** Fotolia/schlichteasy | **S. 109** Shutterstock/lightwavemedia | **S. 110** Shutterstock/3Dsculptor | **S. 112/1–3** Ralf Benölken, Münster | **S. 113** Fotolia/Александр Денисюк | **S. 115** mauritius images/Westend61/Dieter Schewig | **S. 117** Fotolia/archideaphoto

Zusammenstellung von Inhalten aus

Fundamente
| der Mathematik |

Autoren Dr. Frank Becker, Prof. Dr. Ralf Benölken, Dr. Rolf Ebel, Dr. Wolfram Eid, Dr. Lothar Flade, Gerhard Hillers, Thorsten Niemann, Dr. Andreas Pallack, Andrea Penne, Dr. habil. Manfred Pruzina, Melanie Quante, Nadeshda Rempel, Reinhard Schmidt, Dr. Christian Wahle, Florian Winterstein, Dr. Wilfried Zappe

Redaktion Berit Kroschel
Illustration Gudrun Lenz
Grafik Christian Böhning
Umschlaggestaltung hawemannundmosch GbR
Layoutkonzept klein & halm GbR
Technische Umsetzung zweiband.media, Berlin

www.cornelsen.de

1. Auflage, 1. Druck 2018

Alle Drucke dieser Auflage sind inhaltlich unverändert und können im Unterricht nebeneinander verwendet werden.

Druck und Bindung: Mohn Media Mohndruck, Gütersloh

ISBN 978-3-06-040477-3

PEFC
PEFC/04-31-1033

PEFC zertifiziert
Dieses Produkt stammt aus nachhaltig bewirtschafteten Wäldern und kontrollierten Quellen.
www.pefc.de